GOOD KIDS,

내 아이에게 가르쳐주는

첫 정의 수업

TOUGH CHOICES

내 아이에게 가르쳐주는
첫 정의 수업
착한 아이로 키워야 위대한 어른으로 자란다

| 러시워스 키더 지음 · 김아영 옮김 · 서울대 문용린 교수 추천 |

랜덤하우스

1

0~4세 옳고 그름과의 첫 만남

15~18세 복잡한 세상과 만나는 아이들

4

5 19~23세 아직도 어린 '어른 아이'

착 한 아 이 로 키 워 야 위 대 한 어 른 으 로 자 란 다

정의, 그 단련의 중요성

도덕과 윤리적 혼란은 비단 한국 사회만의 문제인 것 같지 않다. 정의와 가치, 인권과 도덕, 공정성 등의 주제가 시대정신의 화두처럼 전 세계에서 동시적으로 풍성하게 회자되고 있기 때문이다. 마이클 샌델Michael Sandel 교수의 『정의란 무엇인가』에 이어, '정의를 어떻게 가르칠 것인가'에 대해 고민하는 책들이 속속 출간되어 독자의 시선을 끌고 있다. 그중에서도 단연코 압권은 러시워스 키더Rushworth M. Kidder 박사의 『내 아이에게 가르쳐주는 첫 정의 수업』이다.

그는 이 책을 통해 '어떻게 우리 아이들이 삶에서 정의로운 선택을 하며 행복하게 살 수 있을까'에 대해 많은 부모들과 함께 고민하며, 체계적이고 실질적인 방법을 모색하고 있다. 그 방법에는 중요한 세 가지 요소가 있다. 첫 번째는 옳고 바른 가치를 무엇인지 변별해낼 수 있는 판단 능력이며 두 번째는 그런 가치를 신념화하는 것이고, 세 번째는 판단한 바른 가치대로 실행할 수 있는 용기를 갖는 것이다.

올바른 가치에 대한 판단력과 신념, 그리고 그것을 실천에 옮길 수 있는 용기는 정의로운 삶을 살아가기 위한 '기초 체력'이라고 그는 보고 있는 것이다.

이런 기초 체력을 키더 박사는 '윤리 피트니스Ethical Fitness'라고 부른다. 이 용어를 통해 그동안 우리가 알고 있었던 관념적인 윤리가 아닌, 실천과 행동에 맞닿아 있는 윤리라는 것을 생생하게 경험할 수 있다.

윤리적인 선택과 마주하게 되는 시간, 즉 이 기초 체력을 시험받게 되는 시간은 우리의 삶에서 예고도 없이, 느닷없이 찾아오기 마련이다. 그렇기 때문에 윤리적이고 도덕적인 습관을 기르기 위해서는 일상에서 부단한 연습과 훈련을 하는 것이 중요하다. 이 책의 상당부분은 이런 윤리 피트니스를 아이들에게 어떻게 시킬 것인가에 할애하고 있다.

우리는 흔히 도덕과 윤리 그리고 사회적 정의는 신념과 지식의 문제로 치부하는 경향이 있다. "알면 행한다"는 오랜 '소크라테스적'인 주지주의主知主義, intellectualism 사고 때문이다. 그러나 현대의 복잡다단한 사회는 단순히 윤리와 정의에 대해 알고, 곧은 신념을 가졌다고 하더라도 그것을 행동과 실천에 옮기기에는 잠복된 장애물들이 너무나 많다. 그 어느 때보다 윤리 피트니스가 중요한 이유이다. 이런 숱한 장애물과 함께 찾아오는 도덕적 위기의 순간에서도 정의로운 판단을 내리기 위해서는 윤리 피트니스로 다져온 든든한 '윤리 근육'들을 형성해 두어야 한다.

군대에서 포복훈련을 해두면, 총격전의 다급한 상황 속에서도 살아남을 확률이 높아지는 것처럼, 어릴 적부터 도덕과 윤리 그리고 정의판단의 훈련을 해두면 가치와 윤리 그리고 정의와 공정함이 혼란

을 이루는 이 아수라장의 사회 속에서도 의연하게 도덕적 삶을 지켜
낼 수 있다.

러시워스 키터의 이 책으로 기성세대들이 우리의 어린이, 청소년
들에게 정의로운 삶을 살 수 있도록, 그 방법을 가르치는 지혜를 얻
는 좋은 계기가 되길 바란다.

2011년 9월

문용린 서울대 교육학과 교수

세 살 성품 여든까지 간다

현명한 부모라면 자기 자식만큼은 큰 고생 없이 살기를 바란다. 사회적으로도 성공해서 행복한 사람으로 성장하기를 바란다.

그런데 부모들의 내면을 더 깊이 들여다보면 거의 모든 부모가 '착한 아이, 바른 아이'로 키우고 싶어 한다고 한다. 자식을 심성이 나쁜 아이로 키우고 싶은 부모는 없을 것이다. 내 아이라면 사회가 요구하는 약속이나 규율을 잘 지키고, 어려운 문제도 현명하게 결정하며, 소신대로 행동하기를 바라는 것이다.

결국 부모는 자녀가 다음의 세 가지 강점을 가지길 바란다. 첫째, 옳고 그름을 아는 것, 둘째로 어려운 결정을 내리는 것, 셋째로는 양심을 지키는 것이다. 이 책은 위의 세 가지 주제를 중심으로 이야기를 풀어나간다. 우리는 앞으로 이 세 가지 요소를 '렌즈'라고 부르도록 하자. 여기서 말하는 렌즈란 세상을 바라보는 관점으로, 착한 마음을 키워주고, 위험을 발견할 줄 아는 눈을 가지며, 성공으로 가는 길을 밝혀주는 방식을 말한다.

우리는 앞으로 이 세 가지 렌즈를 통해서 아이를 키우는 가장 근본적인 기준을 올바르고 정확하게 세움으로써 부모와 아이 모두가 생활 속에서 '정의JUSTICE'를 가르치고 배우며 실천할 수 있는 가이드라인을 습득하게 될 것이다.

옳고 그름을 알려주는 첫 번째 렌즈 : 가치

처음 만나게 될 '가치 렌즈'는 옳고 그름을 판단하게 해주는 렌즈이다. 이 렌즈는 부모와 자녀가 5개의 가치에 집중할 수 있도록 돕는다.

세계의 여러 문화권들을 돌아보면 정직함, 책임감, 존중, 공정성, 동정심이라는 다섯 가지 도덕적 가치가 공통적으로 발견되는데, 이 렌즈를 뒤집어 생각해보면 비윤리적인 행동을 판단하는 잣대도 될 수 있다. 따라서 비윤리적 행동이란 교활함, 무책임, 무례함, 불공정, 무자비함에서 나오는 행동이라고 할 수 있다.

당신이 열네 살 중학생 아들을 둔 부모라고 가정해보자. 아들과 가장 친한 친구의 어머니가 아이들을 영화관에 데려가서 내 아이가 몸집이 작다는 점을 이용해서 나이를 속이고 어린이 표를 샀다면, 여러분은 부모로서 이 이야기를 듣고 어떻게 할 것인가? 친구의 어머니는 우리 아이에게 정직하지 못한 행동을 보여줬지만, 본인은 알뜰하고 영리한 행동이었다고 생각할 수도 있다. 다음에 또 이런 일이 일어난다면 내 아이는 어떻게 행동해야 할까?

요즘처럼 옳고 그름을 판단하기가 복잡하고 어려운 세상을 살아가는 데 있어서, 옳은 쪽을 선택하고 이를 알게 해 주는 '가치'라는 렌즈는 없어서는 안 될 삶의 잣대다.

까다로운 결정을 내려주는 두 번째 렌즈 : 결정

만일 두 개의 가치가 서로 충돌을 일으킨다면 어떤 일이 일어날까? 이 '결정 렌즈'는 어려운 상황에서 현명한 결정을 내릴 수 있도록 돕는다. 두 가지의 옳은 일 사이에서 판정을 내리는 일은 세상에서 가장 어려운 일 중 하나이다. 도리를 따지자면 이렇게 해야 하고, 진실을 따르자면 저렇게 해야 한다. 이럴 때 여러분은 어떻게 행동하는 가? 어떤 일이 우리 아이에게는 이롭지만 아이가 속한 집단에 해를 끼친다면 여러분은 어떻게 행동하는가? 한쪽에는 공정함이 있고 다른 한쪽에 자비가 있을 때, 혹은 단기적인 욕구와 장기적인 필요성이 충돌할 때 어떻게 할 것인가?

고등학교에 다니는 딸이 학교 농구대표팀의 주전이라고 가정해 보자. 시합 때문에 공부할 시간이 많지 않은데도 딸은 학교 공부도 곧잘 따라와 주었다. 그런데 딸아이가 중요한 시합 날에 집을 나서는 찰나, 모든 과목에서 낙제를 한 성적표가 도착했다. 곧 시작될 농구 시합을 망치고 팀원들을 포함한 여러 사람에게 피해를 주게 되더라도 당신은 지금 당장 이 문제에 대해 아이와 이야기해야겠다고 마음먹는다. 아내는 나중에 이야기하자고 설득하지만 지금 이 타이밍을 놓쳐 버린다면 아이가 공부에 관한 문제를 심각하게 생각하지 않을지도 모른다. 이러한 '단기 대 장기' 딜레마에서, 당신과 아내의 의견은 둘 다 옳지만 한꺼번에 두 가지를 모두 실행할 수 없는 이와 같은 곤란한 경우도 생긴다. 이때 여러분은 어떻게 행동할 것인가? 어려운 결정을 내리게 해주는 이 렌즈는 여러분과 자녀가 어려운 결정을 두고 고심할 때 생각의 틀을 제공해 줄 것이다.

양심을 지키게 해주는 세 번째 렌즈 : 도덕적 용기

어느 쪽을 선택해야 할지는 명백한데 행동으로 옮기기는 어려울 때가 있다. 양심을 지키게 해주는 세 번째 렌즈는 가치관이 흔들릴 때 필요한 '도덕적 용기'를 분명하게 보여준다. 도덕적 용기는 두려움, 비겁함, 모호함에서 비롯하는 어려운 문제들에 당당하게 맞서게 해준다. 또한 문제를 회피한다거나, 우유부단하게 행동한다거나, 쉽게 타협하려는 욕구를 이겨내도록 도와주고 문제에 직면했을 때 끈기 있게 버티도록 도와준다.

당신에게 감성이 풍부하고 체격이 왜소한 여덟 살짜리 아들이 있다고 생각해보자. 어느 날 아이는 같은 반의 힘 센 운동부 남자 아이가 시험 시간에 부정행위를 하는 것을 목격하고 집으로 돌아와 당신에게 그 사실을 털어놓는다. 이 시험은 상대평가여서 누군가 점수를 잘 받으면 그만큼 다른 사람이 불이익을 받게 된다. 당신은 이 상황에서 아이에게 어떤 조언을 할 수 있을까? 누군가 선생님에게 이 상황을 알려야 하겠지만, 꼭 우리 아이가 그래야만 할까? 아이는 위험을 무릅쓰고 선생님에게 이 사실을 알리려고 할까? 하지만 이 일의 심각성을 고려한다면 알리지 않을 수 없다. 양심을 지키게 해주는 세 번째 렌즈는 아이에게 용기와 신념, 의지에 대해 이야기할 수 있는 방법을 알려준다.

이 책에서 제시하고 있는 명확하고 실용적인 틀을 이용하면 가정에서도 자연스럽게 자녀에게 도덕적인 태도를 길러 줄 수 있다. 세계 윤리연구소the Institute for Global Ethics에서는 이러한 도덕적 태도의 계발을, '윤리 피트니스Ethical Fitness'라고 이름 붙였고 우리는 이 독특하고 설득력 있는 단어로 상표 등록을 받았다. 몸의 근육을 만들기 위해 꾸준히 운동을 해야 하듯 윤리와 도덕도 꾸준한 훈련 없이는 하루아침에 착하고 바른 아이로 변신할 수 없는 법이다. 또한 벼락치기 공부처럼 한 번에 몰아서 도덕적인 교육을 시킬 수도 없으며 효과도 없다. 도덕이라는 것은, 꾸준히 가르치고 실제로 행동에 옮겨보게 해야 한다. 이를 단련시키면 시킬수록 서서히 아이 몸에 배어서 의식하지 않아도 바른 사고와 행동을 스스로 할 수 있게 되는 것이다. 반면, 운동을 갑자기 중단하면 체중이 늘고 근육량이 줄어드는 것처럼 도덕적인 습관들도 꾸준히 지속하지 않으면 효과가 사라진다.

세계윤리연구소에서 지난 20년이라는 시간 동안 필자는 수만 명의 참가자를 통해 '어려운 결정 내리기'에 대한 연구를 해왔고, 그 결과로 도덕적 단련의 효능을 알게 되었다. 이제 이렇게 잘 다듬어진 개념을 세상의 모든 부모에게 소개하려 한다. 다른 어떤 사람들보다 부모들이야말로 다음 세대의 건전한 윤리와 도덕의 정신을 길러주어야 할 막중한 임무를 가지고 있기 때문이다.

과연 내가 아이에게 정의를 가르칠 수 있을까?

각 장마다 등장하는 수많은 사례들을 보면 부모 자신도 판단하기 어려운 갈등상황에 처하는 경우가 많다. 한 예로 아이를 맡기기에는 더없이 믿음직스럽지만, 세금을 안 내려고 현금 사용만을 고집하는 보모 때문에 고민하는 부모를 인터뷰한 적이 있다. 도덕적 의식이 분명치 않은 어른에게 아이를 맡기는 것이 어떤 영향을 미칠지 걱정스러웠던 것이다. 이렇게 아이를 키우는 일이 시작되기도 전에 도덕적 딜레마를 겪는 경우도 허다하다. 이와는 반대로 장성한 딸이 30대 초반이 되어서야 마침내 독립해서 집을 떠났는데, 그 후로도 계속되는 도덕적 문제 때문에 고민하던 엄마의 이야기가 책에서 소개될 것이다.

아울러 인터뷰에 참여한 부모들이 한목소리로 털어놓았던 고민거리는 바로 스스로에 대한 '의심'이었다. 요즘 부모들은 아이를 올바르게 키우는 일을 매우 부담스러워 한다. 올바른 가치를 이해하고, 용기 있는 결정을 내려 고운 성품의 아이로 자라도록 기르는 일을 어려워한다. 인터뷰에서 부모들은 아이들이 부모의 말을 지루해 할까봐 뭐라고 말을 건네야 할지 난감하다고 고백했다. 이런 고민 때문에 결국 아무것도 말해 주지 못하는 경우가 너무나 많았다. 이는 사실 부모로써 부끄러운 일이기도 하다. 하지만 이와는 반대로 탁월한 해법도 발견할 수 있었다. 수많은 부모들에게서 이야기를 듣고, 그들이 나름의 원칙에 입각해 조리 있고 대담하기까지 한 윤리적 접근법을 취했다는 사실에 놀라움을 넘어 감동적이기까지 했다.

더 좋은 부모가 되기 위한 필독서

보통의 부모들에게는 무한한 격려도 필요하지만 자녀들과 상의할 때 사용할 개념과 어휘가 필요하다. 우리가 이 책을 통해 부모들에게 제공하고자 하는 것이 바로 '정확한 개념과 적절한 어휘'들이다.

부모들이 가장 많이 던지는, 애매하고 골치 아픈 질문이 있다. "제가 정말 좋은 부모일까요?" 이 질문은 좀 더 실질적이고 유용한 질문으로 다음과 같이 바꾸어 말할 필요가 있다. "더 좋은 부모가 되려면 어떻게 해야 할까요?" 아이에게 윤리를 가르치기 위해서 오늘날의 부모들은 예전보다 조언을 구할 수 있는 곳이 많다. 따라서 어렵게 생각하지 말기를 바란다.

생각보다 많은 부모들이 자녀를 인성이 바른 아이로 키우고 싶어 한다. 그리고 효과적인 방법 하나를 발견하면 무슨 수를 써서든 곧바로 자기 아이에게 접목시키고 싶어 한다. 하지만 성급하고 단기적인 실천은 효과가 없다. 윤리라는 울타리 안에서 아이를 기르고 싶다면 꾸준하고 끊임없는 노력을 통해 자신감을 길러야 한다.

그러기 위해 부모들은 자녀가 마주한 사회적, 도덕적 환경에 대해 알아야 한다. 바로 그런 까닭에 이 책은 세 가지 중요한 연구를 살펴보면서 시작한다. 3~6세 미취학 아동의 거짓말 습관, 대중 매체에 푹 빠진 10대, 가짜 명품 선글라스를 쓴 어린 대학생들에 대한 이야기가 그것이다. 이 이야기들은 오늘날 부모와 자녀가 처한 상황을 이해하는 데 도움이 될 것이다.

부모가 자녀에게 삶의 원칙을 가르친다는 것은 매우 중요하면서도 신중해야 할 과제이다. 아이의 성장 과정에 따라 나누어 놓은 주제별 장들이 도움이 될 것이다. 이 책을 읽은 부모들이 자녀 키우는 일에 좀 더 강한 자신감을 얻게 되길 바란다.

이 책의 활용법

❶ 이 책은 지난 몇 년간의 인터뷰를 통해 부모들이 털어놓았던 실제 경험들을 가치, 결정, 용기와 관련된 세 가지 렌즈를 통해 살펴본다. 전차의 선로를 바꾸어 다섯 명을 살리고 한 명을 희생시킨다거나, 구명보트에서 다수의 사람을 살리고자 누구를 보트에서 밀어낼지 판단해야 하는 상황 등의 고통스러운 선택은 나오지 않는다. 윤리 교과서에나 나올법한 진부한 시나리오가 아니라 누구나 공감할만한 개인적 실화들이 소개된다. 이 이야기들은 조금도 과장되거나 각색되지 않았다. 앞서 설명했던 생사를 넘나드는 상황들은 '도덕적 딜레마'를 '일상과 완전히 동떨어진 비극적인 사건'으로 인식하게 만들고, 나에게도 일어날 수 있는 일이라고 생각하기를 어렵게 만든다. 하지만 더 솔직히 말해, 앞서 제시한 영화와 같은 딜레마를 실제로 겪었던 아이들이나 부모를 단 한 번도 만난 적이 없기 때문에 그런 이야기를 다루지 않았다. 이 책을 읽고 독자들은 "와, 세상에 이런 일이 다 있나?"라고 말하기보다는, "이건 완전 내 얘기잖아!"라고 말할 만한 이야기들을 수록했다.

❷ 이 책은 부모들이 아이를 키우면서 매일, 매시간 실제로 마주치는 일상적인 문제들을 담고 있으며, 많은 부모와 자녀들이 저마다 선택의 기로에 서고 해결책을 모색하는 상황 자체에 초점을 맞춘다. 따라서 괴로운 딜레마 상황을 한두 문장으로 간단히 요약하는 틀에 박힌 도덕적 해법을 무책임하게 던지지 않으려 노력했다.

❸ 책을 구성하고 있는 각 장은 나이별로 편성되었으나, 앞서 설명했던 세 가지 렌즈에 대한 내용으로 나누어 볼 수도 있다. 이 세 가지 개념은 아이의 발달 과정에서 나타나는 공통적인 행동과 유사하기 때문이다. 먼저 도덕적 교육이라는 긴 여행의 출발점

은 첫 번째 렌즈인 '핵심 가치'를 집중 조명하면서 시작 된다. 여행의 중간 시기는 두 번째 렌즈, 즉 '도덕적 결정'에 대한 내용을 다룬다. 그리고 마지막으로 좀 더 자라면 세 번째 렌즈의 주요 화두인 '도덕적 용기'에 대한 내용을 심도 깊게 다룬다. 독자들에게 당부하고 싶은 점은 각 장에서 등장하는 사연들이 특정한 기준에만 정확하게 해당되는 내용이 아니라고 의아해하지 말기를 바란다. 하나의 이야기에서 세 가지 렌즈에 대한 내용이 모두 등장하는 경우도 심심치 않게 있는데 그에 대해서 별도로 해명하는 작업은 거치지 않았다.

❹ 이 책을 읽고 있는 독자 여러분이 자녀의 현재 나이를 염두에 두고 책을 읽고 있을 것이라고 생각한다. 그렇기 때문에 관심 있는 장부터 펼쳐 보아도 무방하다. 연령별로 출생부터 네 살까지를 다룬 1장은 첫 번째 렌즈에 주로 초점을 맞춘다. 이 시기에는 핵심 가치들을 완전히 이해하고 옳고 그름을 구별하기 시작하는 것이 가장 중요하다. 다섯 살에서 아홉 살까지를 다루는 2장은 가치에 대해 배우는 동시에 어려운 결정을 내리기 위한 두 번째 렌즈의 필요성을 느끼기 시작한다. 열 살에서 열네 살까지의 연령대를 위한 3장의 경우, 결정을 내리는 과정은 완전히 발달하지만 도덕적 용기와 관련된 세 번째 렌즈는 아직 초보적인 상태. 열다섯 살에서 열여덟 살까지를 다루는 4장에서 아이들은 점차 독립적으로 행동하게 되며 이 시기에는 도덕적 용기와 결정이 중요해진다.

❺ 일반적인 자녀교육서의 경우 미성년의 나이까지만 다루는 반면, 이 책의 5장에서는 법적으로는 성인 인증을 받았지만 아직은 어린 나이인 열아홉 살부터 스물세 살까지에 초점을 맞춘 장을 추가했다. 이 시기에는 특히 결정의 렌즈와 용기의 렌즈가 계속해서 활발히 발달하는 과정에 있다. 이때를 넘기면 도덕을 가르칠 수 있는 시기를 놓쳐버리기 때문에 각별한 주의를 요한다. 사춘기에서 갑자기 성인이 된 이 '미숙한 어른들'은 자신이 법적으로 운전을 할 수 있고, 투표를 할 수 있으며, 자유롭게 술을 마시고, 연애를 할 수 있다는 사실을 갑작스럽게 깨닫게 된다. 체계적이고 나름의 규칙이 엄격했던 고등학교를 졸업하고 자유로운 대학생활로 접어드는 아이들도 있고, 빨리 사회인이 되는 아이들도 있을 것이다. 이런 갑작스런 변화는 이전과는 다른 완전히 생소한 도덕적 문제를 일으킨다. 따라서 예전과는 달라진 자녀의 변화를 슬기롭게 넘길 수 있는 혜안을 5장에서 발견하게 될 것이다.

과잉의 시대, 착한 아이만 없다

● 아이들은 언제부터 기막힌 거짓말쟁이가 되는 걸까?

캐나다의 어느 대학연구소 작은 방에 세 살짜리 여자아이가 얌전히 앉아 있다. 천장에는 비디오카메라가 숨겨져 있고, 아이 뒤쪽 탁자에 천으로 가려둔 물건들이 놓여 있다. 곧이어 아이보다 나이가 좀 더 많은 언니가 방에 들어와서 함께 놀이를 하자고 한다. 장난감에서 나는 소리를 듣고 이름을 알아맞히면 상을 주기로 한다.

놀이가 시작되자 그 언니(숙련된 실험자)가 뒤쪽 의자에 앉아서 아이 눈에 띄지 않도록 천 밑에서 조심스럽게 장난감을 하나 꺼낸다.

"이건 무슨 소리일까?" 실험자가 장난감의 스위치를 누르자 사이렌 소리가 터져 나온다.

"경찰차!" 세 살짜리 아이는 득의양양하게 깔깔거릴 뿐, 뒤를 돌아볼 생각이 전혀 없다.

"맞아! 잘했어." 이렇게 대답하며 언니는 두 번째 장난감을 꺼내서 누른다.

'무한한 공간, 저 너머로!' 장난감에서 굵은 목소리가 튀어나온다.

"그건, 버즈 라이트이어!" 아이는 소리의 주인공이 디즈니 애니메이션 '토이 스토리'의 유명한 등장인물임을 자신 있게 대답한다.

"맞았어! 와, 너 정말 잘하는구나!" 실험자는 다시 세 번째 장난감에 손을 뻗는다. 바로 그때 문이 열리고 조수 한 명이 들어와서 실험자를 급히 찾는다. 실험자는 아이에게 금방 돌아오겠다고 말하고 나가면서, 자신이 자리를 비우는 동안 다음 장난감을 탁자에 올려놓고 소리를 틀어놓겠다고 말한다.

"뒤돌아서 장난감을 보면 안 돼. 잊지 마, 훔쳐보기 없다."

아이의 등 뒤에서 문이 닫히고 장난감에서 소리가 나기 시작하는데, 이상하게도 너무나 낯선 클래식 음악이 들린다. 시간이 지날수록 아이는 한 번도 들어본 적 없는 음악 소리에 긴장하기 시작한다. 결국 아이는 뒤로 돌아 바니 인형을 발견하고 재빨리 몸을 돌린다.

잠시 후, 문이 열리고 실험자가 다시 들어오면서 말한다. "아직 뒤돌아보면 안 돼." 바니 인형을 천으로 덮은 후, 실험자는 아이를 돌아앉게 해서 눈을 마주보며 말한다.

"내가 없을 때 이쪽으로 고개 돌린 적 있니?"

"아뇨."

"의자에서 움직인 적도 없어?"

"없어요."

"무슨 장난감이었는지 정말 몰래 훔쳐 본적 없어?"

"없는데…."

"그럼, 이번엔 무슨 장난감이었을까?"

"바니 인형이요!"

이 대화는 아동 거짓말 행동 연구의 세계적인 권위자인 빅토리아 텔워Victoria Talwar 박사가 실시한 연구의 한 장면이다. 3세부터 7세까지의 아동 101명이 참여한 이 연구에서 텔워 박사가 주목한 것은 얼마나 많은 아이들이 거짓말을 하는지가 아니라, 아이들이 얼마나 시치미를 잘 떼는지 그리고 그런 행동을 몇 살부터 시작하는지를 알아내는 것이다.

아이들은 몇 살 때부터 감쪽같이 거짓말을 할 수 있게 되는 걸까? 이 실험에서 참가한 아이들 대부분이 뒤를 훔쳐보았다. 또 뒤를 돌아보았냐는 질문을 하면 태연하게 거짓말을 했다. 가령, 앞서 등장했던 여자아이가 바니 인형이라고 정답을 말한 것처럼 아이들은 자신이 훔쳐보았음을 실토하기도 했고, 처음엔 모르는 척하다가 알아맞히기도 했다. 이런 행동들은 이전의 연구들에서도 많이 나타난 결과다. 그러나 이 실험에서 부모들이 반드시 알아야 할 중요한 점이 있다. 아이들이 거짓말을 한다는 사실보다 더 충격적인 내용일지도 모르겠다. 내용인 즉, 거짓말은 후천적으로 습득하는 기술이고, 이 기막힌 거짓말 능력은 3~5세 사이에 급속하게 발달하며 6~7세 사이에 확립되고 그 후에는 계속 발전해 연기자에 버금가는 거짓말을 할 수 있게 된다는 사실이다.

텔워 박사와 함께 연구를 진행했던 강 리Kang Lee박사는 2002년에 발표한 논문에서 "8세 이하의 아이들은 거짓말을 완전히 능숙하게 하지는 못한다"라고 설명한다.

'거짓말을 완벽하게, (그것도 모자라서) 능숙하게 하지 못한다.'라니? 그 어느 너그러운 부모라도 분명 이 구절을 보면 롤러코스터를 탄 듯한 아찔함을 느낄 것이다.

대체 거짓말을 완벽하게 한다는 말은 무슨 의미일까? 아이들이 그런 악랄한 수준에 도달하는 시기는 대체 언제이며 왜 그런 상태가 되는 것일까? 아이들이 거짓말을 하는 이유는 두려움 때문일까, 욕심 때문일까, 아니면 질투나 혼란 때문일까?

흥미로운 점은 이 모든 상황이 나이에 달려 있다는 것이다. 탤위 박사의 실험에서 세 살짜리 아이들은 대부분 거짓말을 하지 않았고, 자신이 훔쳐보았음을 고백했다. 반면 4세부터 7세까지의 아이들은 거짓말을 했다. 하지만 이 아이들의 거짓말도 어딘가 어설프다. 꼭 피노키오의 자라나는 코를 보는 것만 같다. 거짓말의 노련한 기술은 좀더 시간이 지난 후에 발달하는 것으로 보인다.

결론적으로 말하면, 아이들이 거짓말하는 법을 급속히 배우게 되는 특정한 시기가 있다는 것이다. 또한 부모들이 가장 효과적으로 개입할 수 있는 시기도 바로 이 시점이라고 볼 수 있다.

그런데 이 단순한 사실이 실제로는 엄청난 의미를 가진다. 이런 앙큼한 거짓말쟁이들의 세상을 강 건너 불구경하듯 마냥 지켜볼 생각이 아니라면, 학교생활이나 또래들 틈에서 '기만'을 터득할 때까지 마냥 기다릴 수만은 없다. 거짓말을 배우는 시기가 이토록 어릴 때부터 시작된다는 점을 알게 되었으므로 정직함에 대한 훈련을 단순히 학교 선생님들에게 맡겨둘 수는 없다. 필자는 이 중요한 열쇠를 부모들에게 넘겨주기로 했다. 그 열쇠는 바로 '아이들이 진실만을 말하도록' 도와주는 일이다.

● 강력한 영향력을 끼치는 미디어를 경계하라

아이가 여덟 살이 되면, 부모들은 이제 거짓말보다 훨씬 더 강력한

'미디어'를 경계하지 않을 수 없다. 인터넷, TV 프로그램, 휴대전화 등 자녀의 삶에 가장 강력한 영향을 주게 될, 바로 그 문제 많은 주인공들이다.

카이저 패밀리 재단KFF, Kaiser Family Foundation에서 2010년에 발표한 조사 결과에 따르면 8세부터 18세까지의 아이들이 미디어에 빠져있는 시간은 하루 평균 7시간에 달한다. 이 시간은 수면을 제외한 활동시간 중에 가장 긴 시간이며, 성인의 하루 업무시간과 맞먹는 시간이다. 요즘 아이들은 잠들기 직전까지 휴대전화를 들고 있다가 아침에 눈 뜨자마자 베개 밑에 놓여 있던 전화기에 가장 먼저 손을 뻗는다. 아이팟으로 음악을 들으면서 블로그나 페이스북에 접속하고, 패션 잡지를 보면서 TV를 보고, 친구와 문자를 주고받으면서 게임을 하는 멀티태스킹(동시에 여러 가지 일을 하는 행위)은 어른들은 물론 이제 아이들에게도 일상이 되었을 정도다. 이런 모습들은 아이들이 얼마나 무분별하게 미디어에 노출되어 있는지를 잘 보여주는 대목이기도 하다.

미디어에 가장 열광하는 연령은 11~14세까지의 10대 초반 아이들인데, 이들은 하루에 평균 9시간 이상 미디어에 노출되어 있다. 그중 3시간은 중독성이 의심되는 시간이라고 한다. 게다가 휴대전화 사용시간은 따로 계산해야 한다. 8~18세까지의 아이들 중 절반 이상이 하루 2시간, 정확하게는 1시간 56분 정도 휴대전화를 사용하며 하루 평균 118개의 문자 메시지를 보낸다.

마이크로소프트 사의 연구자 린다 스톤Linda Stone이 설명하는 문제점을 통해 또 다른 논점에 대해 알아보자. 린다 스톤이 '지속적인 주의력 분산continuous partial attention'이라고 부르는 이 문제는, 어느 대상에 완전히 집중하지 못하고 미디어가 제공하는 모든 정보에 접근하려는 습관으로 보통 10대 초반부터 발달하기 시작한다. 그는 지속적인 주의력 분산과 멀티태스킹은 완전히 다른 개념이라고 말한다. 멀티태스킹, 즉 동시에 여러 활동을 하는 이유는 좀 더 생산적이고 효율적이고자 하는 '동기'에서 나오는데, 이 때 각각의 활동은 우선권에 차이가 없다. 점심을 먹으면서 서류를 정리하는 활동이 이에 해당한다. 반면 지속적인 주의력 분산은 어느 것도 놓치지 않으려는 '욕망'에서 발생한다. 저녁식사 시간에 대화를 하면서 식탁 밑에서는 문자를 보내는 아이의 행동이 이에 해당한다.

이것이 왜 문제가 될까? 스톤의 말에 따르면 지속적인 주의력 분산은 일종의 각성 상태를 요구한다. 실제로는 위기 상황이 아닌데도 위기 상황이라고 느끼게 하며, 그 결과 과도한 자극을 받게 되고 수행 능력도 떨어진다.

아이들이 복잡한 인지적 활동들을 동시에 처리하는 전지전능한 멀티태스킹의 세계로 입성하면서, 부모들이 하나같이 나쁜 부모가 되기로 결심한 상황이 계속해서 발생한다는 사실은 이제 놀랍지도 않다. "너 지금 계속 딴 생각하고 있잖니!" 그러나 문제는 이런 잔소리와는 정반대의 이유에 있다. 아이들은 한꺼번에 모든 대상에 지나치게 주의를 기울이고 있는 것이다. 미디어는 즉각적인 피드백을 주는 환경에서 자라고, 집단에 끼지 못한 사람을 괴롭히는 또래 문화 때문에 아이들은 어쩔 수 없이 그렇게 행동하도록 길들여진다.

정답도, 규칙도 없을 것 같은 이런 아이들만의 세계가 이미 견고해 보이기는 하지만 규칙을 정하고 다른 환경을 조성하려고 노력하는 부모라면, 아직도 늦지 않았다. 미디어를 적절하게 통제하는 집안 분위기를 만드는 것만으로도 아이의 윤리 교육에 상당한 영향력을 미칠 수 있다.

미디어에 몰두하는 현상은 아이의 윤리적인 성장에 특히 나쁜 영향을 미친다. 게임에 빠진 아이는 혼자만의 세상에 고립되어 또래 친구들과 현실에서 만나는 일이 줄어든다. 친구에게 휴대전화로 자신의 알몸 영상을 보낸 10대 초반의 소녀는 그 영상이 유튜브 사이트에 영원히 남게 되었다는 사실을 발견한다. TV에 빠진 아이는 스스로 생각하는 힘을 키우지 못한다. 스스로 감정을 조절하지 못해 작은 일에도 흥분하며 점점 더 폭력적이고 자극적인 프로그램을 찾는다. 이렇게 미디어에 포위된 아이들에게서 나타나는 끔찍한 상황은 수많은 문제를 낳는다. 그리고 그 문제들은 결국 '윤리적인 문제'들인 경우가 많다.

학교 선생님에게 이 모든 문제를 맡기기에는 세상이 너무나 빨리 변하고 있고 이에 따라 상황이 빠르게 악화되고 있다. 따라서 오늘날의 부모는 특별히 적극적인 대응을 준비해두어야 하는 시대에 살고 있는 것이다.

● 짝퉁 선글라스가 낳은 '짝퉁 자아'

이번엔 대학생들의 윤리 의식을 알아볼 차례이다. 아이들이 대학에 가고 성인이 되면 자녀 교육은 끝나는 것일까? 그 정답을 찾기 위해, 모조품 선글라스를 쓰게 된 노스캐롤라이나대학교 학생 85명에게 어떤 일이 일어났는지 살펴보자.

노스캐롤라이나대학교의 의사결정 연구센터에 도착한 여학생들은 '선글라스 시장 조사연구'에 실험자로 참여하게 되었다는 설명을 듣는다. 이들은 연구 참여의 대가로 1달러를 받게 되고, 추가로 일을 도와주면 24달러를 더 벌 수 있다.

학생들은 수십 장의 상품 사진을 보고 질문에 답하는 작업부터 시작했다. 상품 중에는 모조품과 정품이 섞여 있음을 밝혀두었다. 그다음 학생들을 두 그룹으로 나누어, 첫 번째 그룹에게만 모조품을 선호하는 성향이 있다는 이야기를 해주고 옆방에 가서 '모조품'이라고 표시된 상자에서 선글라스를 고르게 한다. 두 번째 그룹은 300달러 상당의 명품 선글라스가 든 상자에서 선글라스를 고르라는 지시를 받았다. 하지만 실제로는 두 상자 모두 진품 선글라스가 들어 있었다.

각자 선글라스를 고른 두 집단은 표 1과 같은 내용의 시험지를 받는다. 각 칸에 들어있는 숫자들을 더해서 정확히 10이 나오는 숫자를 두 개 골라 표 하나를 완성할 때마다 50센트를 받을 수 있다. 종이 울리면 학생들은 그 시험지는 상자에 버리고 자기가 몇 문제나 풀었는지 적은 종이만 실험자에게 제출했다.

물론 이것은 부정행위를 유도하기 위해 설정한 상황이었다. 시험지를 함께 제출하지 않기 때문에 실제로 몇 개를 풀었는지는 알 수 없으므로 누구나 점수를 조금 더 올려서 돈을 더 받으려는 욕심이 생길 터였다. 따라서 연구자들은 학생들이 버린 시험지를 분석하여 누

1.69	1.82	2.91
4.67	4.81	3.05
5.82	5.06	4.28
6.36	5.19	4.57

표 1. **평가지 샘플**

가 부정행위를 하고 누가 하지 않았는지 손쉽게 알아낼 수 있었다.

눈치 빠른 독자들이라면 이쯤에서 결과를 알았을 것이다. 진품 선글라스를 썼던 학생 중 30%가, 모조품 선글라스를 썼던 학생 중 71%가 부정행위를 했다. 놀라운 차이가 아닐 수 없다. 가짜 선글라스를 씌웠을 뿐인데 부정행위가 두 배로 늘어났다.

이 실험의 연구자인 댄 애리얼리Dan Ariely, 프란체스카 지노Francesca Gino와 마이클 노튼Michael I. Norton은 다음과 같이 결론을 내렸다. 모조품을 사용한다는 사실은 '무언가가 되고자 하는 열망은 있으나 그렇게 되지 못한다.'라는 사실을 암시하고 '가짜 자아'라는 느낌을 발생케 함으로써 비윤리적으로 행동하게 한다는 것이다.

가짜 자아. 부모로써 등골이 서늘해지는 말이다. 어떤 부모는 "우리 아이는 저렇게 행동할 리 없어!" "우리 아이가 진짜와 가짜를 구별하지 못할 정도로 진실성이 없는 환경을 만들어 왔던가?"라고 말할지 모른다. 내 아이가 모조품 선글라스 하나에 가치관이 이토록 쉽게 흔들린다면 부모인 우리는 깊게 반성해야 한다. 충격적인 결과 때문에 연구에 일말의 의심이 들 수도 있겠지만, 불행하게도 이 결과는 사실이다.

이후 선글라스를 이용해서 추가적인 실험을 수행한 결과, 모조품을 선호하는 성향이 있다는 설명 없이 무작위로 모조품 선글라스를 쓰게 되었다고 말해주었을 때에도 학생들은 동일한 양상을 보였다. 결론적으로, 모조품을 쓰고 있다는 사실을 알면 부정행위를 할 확률이 높아진다.

위 실험은 명품 선호도에 대한 연구가 아니다. 자신이 사기행위에 참여하고 있다는 점을 아는 것, 즉 심리학자들이 '자기 소외self-alienation' 대 '진정성authenticity'이라고 부르는 감각에 대한 연구이다.

사람들이 자신을 잘 모른다고 느끼거나 '진짜 나'와 동떨어져 있다고 느낄 때, 이때가 바로 진정성을 느끼지 못하는 상태이다. 실험자들이 수행한 마지막 과제가 바로 이 상태를 토대로 설계된 것이었다. 모조품 선글라스를 쓴 상태에서 이 질문에 대답했던 참가자들은 진품을 썼던 참가자보다 진정성을 덜 느끼며, 자기소외를 더 많이 느꼈다고 답했다.

이 실험은 부모들에게 무엇을 말하고 있을까? 우리는 간혹 아이들이 가짜 브랜드 청바지를 입고, 길거리에서 산 롤렉스 시계를 자랑하며 싸구려 모조품 지갑을 들고 다녀도, 외모에 신경 쓸 나이라고 생각하며 대수롭지 않게 여긴다. 하지만 이런 행동들이 아이의 도덕성에는 치명적인 상처를 남긴다.

연구자들의 말을 빌리면, 아이들은 비슷한 물건을 좀 더 싼 값에 갖게 된 것일 뿐이라고 생각할지 모르지만 장기적인 도덕적 관점에서 보면 사실 그 대가를 치르고 있는지도 모른다. 거짓된 자아는 거짓된 행동을 하게 만들고, 가짜는 더 많은 가짜를 낳는다.

아이들에게 진실성을 적극적으로 요구하고 장려하며 자신이 직접 모범을 보이는 것은 부모의 임무다. 다시 말해서 부모들은 윤리적인 모범을 그때그때 가르쳐주는 일뿐만 아니라, 작은 행동이 모여 인생을 바꿀 수 있는 윤리적 습관이 된다는 사실을 아이들이 깊이 인식하도록 도와주어야 한다.

또한 부모들이 직접 자녀의 '정신적인 선글라스'를 바꾸어 줌으로써, 아이들이 가짜가 아닌 진짜 도덕적인 렌즈를 통해 세상을 바라보도록 격려함으로써 아이가 앞으로 성장하면서 마주치게 될 윤리적 문제에 대응하는 방식을 현명하게 바꾸도록 도와줄 수 있다.

부모의 역할이 중요한 이유

　자녀가 윤리적 유혹에 맞닥뜨릴 때 부모들은 스스로가 아이에게 큰 도움을 줄 수 있다는 사실을 굳게 믿고 의심하지 말아야 한다. 부모는 자녀가 '자신의 핵심 가치'에 맞지 않는 도덕적 유혹에 저항하도록 도와줄 수 있다. 이것은 거짓말 실험에서 분명히 드러난 첫 번째 렌즈다. 또한 부모들은 미디어를 과하지 않게 적당히 이용할 수 있도록 '윤리적인 선택'을 어떻게 하는지 아이들에게 보여 줄 수도 있다. 이것이 두 번째 렌즈다. 마지막으로, 부모들은 자녀가 진정성을 시험받고 가짜 자아에 가까워지도록 하는 문제에 마주했을 때 세 번째 렌즈인 '도덕적인 용기'를 표현하도록 장려할 수도 있다.

● 도덕적 성향은 타고나는가? 만들어지는가?

　그러나 아이를 '정의롭게' 키우는 일은 부모에게 있어 여전히 부담스러운 일이다. 아무리 부모가 올바른 행동과 생각을 가르치려 노력해도 아이의 선천적인 성향에 지배를 받지 않을까 걱정스러울 것이다. 리처드 도킨스Richard Dawkins가 쓴 『이기적 유전자The Selfish Gene』에서는 우리가 이기적으로 행동하도록 유전자가 우리를 조종한다고 하지 않았던가? 하지만 그 책은 우리에게 유전자 프로그램을 뛰어넘을 능력이 있다는 점도 알려주고 있음을 기억하자.

　그렇다면 또래 집단의 압력은 어떨까? 아이들에게 또래 집단이 발휘하는 위력은 어른들의 상상 이상이다. 따라서 또래 집단의 습성을 이해하는 것만으로도 자녀 교육에 많은 힌트를 얻을 수 있다. 다시 말해, 내 아이가 속한 또래 집단에게 닥쳐오는 윤리적 문제들을 경계할 줄 아는 요령이 생긴다면 부모들은 아이들이 위기를 견뎌내고 성공하도록 도와줄 전략을 찾아낼 수 있다. 그럼 이제 10대 초반에서 시작하여 청소년기를 지나는 동안 발생할 수 있는 쟁점에 대해 생각해보자.

●

내 아이의 부정행위

2004년 ABC사의 뉴스 쇼 '프라임타임Primetime'의 조사에 따르면 12~17세 아이들의 60퍼센트가 학교에서 부정행위를 하는 친구를 보았다고 답했다. 자신이 부정행위를 한다고 대답한 아이들은 얼마나 될까? 12~14세인 아이들 중 23퍼센트는 자신이 부정행위를 한다고 대답했고, 15~17세인 아이들 중에는 자신의 부정행위를 고백한 비율이 36퍼센트로 올라가며, 16~17세 아이들 중에는 43퍼센트로 가장 높았다. 16~17세 아이들 중에 엄마 아빠와 부정행위에 대해 이야기를 나누었다고 대답한 아이들은 전체의 25퍼센트 정도인 데 비해, 12~13세인 아이들 중에는 40퍼센트나 되었다.

자녀가 고등학생이 될 때까지 '부정행위를 하지 마라'라는 조언을 효과적으로 전해줄만한 방안을 찾아라. 아이들이 부모들을 가장 필요로 하는 시기가 바로 그 무렵이기 때문이다.

●

아이에게 학교란?

'학교'라고 하면 어떤 느낌이 드는지 10대 아이들에게 물어보면, 대부분 '지루하다', '피곤하다'라는 이야기를 한다. 갤럽의 조사에 따르면 16~17세 아이들은 학교에 대해 부정적인 감정이 강했고, 반면에 이보다 훨씬 어린아이들은 '행복한 느낌, 도전받는 느낌, 도움을 받는 느낌, 인정받는 느낌'으로 학교를 표현했다.

부모들은 자녀가 자기 일은 자기가 알아서 하는 방향으로 잘 자라고 있다고 생각할지 몰라도, 사실 아이들은 커갈수록 학교에서 얻지 못하는 지지와 인정을 부모에게 점점 더 많이 기대하고 필요로 한다.

●

미디어에 중독된 아이들

부모들은 아이가 온라인에서 무슨 행동을 하는지에 대해 거의 모른다. 온라인 생활에 대한 한 보고서에 따르면, 부모들은 자녀가 한 달에 두 시간 정도만 통신망에 접속해 있다고 생각하는 반면 아이들 자신은 20시간 정도 접속한다고 답했다.

자녀에게 직접 사실을 확인해보라. 디지털 세계에서의 위험성에 대해 대화를 나누려는 노력을 게을리 하지 말아야 한다.

이 세상에는 아이를 완전히 바꾸어 놓을 사람이나 요소가 수없이 많다. 하지만 가장 중요한 영향력은 부모로부터 나온다는 것을 잊지 말아야 한다. 각종 조사나 실험, 그리고 필자의 경험에 비추어 보아도 부모의 영향력은 그 어떤 요소들보다 훨씬 더 강력한 힘을 발휘한다.

아이들이 태어날 때부터 선하다고 생각한다거나 반대로 악하다고 생각할 이유는 없다. 따라서 부모의 윤리적인 역할은 자녀에게 매우 중요하다.

● 자녀의 나이에 맞게 대응하라

아이를 심성이 곧고 바르게 키우고자 할 때 가장 중요한 포인트는 자녀의 나이에 맞는 훈육 방법을 찾는 것이다. 진부하게 들릴지는 몰라도, 아이들에게 도덕적 기준을 심어 주고 싶을 때, 자녀의 나이가 몇 살인지는 매우 중요한 열쇠가 된다. 여기서 우리는 세 개의 렌즈가 세 가지의 발달 단계를 설명하기에 적절하다는 사실을 발견할 수 있다.

먼저, 아이가 5~6세일 때는 옳고 그름을 알려주는 첫 번째 렌즈에 초점을 맞추는 것이 적절하다. 이 시기는 아이들이 '동정심'을 주제로 한 내용으로 연극을 하거나 '정직'에 대한 그림을 그려 보기도 한다. '공정함'이란 주제로 글을 써보기도 하고 '책임'을 다함으로써 상을 받기도 하고, '존중하기'에 대한 노래를 불러보는 시기이다.

요즘 어린아이들의 인성교육 자료들을 살펴보면 그 현란한 색채와 형태에 감탄하게 된다. 반면 어른들이 보내는 메시지는 단순하고 직설적이다.

"얘들아, 이것이 바로 너희가 지켜야 할 가치 기준이야. 항상 이 가치를 모두 따라야 해!"

'항상 이 가치 기준을 따라야 한다'라는 생각은 어릴 때 반드시 접해야 하는 필수적인 메시지다. 하지만 아이들이 자라서 중학교에 들어가고 생활이 점차 복잡해지면 선택은 더 어려워진다. 자녀교육 전문가 미셸 보바Michele Borba에 따르면 '의사결정'이 아주 중요해지는 때가 바로 이 시기다. 보바는 이렇게 적고 있다. "학교에서 많은 아이들이 성급하게 결정을 내리고 결국 나중에 후회하는 모습을 많이 본다. 우리는 아이들이 속도를 줄이고 자신의 선택이 초래할 수 있는 모든 결과와 가능성에 대해 꼼꼼히 따져보는 법을 배우도록 도와주어야 한다. 이 과정은 대단히 가치 있는 작업으로, 아이가 자신의 계획을 실행에 옮길 때 어떤 결과가 나올지 충분히 따져볼 수 있도록 도와준다. 경솔하게 결정을 내리는 바람에 그 이후에도 힘든 일을 겪지 않도록 해 주기 때문이다."

나이가 어린 아이들은 이 핵심 가치를 따르느냐 따르지 않느냐를 결정하기만 하면 된다. 다시 말해 옳고 그름을 따져서 선택하기만 하면 된다. 하지만 아이들이 나이가 많아지면서, 두 가지 다 옳은 일일 때 어느 한쪽을 선택해야 하는 상황에 처하는 경우가 점점 많아진다.

옳고 그름이 확실한 세계에서는 핵심 가치를 따르기만 하면 되었던 간단한 문제가, 둘 이상의 올바른 가치가 충돌해서 가치 사이에 순위를 매겨야 할 경우에는 어려워진다. 예를 들어 타인에 대한 존중과 책임감이 진실을 말해야 한다는 당위성과 정면으로 충돌한다는 사실을 발견한다면 아이들은 어떤 생각을 하게 될까? 친구가 비밀을 지켜 달라면서 이야기한 내용이 학교 전체를 위험에 빠뜨릴 수 있는 일인 경우, 이를테면 사물함에 총을 넣어 두었다는 이야기를 친구에게 들었는데 교장 선생님이 무슨 말을 들었느냐고 물을 때 아이들은 어떻게 행동할까?

성인에게 이런 질문은 전혀 딜레마가 되지 못한다. 여러 사람의 생명이 위험에 처할 수도 있기 때문에, 이런 경우 아이가 해야 하는 일은 자기가 아는 사실을 당장 털어놓는 것이다. 하지만 잠시 멈춰서 아이들의 관점에서 이 일을 바라보자. 아이는 진실을 말하는 행동이 옳다는 사실도 알고 이 사건이 얼마나 심각한 일인지도 안다. 하지만 의리와 약속을 지키는 일도 마찬가지로 옳다고 생각하며, 아이가 속한 또래집단에서는 '거짓말쟁이'나 '밀고자'와 같이 신랄한 단어로 그 내용을 강요한다. 교장 선생님이 윤리적 기준에 따라 "진실을 말해 봐라. 진실을 말하는 것이 옳은 행동이니까."라고 제안한다면 아이들은 의리와 진실 사이에서 압박을 받아 이러지도 저러지도 못하고 굳어 버릴 것이다. 이런 경우 교장 선생님이 두 가지 이상의 옳은 입장이 대립하는 딜레마에 대해 안다면, 의리를 지키는 행동과 더불어 진실을 말하는 행동이 왜 옳은지에 대해 살펴봄으로써 대화를 시작할 방법을 찾아볼 것이다. 그런 후, 만약 둘 중 하나를 선택해야 한다면 어느 한 쪽의 가치가 다른 쪽을 능가해야 한다는 사실을 아이가 깨닫도록 친절하게 도와줄 수 있다. 그렇게 한다고 해서 다른 한 쪽이 틀렸다는 의미는 아니며, 단지 어느 한 쪽이 더 옳을 뿐이라는 사실을 알게 해 주는 것이다.

하지만 교장 선생님이 이런 과정을 생략하고, 단순히 '윤리적 가치에 따라 행동해라'고만 주장한다고 해보자. 아이에게 옳은 일과 옳은 일 사이의 딜레마를 이해시킬 만한 준비가 철저하지 못하면 원래 도덕적인 아이라 해도 다음과 같이 결론을 내릴 수밖에 없다. 아이는 자신이 초등학교 시절 선생님의 가르침대로 윤리적 가치에 따라 행동할 수 없으며, 동시에 모든 윤리적 가치를 따를 수도 없다고 결론을 내린다. 그리고 그런 사실을 깨달은 후에는 아주 중요한 갈림길에 놓이게 된다. 운이 좋다면 아이는 스스로 내면에서 도덕적, 지적 강인함을 발견하고 옳은 일 사이에서 어느 한 쪽을 선택하는 의사결정 모형을 개발하거나, 그런 의사결정 모형에 대해 알려줄 어른을 찾아갈 것이다. 하지만 그렇지 않다면 아이들은 그 윤리적 가치들을 외면하게 될 것이다. 이 아이가 윤리적 사고의 틀을 접하지 못해서 옳음과 옳음이 대립하는 사물함 속 권총 딜레마를 해결하지 못한다면, 우리는 아이가 윤리적으로 행동하려는 의지를 팽개쳤다고 비난할 수 있을까? 아이들이 보통 중학교에 들어갈 때면 윤리적 가치를 착실하게 지키는 것은 어린아이들이나 하는 행동이라고 생각하게 된다. 윤리적인 가치들에서 등을 돌렸다는 사실은 자신이 더 이상 어린아이가 아니라는 증거라고 생각하게 된다. 또한 억압된 현재 환경에서의 자유를 위해 옳고 그름에 대한 가치 기준을 깨는 것이야말로 진정한 도덕적 용기일지도 모른다는 위험한 생각을 할 수도 있다. 세 가지 렌즈를 모두 무시함으로써 아마도 자신이 진짜 덕성을 길렀는지도 모른다고 착각하게 되는 것이다.

핵심 가치들과 윤리적 추론이 내팽개쳐짐에 따라 도덕적 용기는 일종의 허세와 과시로 변하고 가짜가 되어 간다. 우리를 경악시키는 비윤리적인 사건들의 가해자 연령대가 낮아지고 있는 것은 바로 이 도덕적 용기가 계속해서 외면당하기 때문이다.

아마 이 가해자 청소년들은 부모가 "그건 정말 잘못된 행동이야! 가치 기준을 따라야지. 그런 짓은 절대 하지마."라고 말한다고 해서 잘못된 행동을 멈추진 않았을 것이다. 이러한 상황에서는 기존에 부모와 아이 사이에 충분하게 공유하고 있는 가치에 토대를 두는 것이 중요하다. 동시에 옳은 가치끼리 충돌하는 문제에 맞닥뜨렸을 때 도덕적 결정을 내리고 용기를 발휘할 수 있도록 하는 노련하고 신중한 체계를 이용하여 아이를 적극적으로 도와주는 방향으로 나아가야 한다. 우리가 해야 할 일은 이러한 자녀 양육 방식에 종합적으로 접근하는 것이다.

내 아이에게 가르쳐주는 첫 정의 수업

● 윤리적 양육이 절실한 시대

지금 시대야 말로 그 어느 때보다 부모들이 도덕적으로 아이를 기르기가 힘든 시기로 보인다. 진실성을 최고의 가치로 추구하는 다음 세대를 길러내지는 못할지도 모른다. 하지만 우리 아이들의 가치 기반을 단단하게 만들어주는 것은 가능하다. 이 단단한 기반을 통해 평소에 정직하고, 정중하게 말하며, 책임감을 다하는 어른으로 자라게 도와줄 수도 있다. 또한 지금의 기성세대와는 달리 편견 없이 세상을 바라보고, 누구보다 자애롭고 관대하게 타인을 대하는 어른이 되도록 우리가 도와줄 수 있다.

하지만 몇몇 부모들은 하루에도 여러 번 내가 과연 이런 곱고 곧은 성품의 아이를 길러낼 수 있는지, 자신의 양육 능력에 대해 의심한다.

오늘날은 우리가 자랄 때보다 윤리적 선택을 하기가 훨씬 힘들어진 것이 사실이다. 우리가 어렸을 때는 데이트 강간이나 약물 중독, 스팸 메일, 피싱 사기, 인터넷 성매매 같은 말도 없었다. 넘치는 미디어도 없었고, 담고 있는 내용도 지금처럼 지독하고 선정적이지도 않았다. 일에 중독된 부모나, 맞벌이 부모도 우리 세대에는 없었다.

우리 시대에는 아이들의 인성 문제에 도움이 되었던 학교나 정치 단체, 교회 등의 사회적 기관들이 더 이상 제 힘을 발휘하지 못하고 있다. 이 기관들은 윤리에 점차 높은 관심을 보이고 있기는 하지만 아직은 역부족이다.

무엇보다 인성 교육의 첫 걸음은 가정, 특히 부모다. 하지만 생각보다 많은 부모들은 자신의 자녀와 윤리적 문제에 대해 의견을 나누는 것에 대해 민망해 한다. 진실, 인성, 올바름에 대한 대화를 나누기에 자신의 소양이 부족하다고 느끼는 것이다. 물론 일부 부모들은 그런 이야기를 이끌어 나가는 방법을 모르기도 하고, 솔직히 자신이 어린 시절에도 부모님과 선생님이 세워 놓은 기준에 반항한 것도 사실이다. 그리고 부모가 된 사람들 중에는 철없던 시절에 실제로 선을 넘었던 사람도 많았다. 그들은 이렇게 묻는다. "이런 우리가 윤리니, 도덕이니 하고 말할 자격이 있겠습니까? 위선자밖에 더 되겠어요?"

절대 그렇지 않다. 나이가 들면 지혜로워지고, 인생의 선배로서 젊은 사람들을 돕는 데 힘을 다하게 된다. 또 자신의 실패를 발판삼아 전보다 더 잘 해내고자 하는 욕심도 생긴다. 특히 윤리적 문제에서는 더욱 그러하다. 한 아이의 부모로서 성장하는 동안에는 이기심이 있던 자리에 점차 도덕 원칙이 들어서기 때문이다.

그 첫걸음은 쉽다. 자녀를 위해 좀 더 공정하고 선한, 그래서 행복한 세상을 만들어 주겠다는 생각만 있다면 여러분은 성공할 수 있다. 그런 동기가 없었다면 여러분은 이 책을 여기까지 읽지도 않았을 것이다. 그 첫걸음을 시작했다면 이제 두 번째 걸음을 옮기면 된다. 그러기 위해서는 어떤 쟁점을 파악하고, 도움이 되는 지침이 필요하다. 윤리와 도덕에 대한 대화를 시작할 수 있는 확실한 진입로가 필요해진 것이다. 다시 말해 우리에게 효과적인 철학이 필요하다. 이제 본격적으로 이 '효과적인 철학'에 대해 여러분과 같은 평범한 부모들이 겪은 사례로 알아보도록 하자.

0~4세

옳고 그름과의
첫 만남

1

우리는 태어날 때부터
단련된 도덕성을 가지고
태어나지 않는다.
단련은 과정이다.

남의 물건을 가져오는 아이

학자들이 종종 지적하듯, 역사에서는 날씨가 중요하다. 지독하게 추운 겨울날 아침에 샌디는 역사에서처럼 윤리에서도 날씨가 중요하다는 사실을 깨달았다.

샌디가 쇼핑센터를 돌아보는 길에 세 살 난 아들 브랜슨이 갑자기 외쳤다. "엄마, 엄마, 금동전!" 한 손으로 브랜슨을 안고 다른 한 손으로 브랜슨의 여동생 몰리가 앉아 있는 쇼핑 카트를 밀던 샌디는 그 말에 별로 주의를 기울이지 않았다. 차는 저 건너편에 주차되어 있었고, 샌디는 눈물이 날 정도로 매서운 바람 속에서 더이상 서있고 싶지도 않았다.

샌디는 비좁은 차 뒷좌석에서 힘겹게 두 아이의 방한복을 벗기고 자리에 앉힌 뒤 안전벨트를 매주었다. 그런 후 카트에서 짐을 내리면서 비로소 샌디는 작은 그물망 안에 든, 금박 포장지로 싼 동전 모양의 초콜릿을 발견했다. 샌디는 그 초콜릿을 산 적이 없었다. 하지만 샌디는 그 초콜릿이 계산대 옆에 쌓여 있는 모습을 보았던 기억이 희미하게 떠올랐다. 아마 샌디와 아이들이 가게를 나설 때 브랜슨이 그 초콜릿을 카트에 던져넣었을 것이 분명했다.

처음에 샌디는 그 일을 그저 대수롭지 않게 넘겼다. 초콜릿이 비싼 물건도 아니었고, 파는 물건이라기보다는 물건을 살 때 끼워주는 증정품 같은 것이었다. 게다가 그것 조금 없어졌다고 누가 알겠는가? 샌디는 짐을 다 꺼내고 차에 타서 시동을 걸었다. 양심 때문에 마음이 조금 불편하긴 했지만, 싸구려 초콜릿을 돌려주자고 다시 애들에게 옷을 껴입히고 차에서 내리게 하고 그 고된 길을 돌아가야 한다고 생각하니 막막했다. 게다가 시간도 빠듯했다. 아이들을 집에 데려가서 점심을 먹이고 낮잠을 좀 재워야 했다.

그때 샌디에게는 그 초콜릿 금화를 그냥 카트에 두고 가면 되겠다는 생각이 떠올랐다. 그렇게 하면 적어도 자기가 사지 않은 물건으로 이득을 보지는 않을 것 아닌가. 하지만 그 방법도 탐탁지 않았다. 그렇게 해도 어차피 가게에서는 누가 초콜릿을 훔쳐 갔다고 생각할 것이기 때문이었다.

결국 샌디가 그냥 갈 수 없었던 가장 결정적인 이유는 아들이 지켜보고 있다는 자각 때문이었다. 브랜슨은 자신이 초콜릿을 카트에 넣었다는 사실을 알고 있었다. 가게를 나서면서 외쳤던 것으로 보아, 브랜슨은 그 초콜릿에 돈을 지불하지 않았다는 사실을 감지하는 듯했다.

샌디는 이렇게 회상한다. "브랜슨이 '아, 물건은 이런 식으로 얻는 거구나!'라고 생각하게 하고 싶지 않았어요."

내 아이에게 가르쳐주는 첫 정의 수업

샌디가 맞닥뜨린 상황은 인류가 아이를 기르기 시작했을 때부터 지금까지 늘 존재했던 상황이었다. 즉, 아이가 생기면서 자신의 윤리적 기준이 총체적으로 재조정되는 것이다. 어느 날 갑자기 양심의 천사가 어깨 위에 앉고, 양심의 목소리가 귓가에 들리게 된다. 그러면 우리는 자신만의 관점으로 세상을 보던 과거와 달리 전혀 다른 관점에서 세상을 바라볼 수 있게 된다. 어린아이들의 눈은 세상과 세상의 딜레마를 바라보지 않는다. 아이들은 바로 부모를, 우리가 도덕적 난제를 어떻게 해결해 나가는지를 본다. 아이들의 관심과 호기심의 대상이자 초점은 바로 부모인 우리다. 이 나이의 아이들에게는 설령 아주 작은 사건일지라도 부모의 행동이 큰 가르침으로 작용하게 된다.

● 초콜릿은 어디에 있을까?

발달심리학자에 따르면, 아이가 어른들의 사고방식에 특히 매혹되는 시기는 브랜슨과 같은 나이인 세 살에서 네 살 무렵이라고 한다. 세 살 무렵에는 세상을 바라볼 때 자신이 경험하는 사실에 초점을 맞추고, 좀 더 나이가 들면 세상에 대한 다른 이들의 생각과 믿음을 이해하려 하기 시작한다. 잘하든 못하든, 아이들은 이후 살아가면서 이런 행동에 열중하게 된다. 다시 말해, 이 나이의 아이들은 타인의 행동과 생각이 자신과 다를 때 그 행동과 생각을 예측하는 능력을 계발하기 시작한다. 찰스 넬슨Charles A. Nelson과 미셸 드 한Michelle de Haan, 캐슬린 토머스Kathleen M. Thomas는 그들의 저서인 『인지적 발달의 신경과학Neuroscience of Cognitive Development』에서 아이들의 이런 행동에 대해 기술하면서 다음과 같은 실험에 대해 묘사한다. 실험에 참가한 아이는 다음과 같은 이야기를 듣게 된다. "맥스라는 아이가 파란색 찬장에 초콜릿을 넣고 가버렸어. 그때 맥스의 엄마가 들어와서 그 초콜릿을 초록색 찬장에 옮겨놨지. 그런데 맥스가 다시 초콜릿을 가지러 돌아와."

이때 아이는 이런 질문을 받는다. "그럼 맥스는 어디서 초콜릿을 찾아볼까?", "맥스는 초콜릿이 어디에 있다고 생각할까?" 연구자들에 따르면 올바른 답은 "맥스는 초콜릿이 아직도 파란색 찬장 안에 있다고 생각할 테니 파란색 찬장을 찾아볼 거예요"라는 대답이다. 하지만 서너 살 아래의 아이들은 대개 맥스가 초록색 찬장을 들여다볼 것이라고 대답한다. 이는 아이들 자신이 초콜릿이 어디 있는지 알기 때문에 맥스도 똑같이 생각하리라고 잘못 추측하기 때문이라고 한다.

흥미롭게도, 새로운 신경과학 이론에서는 좀 더 나이가 많은 아이들이 제대로 대답하는 이유가 단지 다른 사람의 생각을 더 잘 떠올리기 때문만은 아니라고 한다. 명백히 보이는 사실(초콜릿이 정말로 어디 있는지)에 초점을 맞추려는 경향을 억제하고, 명백하지 않지만 올바른 답(초콜릿이 어디 있는지에 대한 맥스의 생각)에 초점을 맞추려고 하는 억제 조절inhibitory control 능력이 향상되기 때문이다.

● 옳은 선택하기

이런 일은 실험실에서 일어났을 때는 확실히 흥미로운 현상이지만, 그 추운 날 아침 샌디가 겪은 것과 같은 상황에서는 그다지 실용성이 없다. 하지만 이 현상이 샌디와 직접적으로 관련이 있을 수는 있다.

브랜슨은 엄마가 그 초콜릿 금화에 대해 알고 있는지, 그리고 그 초콜릿이 어디 있는지(자신이 이미 아는 사실)에 대해 알아내려 하는 것이 아니라 그 초콜릿 금화에 어떤 진실(그 초콜릿에 돈을 지불하지 않았다는 사실)이 있는지 알아내려 할 수 있으며, 그 사실은 초콜릿 그 자체보다 더 중요하다. 사실 브랜슨은 엄마의 생각을 알아내려 할지도 모른다. 엄마의 생각이 자신의 생각과 다를 수도 있다고 생각하기 시작한다. 브랜슨은 그 초콜릿이 어디 있는지가 아니라 초콜릿을 가져와도 엄마가 괜찮다고 생각할지를 알려고 할지도 모른다.

따라서 그 추운 날 아침 주차장으로 가는 도중에 브랜슨이 외친 말은, 단순히 세 살짜리가 자신에게만 해당되는 관심사를 표현한 행동 이상일 수도 있다. 이것은 자기 주변 어른들의 신념, 욕구, 가치들을 접할 준비를 하는 정신 과정의 첫걸음일지도 모른다. 브랜슨은 자신이 막 발을 들여놓으려고 하는 윤리의 세계에 대해 무언가를 배우려고 하는 것일 수 있다. 바로 그 날 아침, 브랜슨은 다소 곤란한 경험을 통해 삶의 교훈을 배울 준비를 했을지도 모른다.

샌디는 선택의 기로에 섰다. 방한복 입기를 좋아하지 않는 허기진 아이들을 생각하면 원래 예정대로 행동하는 것이 가장 좋고 자신도 편할 것이었다. 하지만 이 사건을 아들이 배움의 기회로 삼을 수도 있었다. 샌디가 생각하기에 아이들을 집으로 데려가는 일은 옳은 일이었다. 하지만 초콜릿을 그냥 가져가기보다 돌려주어서 브랜슨이 그 경험을 통해 배울 수 있도록 도와주는 일도 옳은 일이다. 그렇게 보면 어떤 쪽을 선택해야 도덕적으로 옳을지는 명백해진다. 아무리 성가시더라도 물건을 돌려주는 편이 우선이다.

결국 샌디는 딜레마를 해결하는 방법을 찾아냈다. 샌디는 아이들을 따뜻한 차 안에 잠시 남겨두고 상점으로 달려갔다. 직원들이 모두 바빴기 때문에, 샌디는 초콜릿 금화를 계산대에 탁 내려놓고 다시 차로 달려갔다. 그러면서도 샌디는 이것이 완전한 해결책이 아니라는 사실을 알고 있었다. 경찰관이 샌디를 보았다면 시동이 걸린 차 안에 아이들만 내버려두었다고 비난했을 것이다. 그리고 가게 직원은 몇 분 전까지만 해도 아무것도 없었던 계산대에 영문 모를 초콜릿 금화가 놓여 있는 것을 어떻게 이해할 수 있었겠는가? 하지만 그 상황에서 샌디는 그것이 최선의 선택이라고, 그 상황에서는 가장 올바른 선택이라고 생각했다.

브랜슨은 엄마를 주의 깊게 지켜보고 있었다. "엄마, 어디 갔다 와?" 엄마가 숨이 차서 차로 돌아왔을 때 브랜슨이 물었다.

샌디는 이렇게 대답한다. "금화를 돌려주고 왔지. 브랜슨이 그 초콜릿 금화를 그냥 가져 왔으니까. 대가를 지불하지 않고 물건을 가져오는 행동은 옳지 않은 거야."

● 조곤조곤 설명하기 vs 직접 행동하기

샌디는 그날 브랜슨에게 정직함과 훔치기, 대가 지불하기와 좀도둑질, "내가 책임져야지"라고 말하는 태도와 "난 너무 바빠"라고 책임을 회피하는 태도에 대해 가르쳐주겠다는 거창한 계획이 전혀 없었다. 아이 기른다는 것은 촘촘한 계획대로 움직일 수 있는 일이 아니며, 특히 나이가 어릴수록 더욱 그러하다. 물론 계획을 세울 수는 있지만 그 계획에는 예상치 못한 일이 일어날 경우를 대비해 대안을 남겨두어야 한다.

망망대해에서 표류하게 되면 나침반에 의지하듯 우리는 내부의 안내 체계, 즉 자신의 명확한 도덕적 가치들에 따라 문제를 해결해나간다. 우리는 항상 지도를 들여다보고 있지 않으니 자신이 어디로 가고 있는지, 어디에 있는지를 매순간 알 수도 없다. 하지만 우리 자신의 윤리 지도에서 진짜 북쪽, 즉 고정점이 어딘지 안다면 빙빙 돌지 않고 언젠가 아는 길이 나오리라고 믿으며 계속 나아갈 수 있다.

이 상황에서 샌디의 행동이 바로 그런 것이었다. 샌디가 그날 아침에 "어디, 내 도덕적 가치들을 떠올려 볼까!"라고 말하면서 집을 나서지는 않았을 것이다. 그럴 필요가 없었다. 도덕적 가치들은 이미 샌디의 내부에 깊게 뿌리내린 채 존재하고 있으며, 적절한 때 샌디를 바른 길로 안내했다. 샌디의 가치 기준은 매우 강력해서 자신이 도덕적으로 우위에 두는 일을 외면하거나 팽개쳐버리지 않도록 해주었다. 지독히 추운 날씨와 시간의 압박을 고려하면 샌디의 행동은 가히 투쟁이라 할 만했다. 하지만 달리 행동할 수도 없었다.

그렇다면 왜 그녀는 달리 행동할 수 없었을까?

이 질문의 답은, 스스로 인지하든 못하든 우리가 이러한 상황에서 일정한 도덕적 틀에 맞추어 추론한다는 데 있다. 이 경우에 적절한 도덕적 틀은 세 개의 렌즈 중 올바름을 인식하게 하는 첫 번째 렌즈다. 아주 간단히 말하면 샌디가 겪은 일은 옳고 그름을 구분하면 되는 문제다. 세 살짜리의 관점에서 본다면 이 사례는 정직함과 책임감이라는 도덕적 핵심 가치에 대한 이야기이고, 그 가치를 어떻게 현실에 적용하느냐는 이야기이다. 이 일에서 얻을 수 있는 교훈은 아주 분명하고 뚜렷해서 논란의 여지가 거의 없다. 남의 물건을 훔치면 안 되고, 잘못했을 때는 상황을 원래대로 돌려놓을 책임이 있다는 교훈이다.

또한 이 일은 옳은 입장끼리 대립하는 사건이기도 하다. 사실 샌디가 부딪힌 문제는 오래된 난제인 교육이 먼저인가, 행동이 먼저인가 하는 문제에서 출발한다. 교육과 행동이라는 두 가지 숭고한 충동은 서로 엇갈리는 경우가 많다. 아무리 자녀에게 지속적인 행동 기준을 가르치려 해도 교육이 이차적인 문제가 되는 경우가 있다. 브랜슨이 가스레인지에 손을 뻗는 장면을 본다면, 분명 샌디는 열 일 제치고 소리를 지르며 주방으로 달려가서 브랜슨의 행동을 저지할 것이다. 그리고 그 일에 대해 이야기하는 것은 나중 일이 된다. 샌디가 최우선으로 생각하는 바는 브랜슨이 화상을 입지 않도록 하는 것이다.

하지만 이 사건은 위의 경우와 다르다. 과격하게 반응하기보다는 아이를 가르칠 수 있는 좋은 기회로 보는 것이 현명하다. 그렇기는 하지만 샌디가 겪은 이 상황은 애초에 아이들을 돌봐야 할 필요성과 가게 주인에게 물건을 돌려주어야 할 필요성이 대립하는 '옳음 대 옳음'의 상황이었다. 윤리적 딜레마를 분석할 때 쓰는 네 가지 패러다임 중에서 샌디의 경험과 관련 있는 패러다임은 '단기 대 장기'이다. 샌디의 일상을 위해서, 즉 아이들은 긴 시간 추위에 노출되어 피곤했기 때문에 곧장 집으로 돌아가는 단기적 행동을 취할 필요가 있었다. 반면 아이들의 교육과 성숙을 위해서라면, 잠시 숨을 돌리며 아이가 앞으로 살아갈 동안 크게 도움이 될 인생의 교훈을 가르쳐주어야 했다. 두 가지 선택이 모두 옳았지만, 샌디는 이 두 가지 행동을 한꺼번에 할 수 없었다.

추웠던 그날 아침 딜레마에 마주쳤던 샌디는 두 가지 상황 사이에서 훌륭하게 균형을 잡았다. 차를 몰아 떠나버리자는 생각은 간단히 무시할 수 없는 것이었다. 물론 브랜슨이 가져온 물건이 초콜릿이 아니라 진짜 금화였다면 샌디는 망설이지 않고 가게에 돌려주었을 것이다. 하지만 아이들이 갑자기 아팠거나 남편이 급한 일로 전화를 했다면 역시 망설이지 않고 차를 몰아 그 자리를 떠났을 것이다. 분명

내 아이에게 가르쳐주는 첫 정의 수업

아이들 점심과 낮잠은 촌각을 다투는 급한 일은 아니었지만 그렇다고 하찮은 일도 아니었다. 특히 이런 상황에서 부모들이 다음과 같은 죄책감에 시달리기 쉽다는 점을 감안하면 더욱 그러했다.

— 내가 아이들에게 너무 소홀한 건 아닌가?
— 이 강추위에 쇼핑센터에 꼭 왔어야만 했을까? 내가 외출을 하고 싶어서 이기적으로 행동하지는 않았을까?
— 일정을 너무 느슨하게 잡아서 집에서 늦게 나온 데다 첫 번째로 들렀던 가게에서 시간을 너무 낭비한 것은 아니었을까?
— 아니면 내가 너무 초조해서 사소한 문제를 크게 만들고 있지는 않나? 다른 엄마들이라면 그냥 지나갈 사소한 일을 심각한 윤리적 문제로 여기고 있는 건 아닐까?

자신의 행동 하나하나를 스스로 책망하고 비난하는 이러한 사고과정은 순간적으로 엄습할 수 있으며, 그 결과 심각한 결론에 도달하게 된다. "난 나쁜 부모야!" 샌디의 사례에서 이런 생각이 도덕적 직관을 저버리는 데 얼마나 강력한 유혹이 되는지 주목해보라. 샌디는 이렇게 생각하게 된다. "그래, 난 나쁜 엄마야. 그러니까 내 잘못을 만회하기 위해 먼저 아이들의 욕구부터 채워줄 거야. 이 진절머리 나는 초콜릿은 제쳐두고 곧장 집으로 가야겠다." 이런 식으로 죄책감은 희한한 논리에 따라 행동을 정당화하며, 양육이라는 핑계 아래 윤리적 행동을 뒷전으로 미루도록 끊임없이 유혹한다.

결국 아이를 양육할 때 흔히 빠지기 쉬운 유혹은 다음과 같은 이분법적 사고다. "부모 노릇을 택하거나 도의를 택하거나 둘 중 하나를 선택해야 한다. 둘 다 한꺼번에 선택할 수는 없다. 어느 쪽을 선택하겠는가?" 다행히 샌디는 의지가 강한 덕분에 이런 생각에 빠져들지 않을 수 있었다. 아마 이것은 윤리적으로 심각한 문제와 사소한 문제를 최종적으로 가르는 중요 항목에서 가장 어려운 부분이었을 것이다. 어떤 사건이 그저 사소한 문제에 불과하다고 확신할 수 있을까? 아이들이 화를 내면서 우리의 도덕적 기준에 항의하고, 우리가 어떤 일을 심각한 문제로 만들어버린다고 비난하는 경우가 얼마나 많은가? "다른 집 엄마 아빠는 다 하게 해준단 말이에요!"라든가, "이렇게 엄격한 집은 세상에서 우리 집밖에 없을 거예요!"라고 말이다. 보통 이런 대화가 시작되는 시기는 사춘기 아이들이 가정을 벗어나 더 넓은 세상을 경험하고 다른 아이들의 상황과 자신의 상황을 비교하기 시작할 때이므로, 세 살의 브랜슨이 이런 식으로 이야기한다는 것은 생각하기 어렵다.

샌디의 아이들이 아직 네 살도 안 되었다고 해서 샌디가 위와 같은 비판에 전혀 영향을 받지 않는다고 생각하면 안 된다. 이런 잘못된 근거는 샌디의 아이들이 아니라, 사소한 일을 심각한 문제로 만들어내도록 유도하는 말을 샌디 자신이 평소에 사용하는 데에서 온다. 이 사건은 정말로 윤리적 문제인가, 아니면 자신이 그렇게 만들 뿐인가? 이 일은 중요한 문제인가, 아니면 기운을 차리고 털어내야 하는 문제인가? 무엇이 옳은지 어떻게 알 수 있는가?

여기 샌디가 옳고 그름을 구분할 수 있는 한 가지 방법이 있다. 우리가 제시하는 검사법을 이용하여 잘못된 행동을 가려내는 것이다. 샌디가 맞닥뜨린 사건이 단지 사소한 문제라면 다음 검사를 쉽게 통과할 수 있을 것이다. 사실 이 검사에서도 분명히 드러나듯, 금화 사건은 정말 중대한 문제다.

—— **법적 검사** the legal test: 고의가 아니더라도 절도는 불법이다. 이 문제에 있어서 부모들은 자녀의 행동에 법적 책임이 있다. 또한 아이들의 절도 행위에 동조하지 말아야 할 의무도 있다. 부모들은 그 행위를 숨김으로써 용인해주기보다는 드러내서 바로잡아야 한다.

—— **규정 검사** the regulatory test: 절도 문제의 경우, 법적 검사는 확실하고 분명하다. 따라서 쇼핑센터나 샌디가 속한 사회, 종교와 같은 조직의 부가적인 규정도 법률의 의도를 강화하는 방향으로 작용한다.

—— **악취 검사** the stench test: 샌디는 대가를 지불하지 않고 물건을 가져오는 일이 아주 불쾌하다는 사실을 본능적으로 느꼈다. 이런 직관을 고려하면 샌디는 자신이 초콜릿 금화를 돌려주지 않은 채로 문제를 덮어둘 수 없다는 점을 이미 알았을 것이다.

—— **신문 1면 검사** the front-page test: 내일 조간신문에 '쇼핑센터에서 금화 절도로 덜미가 잡힌 아이 엄마'라는 제목으로 머리기사가 나온다면 샌디는 어떤 기분일까? 만약 그대로 차를 몰고 가버린다면, 그리고 그 장면이 감시 카메라에 모두 찍혀서 수사관들이 그 장면을 분석하고 기자들이 그 일에 대해 기사를 쓴다면 샌디는 당황할 것이고 톡톡히 망신을 당할 것이다.

—— **엄마 검사** the Mom test: 이런 상황에서, 샌디는 자신이 도덕적으로 존경하는 인물이나 자신의 어머니가 지금 자기가 하려 했던 것처럼 행동하는 장면을 상상할 수 있을까? 일반적으로 그런 사람들은 초콜릿 금화를 돌려주지 않은 채 알면서도 일부러 차를 몰고 가버리지는 않을 것이다.

위의 과정에서 분명한 점은, 비록 사소한 일이기는 하지만 이 초콜릿 금화 사건에 정답이 하나뿐이라는 사실이다. 우리는 샌디의 생각을 자세히 알지 못하고, 사실 샌디도 자신이 어떻게 추론을 해냈는지 정확히 기억하지 못한다. 하지만 그 추론의 결과는 분명했다. 차를 몰고 그냥 가버릴 만한 이유가 많이 있었음에도 불구하고, 샌디는 곧 그런 생각을 떨쳐내고 초콜릿 금화를 돌려준 후 아들 브랜슨에게 이 일을 교훈삼아 가르쳤다.

샌디 자신도 교훈을 얻었다. 결국 샌디가 맞닥뜨렸던 문제는 옳음 대 옳음의 문제가 아니었음이 명백하다. 처음에는 그렇게 생각했을 수도 있지만, 결국 샌디는 상충하는 두 가지 행동 중 하나를 선택해야 하는 문제가 아님을 알 수 있었다. 잠깐만 생각했는데도 어느 한쪽에 도덕적 무게가 실린다는 사실이 드러났다. 자신과 아이가 마주친 곤란한 상황에 대해 더 이상 머릿속으로 분석할 필요가 없었다. 그 대신 샌디는 옳고 그름의 차이에 초점을 맞출 필요가 있다는 사실을 알게 되었다. 이 사실을 깨닫게 되기까지 약간의 시간이 걸리기는 했다. 물론 이 점을 처음부터 알았더라면 문제를 더 빨리 해결할 수 있었을 것이다. 그날 지독히 춥지만 않았더라도 주차장으로 그렇게 서둘러 가지 않았을 것이다. 쇼핑을 마치고 다음에 또 가야 할 곳이 없었더라면 브랜슨의 말에 조금 더 주의를 기울였을 것이다. 이 일이 좀 더 편안한 상태에서 일어났다면 샌디는 브랜슨이 상상 속의 이야기를 한다고 생각하기보다는 처음에 브랜슨이 금화에 대해 말했을 때 관심을 쏟았을 것이다. 지난 일을 돌아보며, 샌디는 자신이 브랜슨의 의사를 파악했어야 한다는 사실을 알게 되었다. "그때 바로 뒤돌아서 가게로 돌아갔어야 했어요."

그렇다고 샌디가 자신을 몰아붙일 필요도 없다. 샌디의 행동은 전혀 이상하거나 부끄러운 행동이 아니다. 성인으로 살아가면서 맞닥뜨리는 일 중에서 가장 어려운 일은, 도덕적 문제에 직면한 일상에서 제동을 걸어야 할 때를 인지하는 것이다. 사실 윤리 피트니스를 평소에도 하고 있는지 알 수 있는 지표 중 하나는 이러한 도덕적 문제 상황을 얼마나 정확히 읽어내고 얼마나 신속하게 반응하느냐 하는 점이다. 모든 부모는 이 능력을 계발해야 하며, 그렇지 않으면 윤리적으로 중요한 순간들은 우리를 그냥 지나쳐갈 것이다. 이 중요한 순간들에 대해서는 나중에 좀 더 이야기해보기로 하겠다.

남의 물건을 가져오는 아이

- 옳고 그름을 아는 것(렌즈 1)과 올바르게 행동하는 것은 별개의 문제이다. 여러분이 옳다고 생각하는 대로 행동하는 법을 발견하기까지 시간이 좀 걸린다 해도 스스로를 몰아붙여서는 안 된다.

- 어린아이들은 여러분이 어떤 선택을 하는지 보고 배운다. 아이들에게 정직함과 책임감에 대해 말해 주되, 자신이 그 가치들을 어떻게 실천하느냐가 가장 중요하다는 사실을 기억하라.

- 삶의 여러 측면과 마찬가지로 올바른 행동을 하려면 노력이 든다. 윤리란 때로 불편하

고 힘든 것이다. 아이들에게 도덕적 가르침을 주기 위해 온 힘을 다하라.

- 삶의 여러 측면과 마찬가지로 올바른 행동을 하려면 노력이 든다. 윤리란 때로 불편하고 힘든 것이다. 아이들에게 도덕적 가르침을 주기 위해 온 힘을 다하라.

- 도덕적 기준이 굳건한 사람들은 가끔 자기를 비난하기도 한다. 죄책감에 떠밀려, 도덕성을 길러주는 부모와 좋은 부모 되기 중에 어느 한 쪽을 선택해야만 한다고 생각하지 말라.

- 계획을 철저히 지키는 것은 성실함의 표시다. 윤리를 가르칠 만한 기회를 포착하기 위해 그 계획을 어기는 일은 양심의 표시다. 어느 쪽을 선택해서 행동해야 할지를 아는 것이 진정한 양육 능력이다.

책임감 가르치기

어린 아이들에게 책임감을 가르쳐야 한다는 사실은 힘들고 여간 성가신 일이 아니다. 샌디의 경우, 아이에게 윤리를 가르쳐줄 기회는 아이가 일으킨 사건에서 왔다. 반면, 지금부터 이야기할 에릭의 경우, 이러한 기회는 생명을 위협받는 와중에 어느 한 쪽을 선택해야 했던 아주 극적인 사건에서 찾아왔다. 샌디와 마찬가지로 에릭도 이 기회를 지나쳐 갈 수 있었지만, 에릭은 이 불편하지만 유익한 이야기를 어린 딸들과 공유하기로 했다.

● 어미 곰과 새끼 곰

10월 말의 어느 날, 에릭 케일러와 두 명의 친구들은 사슴을 사냥하기 위해 북 위스콘신에 갔다. 아침에 사냥할 구역을 둘러보던 에릭은 다른 친구들이 고른 언덕과 좀 떨어져 있는 언덕을 하나 골랐다. 트럭을 주차해놓은 곳에서 400미터 정도 거리였다. 주변 지역이 잘 보였기 때문에 에릭은 언덕 꼭대기에 혼자 서 있는 나무에 올라가지 않아도 되겠다고 판단했다. 그 대신 에릭은 땅 위에 통나무와 나뭇가지로 가림막을 만들어 그 뒤에서 사슴이 지나가기를 기다렸다.

아침에는 별다른 일은 없었지만 늦은 오후 갑자기 곰 한마리가 나타났다. 에릭의 시야가 미치지 않는 뒤쪽에서 다가왔는데, 먹이를 찾으러 워낙 조용히 돌아다니는 바람에 에릭은 기척을 전혀 느끼지 못했다. 해가 점차 기울어 가자 가림막에서 나오려던 에릭은 그때서야 자신이 새끼 곰과 마주하고 있다는 사실을 발견했다. 에릭은 새끼 곰에게 겁을 주어 쫓으려 했지만 새끼 곰은 당황한 나머지 에릭을 지나쳐 나무 위로 올라갔다.

에릭은 본능적으로 주위를 둘러보며 어미 곰이 있는지 살폈다. 에릭이 알기로는 어미 곰은 새끼 곰과 5~6미터 거리에 있을 터였고, 새끼도 서너 마리 더 데리고 있을 것이었다. 이 짧은 순간, 에릭은 여러 가지 선택지를 놓고 저울질해보았다. 잠수부였던 에릭은 자신이 신체적으로 뛰어난 조건을 갖추고 있다는 점을 알고 있었지만 그렇다고 곰보다 빠를 수 없다는 점도 잘 알고 있었다. 나무에는 이미 새끼 곰이 올라가 있었기 때문에 나무에 올라가서 피할 수도 없었다. 어미 곰이 공격해오면 에릭은 어미 곰에게 똑바로 활을 쏘는 수밖에 없었다. 숲에 대해 누구보다 잘 알고 자연을 매우 사랑하는 사람으로서, 새끼 곰들에게서 어미 곰을 앗아가버린다는 데 생각이 미치자 에릭은 본능적으로 갈등하기 시작했다. 게다가 허가 없이 곰을 죽였을 때 심각한 불이익이 따른다는 점도 알고 있었다. 하지만 에릭은 당장 자신의 생명과 곰의 생명 중 하나를 선택해야 하는 상황에 직면해 있다는 것도 알고 있었다.

사실 에릭은 다섯 가지나 되는 어려운 도덕적 선택을 마주하고 있었다. 이 중 첫 번째 질문, "곰을 쏘아야 하는가?"라는 문제에는 몇 초안에 답을 내야 했다. 어미 곰이 에릭을 공격했기 때문이다. 에릭은 활을 쏘았고, 화살은 표적인 어미 곰에게 명중했다. 어미 곰은 에릭의 코앞에서 나뒹굴었다. 그러더니 언덕을 기어올라 느릿느릿 사라졌다.

어미 곰이 어디로 가는지는 몰랐으므로, 에릭은 트럭으로 달려가 벌목용 도로를 덜컹거리며 내려갔다. 에릭은 경적을 울려 친구들에게 위험을 알렸다. 심하게 상처를 입은 데다 화까지 난 곰과 마주칠까 걱정이 되어서였다. 에릭이 친구들을 만나 자신이 겪은 일을 이야기하자, 일행은 모두들 "이 사건을 보고해야 하는가?"라는 두 번째 질문의 답이 '그렇다'가 될 수밖에 없다는 결론을 내렸다. 법적인 문제에 휘말리고 싶지않아 사건을 숨기고 싶은 마음도 굴뚝같았다. 하지만 이 일을 덮어두면 새끼 곰들은 위험에 처할 터였고, 다른 사냥꾼이나 지역 주민에게도 위험할 수 있었다. 에릭은 상처를 입지 않고 위기를 모면했지만 다른 사람도 그렇게 운이 좋으리라는 법은 없었다.

전에도 이 지역에서 사냥을 해보았던 에릭은 이곳의 천연자원 관리국의 관리인이 아주 까다롭기로 유명하다는 점을 알고 있었다. 그런데도 에릭은 고속도로에 도착해서 관리인에게 전화를 걸었다. 관리인은 첫 마디부터 듣던 대로 까다로워 보였다. 위스콘신에서는 곰 사냥 허가를 받으려면 8년을 기다려야 하는데다, 지금까지 이 지역에서 곰이 사람을 습격했다는 사례가 보고된 적이 없다면서 에릭이 자신을 방어하려고 곰을 쏘았다는 이야기를 좀처럼 믿으려 하지 않았

내 아이에게 가르쳐주는 첫 정의 수업

다. 관리인은 다음 날 아침 일찍 그 장소에서 에릭과 만나기로 했다. 그는 언덕 주변을 조사해 보고자 했다.

그날 저녁, 에릭은 아내에게 전화를 걸어 이 일을 알렸다. 아홉 살, 네 살이었던 두 딸은 이미 자고 있었다. "아이들에게 이야기해야 할까?"라는 세 번째 질문에 답하기는 조금 쉬워졌다. 아직은 이르다는 것이 그들 부부의 결론이었다. 에릭은 아이들에게 이 사건에 대해 아무 말도 하지 말아 달라고 아내에게 부탁했다. 두 딸이 동물을 얼마나 사랑하는지, 그리고 이 일이 아이들에게 얼마나 고통스러운 이야기일지 고려하면 아이들에게 이 일을 꼭 말해줄 필요는 없다고 생각했다. 하지만 어차피 듣게 된다면 에릭은 자신이 말해주어야 한다고 생각했다. 아이들은 왜 아빠가 곰을 죽여서 새끼 곰들이 어미를 잃게 만들었는지 물을 것이었다.

아침이 되자 에릭과 친구들은 벌목용 도로를 지나 다시 언덕으로 갔다. 이번에는 간밤에 도착한 에릭의 형과 열 살 난 조카도 함께였다. 나머지 네 명이 트럭에서 기다릴 동안 에릭은 관리인과 그의 보조와 함께 언덕으로 걸어갔다. 가림막, 땅에 질질 끌린 자국, 나뭇잎에 묻은 피, 나무에 새겨진 새끼 곰의 발톱 자국, 어미 곰이 도망가면서 부러뜨린 나뭇가지 등 현장의 모든 것이 에릭의 이야기를 뒷받침했다. 관리인은 상황이 어땠는지 살펴본 후 에릭에게 벌금을 내지 않고 가도 좋다고 말하기는 했지만, 곰을 계속 추적할지는 에릭의 결정에 맡겼다. 어미 곰을 찾았을 때 살아 있는 상태라면 고통을 줄이기 위해 되도록 죽여야 한다고 했다. 상처 입은 몸으로는 다가오는 겨울을 날 가망이 없기 때문이었다. 곰을 죽인 후에는 관리인에게 시체를 가져가 달라고 연락해야 했다. 곰 고기를 에릭이 가져갈 수는 없었다.

비윤리적인 사냥꾼들이 재미로 동물을 죽이고서 사고라고 주장하지 못하게 하는 정책 때문이었다. 그 대신 관리인은 곰 고기를 지역공동체의 푸드뱅크food bank(빈민 구제용 식량 저장 및 배급소-옮긴이)나 그밖의 자선 기구에 보내기로 했다.

여기서 에릭이 부딪힌 네 번째 질문은 이러했다. "사슴을 사냥할 이번 시즌의 마지막 기회를 포기해야 할까?" 이 날은 그해에 떠난 유일한 사냥 여행이었고 또 마지막 날이었다. 일행은 사슴 사냥 허가를 받았지만 사슴을 잡은 사람은 아무도 없었다. 하지만 자신들이 그 곰을 찾아야 한다는 점에 모두 동의했다. 분명 상황은 이들에게 크게 불리했다. 언덕 주변의 늪지대를 헤치며 곰을 추적하기도 힘들 뿐만 아니라 간밤에 비가 억수같이 내리는 바람에 곰이 남긴 자취를 분간하기도 더 어려워졌다. 그럼에도 에릭 일행은 거의 열 시간을 찾아 헤맨 끝에 운 좋게도 어미 곰과 새끼들을 발견하게 되었다. 어미 곰을 죽이는 일은 에릭의 몫이었다. 에릭은 가슴 아픈 한 발의 시위를 어미곰을 향해 당겼다. 새끼 곰들은 달아났다.

사체를 대충 수습하고 트럭으로 끌어 옮긴 뒤, 에릭은 관리인에게 연락을 했다. 관리인은 몇 시간 후 에릭이 묵었던 곳으로 와서 일행과 만났다. 곰을 본 관리인은 에릭이 처음부터 정직하게 행동했고 자신에게 바로 전화하기를 잘했다고 말했다. 에릭 일행은 그 상황을 외면하고 하던 대로 사냥을 하며 주말을 보낼 수도 있었지만, 그러는 대신 의무가 아님에도 상처 입은 곰을 찾아냈다. 관리인도 그 사실에 주목했다. 관리인은 에릭이 어떤 식으로든 보상을 받을 만하다고 말했다. 그는 에릭에게 25달러에 곰을 가져가는 것이 어떻겠느냐고 제안했고, 에릭은 제안을 수락했다.

내 아이에게 가르쳐주는 첫 정의 수업

하지만 여기서 다섯 번째 문제가 발생했다. 어떻게 아이들에게 자신이 곰을 죽였다고 말할 것인가? 에릭은 반드시 아이들에게 사실대로 이야기해야 한다고 느꼈다. 아무 말도 하지 않는다는 것은 선택사항에 들어 있지 않았다. 가족들도 지금껏 에릭이 사냥하는 것을 보아왔기 때문에, 곰 고기를 사슴 고기인 척할 수는 없을 터였다. 딸들은 비록 어렸지만, 모두가 사슴을 사냥하러 나갔는데 곰을 잡아오는 일이 이상하다는 것쯤은 알고 있었다.

에릭은 집에 전화를 걸어 딸들을 바꿔 달라고 했다. 에릭의 짐작대로, 아홉 살 난 로렐라이는 새끼 곰들 때문에 마음 아파했다. 에릭은 로렐라이에게 자신도 걱정했다고 말했다. 그 지역에 오래 산 사람에게 새끼 곰들이 얼마나 큰지 설명했고, 주민들은 새끼들이 제 힘으로 살아갈 만큼 컸으니 괜찮을 거라고 말해주었다. 이 이야기를 하자 로렐라이는 다소 위안을 얻었다.

그런 다음 네 살인 아넬라이스가 전화를 받았다. 무슨 일이 일어났는지 에릭이 설명하고 있는데 아넬라이스가 말을 막았다.

"하지만 아빠, 곰을 쏴도 된다는 허락은 안 받았잖아요!"

에릭은 아넬라이스의 말이 옳지만 선택의 여지가 없었다고 말해주었다.

"아빠 그 일에서 빠져나갈 거예요?"

"아니, 아빠는 사실대로 이야기했어. 골치 아픈 일에 휘말릴 수도 있다고 생각했지만, 그래도 아빠 사실대로 말했지. 그리고 골치 아픈 일에 말려들지도 않았어. 사실을 말했기 때문이야."

● 아빠의 선택에 나타난 핵심 가치

에릭이 겪은 일은 그다지 즐거운 이야기는 못된다. 사냥에 대한 에릭의 관점에 동의하지 않는다면 더욱 그럴 것이다. 하지만 냉동고에 사슴 고기가 많은지 적은지에 따라 전체 가족의 생활수준이 달라질 수 있는 시골 공동체에서 경험을 쌓은 사냥꾼의 기준에서 보면, 에릭이 보여준 가치들은 마음속에 깊이 새겨진 것이다.

에릭이 첫 번째로 결정을 내려야 했던 문제, "곰을 쏘아야 하는가?"라는 질문에 대한 답은 이성적이고 윤리적이라기보다 반사적이고 자기 방어적이기는 했지만, 어쨌든 에릭의 직관에서 나온 결정이었다. 여러 해 동안의 경험을 통해 연마하고 활과 화살을 잘 다룬다는 자신감에서 나온 직관 덕분에, 다른 사람이라면 당황하여 쩔쩔맸을 상황에서도 에릭은 의연하게 대처할 수 있었다.

매우 짧은 시간 동안에 에릭은 가치에 따라 결정을 내려야 하는 상황에 맞닥뜨렸다. 한편으로는 어미 곰이 새끼들을 남겨두고 죽을지도 모를 가능성, 다른 한편으로는 자신이 아내와 두 아이를 남기고 죽을지도 모를 가능성에 직면했다. 딸 로렐라이도 알고 있었듯, 에릭이 어미 곰의 생명에 책임감을 느껴야 하는 근거는 강력했다. 하지만 에릭은 자신의 가족, 자신이 속한 공동체, 자기 자신을 책임져야 할 근거가 그보다 더욱 강력하다는 사실을 로렐라이가 이해할 수 있다고 생각했다.

사실 책임감은 인간이 타고나는 것으로 보이는 다섯 개의 핵심적인 공유 가치 중 하나다. 우리 세계윤리연구소Institute for Global Ethics에서는 수십 년간 전 세계 사람들이 가장 중요하게 생각하는 윤리적 가치에 대해 연구해왔다. 우리는 사람들에게 자신의 윤리적 규범이

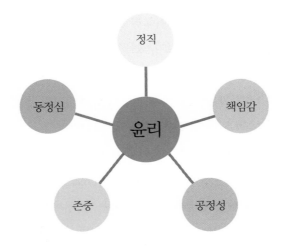

그림 1. **전 세계적 윤리 규범**

라고 생각하거나, 자신이 속한 문화권 사람들의 인간 관계에 큰 영향에 미치는 덕목을 말해 보라고 했다. 책임감은 이 응답에서 거의 매번 5위 안에 들었다. 책임감은 책임, 의무, 순종, 충실 등 여러 가지 이름으로 통하기도 한다. 하지만 본질적으로 이 모든 단어는 우리가 조사했던 모든 나라에서 뚜렷하게 드러날 정도로 기본적이고 보편적이며 불가피한 도덕적 특질을 나타낸다.

　이런 식으로 표면화되는 가치는 비단 책임감뿐만이 아니다. 설문, 면담, 포커스 그룹focus group(시장 조사나 여론 조사를 위해 각 집단을 대표하도록 뽑은 사람들—옮긴이) 조사, 워크숍 활동을 통해 연구를 진행하면서, 우리는 범세계적인 윤리 규범을 정의하는 네 가지의 가치를 더 발견했다. 나머지 네 개의 가치는 바로 정직, 존중, 동정심, 공정성이다.

　다시 말해 국가와 종교, 지위, 성별을 막론하고 사람들에게 최상위의 가치를 다섯 가지 꼽아 보라고 하면 종종 같은 말이 나올 정도로 사람들의 생각에 묘한 공통성이 있음이 드러난다. 그다음으로 다섯 개, 즉 6위부터 10위까지의 가치를 꼽아보라고 하면 집단이나 나라마다 대답이 다양하게 나온다. 하지만 다섯 개까지만 말해보라고 하면 그 양상은 놀라울 정도로 한결같다.

그 이유에 대해서는 진지하게 학술적인 고찰을 해볼 만한 질문이다. 다섯 개의 가치는 유전적으로 고정되어 있는 것일까? 뇌에서 일어나는 신경과학적 자극일까? 핵심 가치는 공동체의 생존을 보장하기 위한 보호 장치일까? 이것들은 모두 타당한 질문이다.

하지만 부모의 입장에서는 위의 연구를 분석하기보다 가치들을 어떻게 적용하느냐가 더 중요하다. 이 가치들이 전 세계에 걸쳐 보편적이라는 사실은 '윤리란 무엇인가?'라는 아주 골치 아픈 질문에 답하도록 도와준다. 답을 찾는 일에 헤맨다면 많은 부모들은 이 질문에 현혹된다. 자신이 아이에게 가치에 대한 이야기를 꺼낼 수도 없고 가치에 대해 충분히 알지도 못하며, 자신이 정의하지 못하는 대상에 대해서는 이야기할 자격이 없다고 믿게 된다. 하지만 이 가치들에 토대를 두면 '윤리란 무엇인가?'라는 질문의 답은 간단하다. 윤리는 정직, 책임감, 존중, 공정성, 동정심을 바탕으로 행동하는 것이다. 다시 말해, 우리는 이런 가치들과 접할 때 자연스럽게 "잘한 일이야", "그게 옳아", "윤리적이야"이라고 말하게 된다.

위에 나온 연구가 중요한 이유는 두 가지다. 먼저, 이 연구는 윤리에 대한 냉소적인 주장에 대응하는 데 믿음직한 수단을 제공한다. 이런 냉소적인 입장에서는, 윤리란 비현실적이고 주관적인 관념을 애매하고 이해할 수 없는 말로 나타낸 것에 지나지 않는다고 본다. 하지만 사실 다섯 개의 가치를 나타내는 용어를 사용하면 윤리를 상당히 명확하게 정의할 수 있다. 이는 특히 아이를 양육할 때 유용한 점이다. 윤리라는 말은 가끔 사람들을 헷갈리게 만들기도 하고 거부감을 느끼게 하기도 한다. 그런 반응을 지켜본 부모들은 윤리라는 단어 대신 책임, 존중, 공정성, 정직, 동정심으로 바꾸어 말할 수 있다.

위의 연구가 중요한 두 번째 이유는, "누구의 가치를 가르친다는 거야?"라는 비아냥거리는 듯한 질문에 답하려면 이 공유된 가치들이 도움이 되기 때문이다. 이 질문은 답을 얻어내려는 것이 아니라 포기하게 하려는 질문에 가깝다. 즉, 윤리는 개인적이고 주관적인 것에 불과하므로 모든 사람이 자신만의 가치 체계를 세워도 되지 않느냐는 의미다. 이런 주장은 보통 윤리를 가르치려는 시도 자체를 억압하는 역할을 한다. 이런 기준에서 보면 미국에서 인성 교육character education, 영국에서 가치 교육values education이라 부르는 윤리 교육은 타인의 가치를 은근히 강요하려는 시도에 지나지 않게 된다. 하지만 전 세계 공통의 다섯 가지 핵심 가치가 있으면 다음과 같이 답할 수 있다. "시대를 초월하여 모든 문화, 인종, 민족의 집단에서 보편적으로 나타나는 가치를 가르치면 된다."

이러한 견해는 윤리가 단지 아이들의 개별적 성격이나 정체성을 없애고 창의성을 제한하며 순종을 강요하려는 노력에 불과하다는 의견을 다룰 때 도움이 될 것이다. 개성이 나와 남을 구별하게 하는 많은 요소에 있기는 하지만, 윤리학은 우리를 결속하게 해준다. 눈이 달렸다든가 단 맛과 신 맛을 구별할 수 있다든가 하는 사실과 마찬가지로, 우리의 가치 체계는 차이보다 공통성에 가깝다.

에릭이 첫 번째 질문에 대답할 때 책임감이 중요한 역할을 했다면 나머지 네 가지 가치는 에릭의 선택에 어떤 영향을 미쳤을까? 에릭이 마주친 두 번째 질문으로 돌아가보자. "이 사건을 보고해야 하는가?" 이 질문의 배경에는 정직함과 진실함의 문제가 있다. 에릭에게 정직은 타협을 할 만한 대상이 아니었다. 사건을 보고하지 않았다면 명백한 사실을 쉬쉬하고 넘어가려는 고의적으로 기만하는 행동이었을 것이다. 에릭의 네 살 난 딸이 아빠에게 가장 집요하게 물었던 내용이 바로 '진실 말하기'였다는 사실을 상기하라. 또한 에릭이 자신의 경험을 딸에게 중요한 교훈으로 바꿀 수 있었던 것도 사실대로 말하려는 에릭의 의지 덕분이었다는 사실도 기억하라. "아빠는 사실을 말했기 때문에 골치 아픈 일에 휘말리지 않았어."

금화 사건을 겪은 브랜슨처럼 아넬라이스도 엄마 아빠의 일거수일투족을 관찰하고 생각하고 분석하느라 분주했다. 우리 주변에는 이렇게 가치를 일찍 배우는 아이들이 생각보다 많다. 아이들이 그 가치를 어디에서 배우는지 누가 알겠는가? 또 아이들에게 도덕적 감각이 있다는 점을 누가 의심하겠는가? 한 연구에 따르면 생후 8개월 된 아기에게도 정당함을 느끼는 감각이 있다고 한다. 그 덕분에 아기들이 선한 역할을 하는 인형에게는 박수를 치고 나쁜 역할을 하는 인형은 벌을 줄 수도 있다는 것이다. 예일 대학교의 심리학자 폴 블룸Paul Bloom은 이렇게 적는다. "사람은 기본적인 도덕 감각을 타고난다. 아기들에게는 특정한 도덕적 기반이 있는데, 다른 사람의 행동을 판단하려는 의지와 능력이 있고 일종의 정의감이 있으며 이타심과 비열함에 본능적으로 반응한다." 만약 이것이 의심스럽다면 유치원생 아이들에게 파이를 제각각으로 잘라서 나눠주고, 아이들이 얼마나 빨리 "불공평해요!"라고 외치는지 살펴보라.

물론 탤워 박사의 거짓말 행동 연구가 보여주듯, 아이들은 유혹에 직면했을 때 능숙하게 거짓말을 하기도 한다. 하지만 자세히 들여다보면, 아이들이 실행에 옮기기를 고대하는 도덕적 기준이 내면에 있는 듯도 하다. 어린아이들은 엄마 아빠가 핑계를 대거나, 사실을 알리지 않고 얼버무리는 모습을 지켜볼 수도 있고, 확고한 의지를 가지고 솔직하게 말하는 모습을 지켜볼 수도 있다. 연구자들이 아기의 '순진무구한 도덕성'이라고 부르는 도덕적 기준이 조정되는 때가 바로 그런 순간들이다.

에릭이 세 번째로 마주친, "아이들에게 이 일을 말해야 하는가?"라는 질문에서는 세 번째 가치인 존중이 중심이 된다. 아이들의 관심사에 민감했던 에릭은 자신의 이해와 설명을 통해 아이들이 뭔가 얻기를 바랐다. 에릭은 이 질문에 '아이들에게는 나중에 말해야겠다'라는 답을 선택했다. 그럼으로써 아이들이 상황의 중요성을 파악하고 아빠도 갈등을 느꼈다는 점을 인식하도록 도와줄 수 있을 때까지 기다리게 되었다. 만일 에릭이 선택한 답이 '아냐, 절대 말 안 할 거야!'였다면 어땠을까? 정직한 행동이었을까? 아마 아니었을 것이다. 여기서 부모들이 주목할 핵심은, 분위기를 살피고 다른 사람을 배려하는 존중감을 표현하기 위해 적당한 시기를 기다리는 것이 아주 올바른 행동이라는 점이다. 하지만 기다리는 시간이 너무 길어지면 가벼운 기만에 빠지게 될 수도 있다. 법정에서 판사는 다툼을 하는 양쪽이 논거를 정리할 시간을 주기 위해 재판을 미루기도 한다. 하지만 그들은 그렇게 하면서도 '정의의 실현이 미루어지면 정의를 부인한 것과 같다'라는 오래된 격언에 숨은 진실을 인식하고 있다. 타인을 우려하는 마음에서 행동을 보류하는 것은 매우 윤리적인 행위지만 다른 사람의 권리를 부정할 만큼 미루는 것은 비도덕적인 일이다.

에릭이 네 번째로 "사슴 사냥을 할 이번 시즌에 마지막 기회를 포기해야 하는가?"라는 질문을 던지게 된 요인은 공정성이라는 가치이다. 에릭이 마주친 상황에서 공정성을 적용하기는 어려울 수도 있었다. 많은 사람들은 자신이 공정하게 대우받을 권리가 있다고 주장하려 한다. 그 권리가 다른 사람에게 공정하지 못한 의무를 지운다 해도 말이다. 에릭은 친구들을 불공정하게 대하고 싶지 않았기 때문에 다음과 같은 생각을 정당화할 만한 충분한 이유가 있었다. "난 어제이 곰 문제에서 내 할 일을 했어. 고작 이런 작은 사고 때문에 사슴 사냥 시즌을 놓치지는 않을 거야. 게다가 친구들은 내가 제 역할을 하길 기대하고 있고, 나에게는 사슴을 사냥해서 가져갈 권리가 있어. 내가 십자가를 진다면, 그러니까 내가 곰을 찾으러 가 있는 동안 사슴을 사냥하라고 하면 친구들은 나 혼자 보내기를 꺼려할 거야. 그럼 친구들의 사냥 여행을 망칠 수도 있지. 그러니 친구들에게 제일 공정한 일은 곰을 뒤쫓지 않는 거야."

하지만 공정성은 에릭이 곰을 추적해야 하는 이유이기도 하다. 오늘날 사냥꾼들은 19세기 후반에 나온 개념인 '공정한 추격 fair chase'을 잘 안다. 북미의 맹수 사냥꾼들을 위한 단체로 1887년에 설립된 분 앤 크로켓 클럽 Boone and Crockett Club에서 정의하듯, 공정한 추격이란, 동물보다 사냥꾼에게 부당하게 유리한 조건 없이 북미 토종의 대형 사냥감을 야생 상태에서 잡는, 윤리적이고 스포츠맨다우며 합법적인 추격을 말한다. 1925년, 현대 활 사냥의 아버지로 알려진 색

스턴 포프Saxton Pope는 이 '부당하게 유리한 조건'을 공정성의 부정으로 간주하며 이렇게 적었다. "만족감을 주는 것은 죽이는 행위 자체가 아니라 기술과 정교함의 경쟁이다. 진정한 사냥꾼은 자신이 기울인 노력과 사냥의 공정성에 따라 성취를 따진다." 공정성은 상처 입은 동물에 대한 사냥꾼의 관계에서도 발견된다. 한 웹사이트에 올라온 '사냥꾼의 원칙'이라는 게시물에서는 "화살이나 총알에 맞아 상처 입은 동물을 가능한 오랫동안 수색하라"라는 말이 있으며, "사냥꾼은 화살이나 총알을 맞거나 부상당한 동물을 추적해야 하는 동료 사냥꾼을 항상 도와주어야 한다"라고 덧붙이고 있다.

따라서 곰을 추적하겠다는 에릭의 결정은 사냥할 때 갖추어야 할 공정성에서 나오는 것이다. 이 사례에서 에릭은 공정성의 요구에 따라 상처 입은 동물을 찾아다녔다. 다른 상황이었다면 공정성을 이렇게 해석하는 것이 다소 낯설고 놀라워보일 수도 있다. 가령 사냥꾼이 부동산을 사고 팔 때 인종차별을 하지 말아야 한다는 윤리적 규범을 지키지 않아도 되듯 부동산 중개인도 부상당한 동물을 추적해야 한다는 윤리 규범이 필요하지 않다. 하지만 두 경우 다 공정성이 바탕이 된다. 요컨대 가치는 각각의 상황마다 특별한 의미를 내포할 경우가 많다는 의미다. 이 아이디어는 부모들에게 유용하다. 부모들은 자녀가 공정성 같은 가치를 분석하도록 도와줄 때 체스 클럽이나 수영팀, 학교 선거 등에서 가치가 아주 다르게 적용될 수 있다는 점을 깨닫도록 도와줄 수 있다. 또한 아이들은 이웃의 사유지에서 자전거 타기나 웹에서 음악을 내려받기, 극장에 늘어선 줄에 끼어들기 등 다양한 문제에서 가치가 광범위하게 적용되는 양상을 볼 수도 있다.

"아이들에게 어떻게 말해야 하는가?"라는 질문에 대한 에릭의 다섯 번째 결정에 지배적인 영향을 미친 가치는 동정심이다. 에릭은 아이들의 동물 사랑을 감안하여 아이들의 감정을 존중해줄 필요가 있다는 점을 알았다. 그러려면 시간과 배려가 필요했다. 직접 얼굴을 보고 대화하지는 못하고 전화로 이야기했지만 에릭은 따뜻하게 말하고 친절하게 설득하며 시간을 갖고 아이들을 배려했다. 아이들이 각각 다른 것에 주목하지 않을까 추측한 에릭은, 그 상황에서 부모와 아이들이 모두 함께 이야기하거나 아빠와 두 아이가 함께 통화하는 것보다 일 대 일 대화가 필요하다는 사실을 알았다. 그런 방식으로, 큰딸과는 그 아이가 가장 주목했던 새끼 곰들의 운명에 대해 이야기를 나누고 작은딸에게는 에릭 자신이 정직했음을 변호할 수 있었다. 이 일을 돌이켜보다가 에릭은 이 사건에 세 번째 아이도 있다는 점을 깨달았다. 바로 곰 수색을 도왔던 열 살짜리 조카였다. 에릭은 자신이 얻은 교훈에 대해 이렇게 말한다. "상황이 힘들어질 때 포기하지 마세요. 계속 나아가세요. 계속 시도하세요. 그래도 잘되지 않는다면 다르게 시도해보세요."

에릭이 이 경험에서 가장 두드러지게 나타났다고 느끼는 가치가 있다면 바로 책임감이다. 에릭은 사람들이 자신의 행동에 책임을 지지 않으려는 태도가 가장 심각한 사회 문제 중 하나라고 생각한다. 그는 아이들에게 이렇게 상기시킨다. "골치 아픈 일에 휘말리게 되었다면 자기 행동에 책임을 져라."

책임감 가르치기

● 핵심 가치는 위기의 순간에도 올바른 결정을 내리도록 해준다. 에릭의 이야기에서는

자기 방어와 법률 준수 둘 다 책임감에서 나오는 행동이었지만 자기 방어가 법률 준수보다 우위에 있었다.

- 한 가지 사건이 여러 가지 가치를 보여 주기도 한다. '옳고 그름 알기'는 윤리가 다섯 가지 가치에 대해 심사숙고하는 과정임을 이해하는 태도를 말한다. 이것을 고려하면 한 사건이 여러 가치를 보여준다는 사실은 놀랍지 않다.

- 거짓말에 관대한 세상에서, 아이들은 진실을 말할 때 보상받는다는 사실을 깨달을 필요가 있다. 거짓말을 했다면 에릭은 사슴도, 곰도 아닌 무거운 벌금만 집에 가져왔을 것이다.

- '모든 사실을 제대로 말하기'는 '모든 사실을 지금 당장 말하기'와는 다르다. 뭔가 말해야 한다고 해서 언제 어떻게 말해야 할지 선택할 권리까지 없어지는 것은 아니다.

규칙에 따라 놀기

에릭의 경우에는 윤리와 관련된 문제가 아이들과의 일 대 일 대화로 조용히 해결되었지만, 이런 일은 부모들로 가득 찬 강당에서도 일어날 수 있다.

어느 따뜻한 봄날 저녁, 캘리포니아의 베이에어리어 Bay Area 주변 사립학교의 학부모들은 도덕적 의사결정을 하기가 점점 어려워지는 세상을 자녀들이 헤쳐나가도록 돕는 방법을 찾으려고 모여들었다. 연사였던 나는 구체적인 상황에 대해 조언해주려고 간 것이 아니었다. 내 임무는 부모들이 무엇을 해야하기 보다 어떻게 생각할지에 대해 중점을 맞추도록 도와주는 것이었다. 그러고 나서 윤리 체계가 폭넓게 드러나는 몇 가지 이야기를 들려주고, 자녀와 윤리에 대해 이야기하려 할 때 말을 꺼내는 방법이나 몇 가지 개념에 대해 말해주었다. 질의응답 시간에는 본인이 겪은 이야기도 들려달라고 했다.

모임이 진행될수록 다들 윤리적 딜레마나 유혹에 대해 이야기하는 분위기가 되어 갔다. 바로 그때 어떤 젊은 엄마가 머뭇거리며 손을 들었다.

"제 경험을 듣고 제가 올바른 일을 했는지 좀 알려주실 수 없을까요?"

나는 도와주도록 해보겠다고 말했다. 그 엄마는 최근 네 살짜리 아들과 함께 남편의 출장을 따라가서 호텔에 묵었던 이야기를 했다. 그녀는 아들과 함께 온탕 옆에서 쉬고 있었고, 아이는 몸의 일부만 물에 담근 채 탕 가장자리에 조용히 앉아 있었다. 화창한 평일 오후여서 주변에 아무도 없었기 때문에 두 사람은 즐거운 시간을 보내고 있었다. 호텔 직원이 나타나기 전까지는 그랬다. 직원이 아이에게 물었다.

"몇 살이니?"

"네 살이요."

직원은 양해를 구하더니, 다섯 살 이하의 아이는 온탕에 들어갈 수 없다는 표지판을 가리키며 아이가 탕 밖으로 완전히 나와야 한다고 말했다.

아이는 엄마를 보며 울상을 지었다. 아이 엄마는 아이를 손짓해서 부르고 직원에게 감사하다고 말했다. 직원은 자리를 떠났다. 그런 후 아이 엄마는 아들에게, 네가 얼마나 물을 좋아하는지 알고 주변에 아무도 없으니 다시 물에 발을 담그고 앉아도 괜찮을 거라고 말했다.

아이는 온탕 쪽으로 가다가 잠시 뒤를 돌아봤다.

"그 아저씨 다시 오면 뭐라고 말해야 돼요?"

"다섯 살이라고 해."

이 대목에서 체육관 안의 청중들이 놀라움을 금치 못하는 탄성을

내 아이에게 가르쳐주는 첫 정의 수업

내질렀다.

"알아요, 안다고요." 젊은 엄마는 억울한 듯 소리를 질렀다. "제 남편도 제가 그렇게 말했다는 걸 못 믿었어요!" 하지만 그녀는 아들이 아무도 귀찮게 하지 않고 즐겁게 놀았고, 별 일 아닌 것 같았다고 설명했다.

방금 전까지 모두 함께 윤리 이야기를 하면서 보낸 시간에 비추어 볼 때, 그 젊은 엄마는 아들에게 진실 말하기에 대해 혼란스러운 메시지를 보낸 것이 확실했다. 나는 아이 엄마에게 내 생각을 말해줄 필요가 없었다. 거기 모인 청중들이 모두 남편 편을 들면서 그녀를 심하게 나무랐기 때문이다. 하지만 그 아이 엄마는 변명하려 들지 않았다. 아이의 질문에 대답해주기까지 걸렸던 그 짧은 시간 동안 자신의 마음속에서 일어난 일에 정말로 혼란스러워져서, 악의 없이 솔직하게 자신의 이야기를 들려주었던 것이다.

● 위기의 상황에서 돋보이는 윤리 피트니스

이어진 내용은 자신의 원칙이 얼마나 가치가 있다고 여기는지에 대한 폭넓은 대화였다. 20분간 온탕에 들어가는 그 짜릿한 즐거움을 위해 자신의 원칙을 희생할 수 있겠는가? 전시회에서 아홉 살짜리 아이에게 여덟 살 이하 아동용 입장권을 사주었을 때 5달러를 아낄 수 있다면 어떤가? 공제액을 속여 세금 환급금 100달러를 받을 수 있다면? 회사 장부를 조작해서 보너스로 백만 달러를 받을 수 있다면? 네 살짜리 아들에게 어려서부터 뒤죽박죽 엉망이 된 도덕 감각을 심어주기 위해서 자신의 원칙을 희생하겠는가?

이렇게 말하면 우리는 대부분 이렇게 소리칠 것이다. "절대 안 돼요!" 적어도 원칙상으로는 그렇다. 코앞에 닥친 현실 세계의 유혹이 강렬하지 않고, 생각할 시간이 충분하다면 말이다. 젊은 엄마에게는 이런 여유 있는 상황과 시간이 없었다. 그 엄마가 겪은 상황은 경고의 기미도 없이 갑자기 닥쳐왔다. 보통 아이를 양육할 때 부모가 원하는 것과 아이를 행복하게 만들어주는 것이 일치하는 순간은 아주 드물다. 그때가 바로 그런 순간으로, 그녀는 모처럼 평화롭고 편안한 감각을 즐기고 있었다. 그 순간 예상치 못했던 직원의 갑작스러운 등장은 일종의 위협으로 느껴졌다. 아들이 엉거주춤 멈춰 서서 던지는 질문에도 곧바로 다정하게 대답해주어야 했다. 이 경우는 젊은 엄마가 옳고 그름을 가려낼 수 있는지가 아니라 이미 옳고 그름을 따져보고 답을 내놓았는지가 중요한 상황이었다. 생각할 시간이 없었다. 아니 생각할 시간이 없는 듯했다. 다른 말로 하면 이 상황은 젊은 엄마 스스로가 윤리적으로 단련되어 있는지 시험하는 완벽한 사례였다. 즉 윤리적 문제에 부딪혔을 때 실수 없이 재빠르게, 자연스럽게 도덕원칙에 따라 반응하는 숙달된 능력이 있는지 알 수 있는 상황이었다.

윤리적 단련은 신체적 단련과 다르지 않다. 우리는 날 때부터 단련된 신체를 가지고 태어나지 않는다. 하루에 20마일을 달린다고 해서 한꺼번에 단련할 수도 없다. 단련은 과정이다. 우리는 매일 조금씩 노력하고, 근육의 강도를 점차 높이고, 인내심을 기름으로써 단련된 몸을 얻을 수 있다. 능력을 사용할 때가 오면 이미 준비가 되어 있을 것이다. 비행기 문이 닫히려고 할 때 공항 터미널에서 질주한다든지, 호수에 뛰어들어 위험에 빠진 강아지를 구한다든지, 갑자기 쏟아지는 빗속에서 할머니를 차에서 집 앞까지 모셔다 드릴 일이 생겼을 때, 신체가 단련 되어 있으면 이런 일들을 쉽게 해낼 수 있다. 이런 경우

"난 이런 상황에 대비할 수 있을 만큼 튼튼하지 못해. 이제부터 3주 동안 매일 아침마다 열심히 운동하고 와서 비행기를 잡고, 강아지를 구하고, 할머니도 도와 드려야지!"라고 하지는 않는다. 단련은 그렇게 하는 것이 아니다. 준비가 되어 있으려면 꾸준히 주의를 기울여야 한다. 그렇지 않으면 단련했던 상태는 신기루처럼 사라져버리고 만다. 한 번 단련이 되었다고 해서 영원히 그 상태로 있으리라는 보장도 없다.

생리학에서처럼 윤리학에서도 마찬가지다. 내가 쓴 책『선량한 사람은 어떻게 어려운 결정을 내리는가How Good People Make Tough Choices』에서 주장했듯, 지난날의 경력이 저절로 윤리적으로 단련된 상태를 만들어준다는 보장은 없다.

여러분은 세상에서 가장 도덕적이고 고상하며 올바르게 사고하는 집안에서 태어났을 수도 있다. 그렇다면 윤리적인 삶에 큰 도움이 된다. 학교나 교회에서 올바른 교육을 받고, 정직하고 근면한 사람들의 공동체에서 자랐을 수도 있다. 그렇다면 윤리적인 사람이 되기 훨씬 쉬울 것이다. 학교에서 윤리 수업을 들었거나, 강직함의 표본이 되는 사람 밑에서 일했거나, 직장에서 윤리적 훈련을 받았을 수도 있다. 다 좋은 일이다. 운 좋게도 대단히 도덕적인 배우자와 함께 살고 있을 수도 있고 동료나 상사가 정직하고 공정하며 서로 깊이 존중하는 환경에서 일하고 있을 수도 있다. 아주 훌륭한 일이다. 하지만 그렇다고 해서 여러분이 반드시 윤리적으로 건강하게 단련되어 있다는 의미는 아니다.

이에 더하여 윤리적 문제에 대해 열심히 생각하고, 어려운 딜레마를 가지고 씨름해보고, 옳고 그름에 대한 다양한 주장에 정신적으로 몰두하는 등 계속해서 단련에 전념할 필요가 있다. 또한 이런 문제들에 관심을 보이고, 이성적으로 생각하는 만큼 감정적으로 느껴보기도 해야 한다. 필라테스를 할 때는 체육관에 있는 다른 사람들에게 전혀 관심이 없는 상태로 할 수 있지만 윤리적으로 단련할 때는 정신을 집중하고 주의를 기울여야 한다.

분명 윤리는 대단히 이성적인 것이어서, 부모와 아이들이 쉽게 윤리에 대해 논의하지 못하기도 한다. 하지만 윤리는 직관에도 뿌리를 둔다. 윤리는 직관적으로 느낄 수 있는 도덕적 핵심 가치들에 기반을 두기 때문에, 의식적인 생각이 거의 없이도 파악할 수 있는 '올바름'이라는 감각을 통해 작용한다. 우리는 가끔 추론을 하기 이전에 직관적으로 떠오른 인식에 대해 생각해본 다음 이렇게 말할 때가 있다. "꼬집어 말할 수는 없지만 이건 그냥 잘못된 것 같아요!" 이후의 과정, 즉 그런 느낌에 도달하게 된 논리적 근거를 찾는 과정은 문학 평론가나 음악 연구가가 사용하는 방식과 유사한데, 그런 과정을 통해 그들은 어떤 표현 방식이나 어떤 곡의 마디가 왜 우리에게 슬프거나 희망차게 느껴지는지 설명한다. 숙련된 예술 애호가가 그림을 보고 즉시 그 느낌을 읽어낸 후 그것이 특정한 감정을 불러일으킨 이유를 말로 표현할 수 있듯, 일상에서 윤리 피트니스로 단련된 부모는 가치에 기반을 둔 생각과 도덕적 행동의 유무를 감지하고 아이들에게 도움이 되는 방식으로 다루는 법을 배운다. 윤리적으로 단련하는 법은 배우고, 개발하고, 공유할 수 있다. 하지만 단련한 후에 연습하거나 실행하지 않은 채 내버려두면 그런 능력이 점차 줄어들어 사라질 수도 있다.

● 둘 다 옳을 때 무엇을 선택해야 하나?

캘리포니아에 사는 젊은 엄마는 그날 온탕 옆에 앉아서 유리 피트니스로 가는 입구 앞에 섰다. 엄마에게는 윤리적 단련이 필요했다. 그녀에게 부족했던 것은 연습이었다. 시간이 흐르면서 남편의 도움을 받은 젊은 엄마는 자신이 어떻게 하면 더 잘할 수 있을지 알게 되었다. 그리고 그날 밤 이야기하던 어조로 미루어 볼 때, 그녀는 아마 아들에게 이야기하던 순간에도 자신의 잘못을 직관적으로 느꼈을 것이다. 하지만 그런 만큼 따뜻한 햇볕과 오랜만에 찾아온 휴식, 엄마와 아이가 함께 어우러졌던 분위기가 워낙 강력했던 바람에 직관보다 그런 편안하고 행복한 순간이 우위를 차지했을 것이다. 이성적인 추론도 여기에 한 몫을 했다. 젊은 엄마가 우리에게 말했듯이, 자신의 상황에 딱히 적용되는 사항이 아닌 것 같은 호텔의 규정을 어기는 일은 별 일이 아닌 것으로 느껴졌다. 당시 그녀에게 온탕 옆의 표지판은 경영자 입장에서 편의를 위해 배치한 표지판으로 보였음이 분명했다. 아마 다루기 힘든 아이들이 붐비는 온탕에서 어른들을 귀찮게 하지 못하게 하려는 표지판일 것이었다. 아니면 경고문을 붙여야 하는 책임보험 정책을 준수하기 위한 형식적인 표지판일 수도 있었다. 그러지 않으면 무책임한 엄마들이 아이들을 탕에서 놀게 했다가 아이들이 다치는 경우도 있기 때문이다. 그러니 이 젊은 엄마가 잠깐 생각해 보고서 "다른 사람이 아무도 없는데다, 내가 여기서 아이를 계속 지켜보고 있잖아!"라고 하기가 얼마나 쉬웠겠는가. 다른 직원이 나타날 경우에 대비해서 "다섯 살이라고 해"라고 아이에게 손쉬운 탈출구를 마련해준 것은 또 얼마나 사소한 단계였겠는가.

이 순간 엄마가 맞닥뜨린 문제가 옳음 대 옳음을 논의할 만한 수준으로 떠올랐다면, 젊은 엄마는 이 문제를 규정에 대한 정직성과 아들에 대한 충실성 사이에서 선택해야 하는 상황으로 보았을 수도 있다. 이런 맥락에서 젊은 엄마는 악의 없이 즐겁게 노는 아이에 대한 '연민', 조용히 말을 듣는 아이에 대한 '존중', 지독히 불공평해 보이는 규정에 대응하는 '공정성'과 같은 핵심 가치들에 근거해서, 충실성을 지지해줄 수많은 논거를 찾아낼 수 있었을 것이다.

하지만 아이 엄마의 남편과 모임에 온 모든 청중의 쪽에 서서, 그들이 좇았던 정직성을 뒷받침하는 논거를 잠시 살펴보자. 젊은 엄마의 남편과 청중에게 이 문제는 아이와 온탕의 관계에 대한 문제가 아니었다. 한 엄마와 진실의 관계에 대한 문제였다. 또 다른 직원이 나타났을 때 마주칠 문제에 대응하는 수단으로서 자세하고 목적이 있는 거짓말을 지어내고자 했던 그녀의 태도를 통해, 우리는 이 젊은 엄마에게 자신의 핵심 가치에 대한 지식이 없다는 사실을 알 수 있다. 이 젊은 엄마에게는 사기 전력도, 병적인 이중성도 없었다. 청중에게 도덕적인 항의를 거세게 불러일으킬 것이 분명한 이야기를 공개적으로 나누고자 한 태도에서 그렇게 추정해볼 수 있다. 하지만 이 젊은 엄마는 거리낌없이 거짓말을 지어냈을 뿐만 아니라 아이에게 그렇게 말하라고 지시하기까지 했다.

이 사례는 샌디와 브랜슨 이야기보다 한 발 더 나갔다고 볼 수 있다. 브랜슨은 엄마의 잘못된 행동을 지켜보는 관찰자가 될 위험에 처했을 뿐이었다. 반면에 이 온탕 이야기에 나오는 아이는 속임수라는 길에 적극적으로 끌려들어가고 있었다. 아이의 아빠가 이 사건을 중대한 문제로 보았던 것도 놀라운 일이 아니다.

다시 이 사례로 돌아와서 말하자면, 이 경우에는 옳음 대 옳음의 틀을 적용함으로써 문제가 '옳은 일'과 '잘못된 유혹'의 대립이었음을 알아낼 수 있다. 만약 질문이 "아들에게서 몇 분 동안의 즐거움을 빼앗아야 하나요, 아니면 마음먹고 거짓말을 가르쳐야 하나요?"라면 선택은 너무나 쉬운 문제다. 적어도 윤리에 신경 쓰는 사람이라면 그렇다.

이것은 윤리 피트니스에 대해 무엇을 말해주는가? 우선 이 젊은 엄마는 그런 행동을 다시는 하지 않을 것이다. 이 사건이 삶에 펼쳐지면서, 젊은 엄마는 도덕을 좀 더 많이 의식하기 시작했다. 첫 번째로, 애초에 이 젊은 엄마가 선택한 행동은 자신을 괴롭게 했던 것으로 보인다. 그렇지 않았다면, 말하지 않았으면 몰랐을 일을 왜 굳이 남편에게 이야기했겠는가? 두 번째로, 남편이 자신의 감정을 즉시 아내에게 알려 아내가 납득하도록 했다. 세 번째로, 청중이 모두 남편의 의견에 동의했다. 이 모든 상황을 고려하면, 그 젊은 엄마가 교훈을 얻었다고 해도 무방할 듯하다.

하지만 이 젊은 엄마는 다른 상황에서 자신이 이해하지 못하는 규정이 나오면 얼버무리고 넘어가지 않을까? 규칙을 지키지 못할 절박한 이유가 없으면 규칙을 지키는 편이 좋다는 사실을 이해하지 못하는 한, 아마 그럴 것이다. 물론 이웃이 집을 비웠는데 그 집 지하실에서 연기가 나오고 있을 때, 왜 연기가 나는지 확인하기 위해 사유지를 무단 침입하는 경우에는 규칙을 제쳐두기도 하지 않는가. 문제는 평범한 상황에서 어떤 규칙의 근거를 우리가 완전히 이해하지 못하는 경우에 생긴다. 이 젊은 엄마도 '절벽 근처에서 놀지 마시오'라는 표지판을 봤더라면 아이가 그 규칙을 태연하게 어기도록 놔둘 엄두도 못 냈을 것이다. 특히 튀어나온 땅이 이미 허물어져 가고 절벽 밑이 천 길 낭떠러지라면 더욱 그랬을 것이다. 하지만 이런 강력한 이유가 없다면 온탕에서 놀지 못하게 할 만한 정당한 근거가 대체 무엇이겠는가?

이 질문의 답은 우리 연구소에서 일하는 트립 바델Trip Barthel의 짧은 편지에서 구할 수 있다. 그가 상하이에서 이 편지를 보내온 것은 내가 이 젊은 엄마의 이야기를 주간 칼럼에 쓴 직후였다. 바델은 다섯 살 이하의 아이를 온탕에 들어가지 못하게 하는 아주 실질적인 이유가 있다고 언급했다. 몸무게에 대한 표면적의 비율에 관련해서 생각해보면, 아이가 어릴수록 열이나 추위를 흡수하는 능력이 커진다고 했다. 달리 말해서 어린 아이는 열을 훨씬 빨리 흡수하기 때문에 어른보다 훨씬 빨리 위험에 빠질 수 있다는 내용이었다. 바델이 내린 결론은 다음과 같았다. "극장에서 나이를 제한하는 것도 진실 말하기와 관련이 있지만, 극장과 온탕에서는 완전히 다른 결과를 얻게 된다."

이것은 규칙에 대해 아주 중요한 점을 제기한다. 윤리 피트니스로 단련이 된 부모들에게는 규칙을 준수하는 것이 점차 기본적인 상태가 되어 간다. 말이 안 되고 이상한 규칙이라 해도 규칙에 대한 일차적인 반응은 저항보다 순응이 되어야 한다. 젊은 엄마의 사례에서처럼, 윤리를 가르칠 절호의 기회에 규칙을 준수해야 함은 도덕적으로 명백하다. 하지만 이런 관점은 양육에 필수적인 또 다른 점을 알려주기도 한다. 바로 우리가 모르는 사실은 모를 수밖에 없다는 점이다. 이 젊은 엄마는 규칙을 지켜야 할 중요한 생리학적인 이유가 있다는 사실을 몰랐다. 알았다면 애초에 그렇게 행동하지 않았을 것이다. 모른다는 점은 비난의 근거가 되지 못한다. 우리는 알아야 하는 것의 절반도 알지 못한다. 더욱이 우리가 모르고 있는 사실이 얼마나 중요한지도 알지 못한다. 이런 사실들을 고려할 때 성인으로서, 특히 부모로서 안심하고 할 수 있는 행동은, 규칙을 지켜야 할 근거가 충분하

내 아 이 에 게 가 르 쳐 주 는 첫 정 의 수 업

지 않을 경우 규칙을 지키는 방향으로 해석하고 아이들도 이와 같이
행동하는 법을 배우도록 도와주는 일이다.

규칙에 따라 놀기

- "나의 규칙이 얼마나 가치 있는가?"라는 질문은 핵심 가치들을 단순한 욕망과 구별하도록 도와준다. 작은 예에서 시작해서 점점 결과가 커지도록 하면서 요점을 짚어보자.

- 윤리 피트니스로 단련하면 딜레마에 갑자기 부딪히더라도 자신 있게 문제를 다룰 수 있다. 어려운 선택의 문제를 처리해나갈수록 윤리적 건강을 유지하기가 쉬워진다.

- 윤리적으로 옳지 않은 상황에 빠졌다고 느껴질 때 직관에 주의를 기울이는 방식은 중요하다. 핵심 가치에 대한 도덕적 직관을 개발하는 일은 문제를 이성적으로 검토하는 데 중요한 첫걸음이다.

- 윤리적으로 진퇴양난에 빠졌을 때 주변 사람들과 고민을 나누면 크게 도움이 된다. 이 젊은 엄마가 남편과 이야기하지 않았다면 아이는 나중에 더욱 정직에 대한 의식이 깊어진 엄마에게 도움을 받는 일이 없었을 지도 모른다.

기차를 부수는 로렌

온탕 옆에 얌전히 앉아 있는 네 살짜리 아이를 두었다는 사실만으로도 그것이 얼마나 축복이냐고 생각하는 부모도 있을지 모른다. 아마 대부분의 부모들은 너무나 열정적이고 충동적이어서 잠시도 가만히 앉아 있지 못하는 아이를 둔 경우가 더 흔할 것이다. 두 살이었던 로렌이 바로 그런 성격이었다.

어느 날, 로렌은 정신없는 하루를 보내고 나서도 자기 전에 남은 에너지를 발산하기 위해 엄마 아빠와 함께 동네를 돌아다녀야 했다. 그날 로렌의 엄마 그레이는 아이에게 TV를 보여주는 것이 자신이 휴식을 취할 수 있는 최고의 방법이라는 사실을 발견했다. 30분 동안만이라도 로렌이 엄마 외에 다른 대상에 집중하고 있으면 그레이는 그제야 한숨 돌리고 작은 일 하나를 처리할 수 있었다. 그레이는 이렇게 중얼거렸다. "그러지 않으면 아무 일도 할 수 없는 걸. 어떻게 하겠어?"

● '토마스와 친구들'도 안전하지는 않다

그레이는 혼자서 TV를 보는 아이가 불안한 나머지 로렌이 TV를 보는 동안 옆에 내내 붙어 있었고, 배울 점이 있는 몇 가지 프로그램만 보도록 했다. 이 프로그램들은 그레이가 할 일이 있을 때 로렌에게 보여주기 위해 녹화한 것이었다. 로렌은 특히 '토마스와 친구들'을 좋아해서, 블록을 연결하는 기차 장난감 세트로 토마스의 모험을 재현하는 법을 금방 익혔다.

하지만 그레이는 그 프로그램이 다정하고 훈훈한 인간관계에 대해 아이들에게 가르쳐줌에도 불구하고 로렌이 화려한 장면과 폭력적인 요소에 끌린다는 사실을 눈치 채지 않을 수 없었다. 가끔 토마스가 뒤집어지는 사고가 나서 탱크에 들어 있던 우유를 모두 쏟기라도 하면, 로렌은 매우 즐거워하면서 연결 블록을 가지고 그 사고를 똑같이 따라했다. 거실 바닥에 블록으로 구조물을 만들어놓고, 제 때 한 조각을 빼내어 블록이 무너지는 모습을 보면서 기뻐했다.

그레이는 한편으론 로렌의 집중도, 빠른 손 움직임, 소리 따라 하기, 흉내 내기 놀이를 하면서 순수하게 기뻐하는 모습 등을 보며 흐

못하기도 했지만 다른 한편으로는 걱정이 되었다. 물론 프로그램에서는 토마스가 심하게 좌충우돌하다가도 결국엔 행복하게 끝났고, 거실 양탄자 위에서도 블록이 재빨리 다시 조립되었다. 하지만 그레이는 실생활에서 사고가 나면 끔찍한 결과가 초래한다는 점을 알고 있었다. 사고란 무엇인지 로렌에게 어떻게 설명할 수 있을까? 설명을 하긴 해야 할까? 그레이의 남편은 말하기를, 기차가 나오는 프로그램에서 신나는 장면을 만드는 방법이 여러 가지 있는데 기차 사고도 그 중 하나일 뿐이라고 했다. 하지만 그레이는 여전히 마음이 불편했다.

그레이가 지켜본, 거실 바닥에서 벌어진 광경은 복잡하고도 오래된 인간 문화의 뿌리에서 시작되었다. 이 지구상에 초기 인류가 모여 지내기 시작했을 때부터 폭력과 재앙은 사람들의 눈길을 끌 수 있는 힘이 있는 듯했다. 가끔 그런 흥미는 타인의 불행을 동정하고, 돕고자 하는 감정을 이끌어낼 때도 많았다. 하지만 남에 대해 험담을 하거나 재앙을 구경하고자 하는 마음으로 변하는 일도 많았다. 극장의 등장도 이러한 재앙이 주는 매력의 힘때문이었다.

고대 로마의 극장에서는 극의 마지막에 극중 인물이 살해될 때쯤이면 배우를 노예나 죄수로 바꿔치기한 후 무대에서 실제로 죽이기도 했다. 슬픈 일이지만 청중들은 그 광경에 빠져들었고, 그런 장면에 매료되어 극장을 다시 찾곤 했다.

최근 수십 년간 빠르게 발전한 영화의 특수효과도 이와 마찬가지로 유혹적인 시각효과로 나타났으며, 끔찍한 장면을 상세하게 되살리는 데 주로 쓰였다. 고난의 매력은 심지어 우리의 교육적인 노력에까지 영향을 끼친다. 의대에서 오래 전에 인정한 바에 따르면, 학생들은 정상적이고 건강한 조직과 기관보다 부상, 질병, 기형 등을 지닌 조직이나 기관을 묘사하는 데 훨씬 주의를 많이 기울인다고 한다.

그레이가 재난에 몰두하는 로렌의 문제를 해결하기로 했다면, 오랜 역사를 통해 형성된 인간의 특성에 맞서 싸우는 격임을 깨닫게 되었을까? 남자애들이 그렇지 뭐, 하고 로렌의 행동을 대수롭지 않게 받아들였어야 했을까? 아니면 바로 그 블록 놀이에서 그레이가 다루었어야 할 근본적인 가치가 있었을까?

● 육아의 달콤한 유혹, 미디어

아이들이 미디어와 어떻게 영향을 주고받는지에 대한 최근의 연구에 따르면 그레이의 행동이나 의구심은 부적절하지 않았다. 아이 돌보기를 TV에 의지하는 것은 비단 그레이뿐만이 아니었다. 카이저 패밀리 재단Kaiser Family Foundation에서 미국의 부모들을 대상으로 2006년에 실시한 조사에서는 다음과 같은 통계 결과를 설명한다.

—— 여섯 살 이하의 아이들 중 83퍼센트가 일상적으로 화면 형태의 미디어를 이용한다.(TV, 비디오, DVD, 비디오 게임, 컴퓨터 등)
—— 한 살 이하의 아기들 중 절반 이상이 하루에 80분 이상을 TV나 컴퓨터 앞에서 보낸다.
—— 많은 가정에서 TV는 끊임없이 존재한다. 어느 집에나 TV가 있고, 항상 켜져 있다.

연구자들은 로렌과 같은 나이인 두 살에서 세 살짜리 아이들을 대상으로 다음과 같은 사실을 발견했다.

—— 대개의 아이들이 TV를 스스로 켜고(82퍼센트) 리모컨으로 채널을 바꾸며(54퍼센트), 꽤 많은 아이들이 혼자서 DVD나 비디오를 작동할 줄 안다(42퍼센트).

—— 평균적으로 이 나이(2~3세)의 아이들은 화면 형태의 미디어를 하루에 1시간 51분 동안 이용한다. 이는 밖에 나가 놀거나(1시간 26분) 책 읽어 주는 것을 듣거나 스스로 읽는 시간(42분)을 훨씬 넘는 시간이다.

—— 이 연령대의 아이들 중 거의 30퍼센트는 자기 방에 TV가 있다.

아이 방에 왜 TV를 놓아주었냐고 물으면, 아이들 방해 없이 자신이 보고 싶은 프로그램을 볼 수 있기 때문이라고 응답한 부모가 절반 이상이었다. 그 밖의 이유에는 그레이가 들었던 이유도 해당했다. 아이들이 미디어의 어떤 대상에 몰두하게 하면 부모가 다른 일을 할 수 있기 때문이라고 답한 사람이 거의 40퍼센트에 달했다. 또한 미디어를 사용했을 때 아이들이 잠들기 쉬워서라고 대답한 사람들도 있었고(30퍼센트), 착한 행동을 했을 때 보상으로 이용한다는 사람들도 있었다(26퍼센트). 캘리포니아에 사는 어떤 부모는 카이저 재단의 연구원에게 이렇게 말했다. "미디어는 삶을 편리하게 해줘요. 우린 모두 행복하죠. 아이는 짜증을 안 내고, 저는 일을 할 수 있으니까요."

하지만 여전히 부모들은 의구심이 든다. 퓨 리서치 센터 Pew Research Center에서 2007년에 실시한 조사에서는, 미국인 열 명 중 네 명 꼴로 오늘날 아이를 기르는 데 가장 큰 문제가 되는 요소로 '사회적 요소'를 꼽았다. 사회적 요소 중에서도 TV와 그 외 미디어의 영향은 3위 안에 드는 문제였다. 부모들의 이러한 직관은 미국 소아과학회American Academy of Pediatrics, AAP가 표명한 심각한 우려와 일치한다. AAP에서는 두 살 아래의 아기에게 전혀 TV를 보지 못하게 하라고 권한다. 신경학 연구에 따르면 두 살까지는 뇌 발달에 결정적으로 중요한 시기라고 하며, 화면 형태의 미디어가 아이들의 놀이, 탐색, 어른들을 비롯한 다른 아이들과의 관계 형성 시간을 줄일 수도 있다고 한다. 아직 논란이 있는 의견이기는 하나, 어떤 연구에서는 미디어에 나오는 폭력이 실제 생활에서의 폭력을 부추긴다는 견해를 내놓기도 한다. 이보다 논란이 덜한 연구에서는, 비디오 문화에 일찍 노출되면 10대가 되어 주의력 집중에 문제가 발생할 수도 있다고 한다.

AAP에서는 뉴질랜드에서 수행된 최근의 연구를 인용하면서 2007년 보고서에서 다음과 같은 발견을 언급하고 있다. "하루 TV시청 시간이 50분씩 늘어날 때마다 주의력이 식별 가능할 정도의 부정적인 영향을 받게 된다." 왜 그럴까? 보고서에 따르면, 아마도 TV에서 묘사하는 세상의 모습과 비교했을 때 실제 생활이 따분해 보이기 때문일 것이다. 혹은 주의력을 사용하도록 하는 독서나 놀이 같은 활동을 TV가 대신해버리기 때문일 수도 있다. 어쩌면 생리학적인 근거가 더 많이 있을지도 모른다.

연구자인 다르시아 나바레즈Darcia Navaraez는 도덕성의 신경생물학적 근거를 찾는 분야에서 최근에 발견된 사실들을 요약해주었다. 뇌의 전두전엽 피질은 목적에 맞게 생각과 행동을 계획하는 기능과 관련이 있는데, 폭력적인 비디오 게임을 즐기거나 폭음 같은 행동을 함으로써 이 전두전엽 피질이 손상될 수도 있다고 한다. 폭음이나 폭력적 게임은 정상적으로 문제를 해결하는 동안에도 전두전엽 피질이 활성화하지 못하게 억압함으로써, 정상적인 뇌를 공격적인 비행 청

내 아이에게 가르쳐주는 첫 정의 수업

소년의 뇌처럼 바꾸어놓을 수 있다는 것이다.

로렌이 공격적인 비행 청소년이 될 위험이 거의 없어 보인다고 해도 로렌을 TV에서 떼어놓아야 할까? 앞서 살펴본 2010년의 미디어 연구에서 나온 말처럼, 그레이가 '미디어에 관대한 부모'가 될 위험은 없을까? 아니면 로렌이 TV를 보게 함으로써 세상과 더욱 광범위하게 상호작용하도록 돕는 셈일까?

키즈헬스KidsHealth의 기자가 이 문제에 대한 고찰을 균형 있게 정리했는데, 적당히 이용한다면 TV는 양육에 유익할 수도 있다고 한다. 취학 전 아동은 공중파 방송에서 알파벳을 배울 수도 있고, 초등학생은 자연 프로그램에서 야생동물에 대해 배울 수 있으며, 부모들은 저녁 뉴스를 보고 최근 소식을 접할 수 있다. 이 의견은 카이저 재단의 연구자에게 응답했던 많은 부모들이 지지하는 의견이기도 하다. 한 유치원생의 엄마는 이렇게 말했다. "우리 딸애는 세서미 스트리트를 보고 글자를 배워요. 제가 아이를 붙잡고 가르쳐주지 않아도 되더라고요." 또 다른 아이의 엄마는 이렇게 말했다. "갑자기 우리 아들이 스페인어로 다섯까지 세더라고요. 저는 그 아이가 도라Dora(도라라는 이름의 라틴계 여자아이가 주인공인 교육용 애니메이션 – 옮긴이)에서 보고 배웠다는 걸 곧바로 알았지요."

하지만 비록 아이들에게 TV를 보게 하기는 하지만 위의 견해와 생각을 달리하는 부모들도 있다. 4~6세 사이의 연령집단에 속하는 딸을 둔 한 엄마는 카이저 재단의 연구원에게 이렇게 말했다. "우리 딸아이는 편한 의자에 파묻혀서 TV만 봐요. 무언가에 몰두하게 되면 입을 벌리고 멍하니 앉아 있는 거예요." 또 다른 사람은 "지금이야 TV가 삶을 편리하게 만들어주죠. 하지만 결국 애들이 늙고 이런저런 문제에 마주치기 시작하면, '아이들이 다섯 살이었을 때 TV를 못 보게 했어야 하는데'라고 생각할 것 같아요."라고 말했다.

이 마지막 말은 연구 공동체에서 조심스럽게 경고로 제기되는 의견이다. 카이저 보고서에서는 이렇게 결론을 내린다. "아주 어린 아이들, 특히 두 살 이하의 아기에게 미치는 미디어의 영향에 대한 연구는 거의 없었다. 이런 미디어가 아이의 생활에서 얼마나 큰 부분을 차지하는지 고려하면, 미디어가 아이들의 발달에 주는 영향을 더 깊이 탐색하는 일은 중요해 보인다."

● 장난감 기찻길에도 도덕은 있다

카이저 보고서에서 경고하는 사항들은 왜 그레이가 도덕적인 진퇴양난에 빠지는지 설명하는 데 도움이 된다. 도덕에도 막다른 길이 있을까? 사실 그렇다. '도덕적'이라는 단어는 행위에 초점을 맞추면 옳고 그름, 좋고 나쁨의 구별을 의미하고, 종교적으로 보면 선과 악의 구별을 의미한다.

오늘날 도덕적이라는 단어는 둘 중 하나를 의미한다. 조지 워싱턴George Washington이 말한 다음 문장에서 도덕적이라는 단어는 '옳음' 또는 '선함'의 의미로 쓰였다. "행복과 도덕적 의무는 불가분의 관계다." 한편 우리는 도덕적이라는 단어를 다음과 같이 옳고 그름의 문제를 다루는 사안을 묘사할 때도 쓴다. 존 F. 케네디John Fitzgerald Kenndey 대통령은 "우리는 스스로 대접받기 원하는 대로 동료 시민을 대접할 것인가"라는 질문을 언급하면서, 이 질문에서 우리가 주로 맞서는 것은 도덕적 쟁점이라고 언급했다. 그렇다. 도덕적moral이라는 단어는 지루하게 격언을 반복하는 데서부터 남의 흠을 잡는 사람들이 자만심에 가득 차서 잔소리를 하는 것까지 모두 포함하는 훈계moralizing와의 연관성 때문에 의미가 왜곡되었다. 또한 도덕성을 성적 정직성과 혼동하는 바람에 의미가 왜곡되기도 했다.

1950년대의 완곡한 표현으로 말하자면 '도덕적 혐의'로 법정에 소환된 남자가 있었는데, 그가 재판을 받게 된 이유는 성적 위법행위 때문이었다. 그레이가 직면했던 도덕적 문제는 훈계하고자 하는 유혹을 받은 것도 아니고 성적 부적절성과 관련이 있는 것도 아니었다. 이 사례가 도덕적이었던 이유는 그레이가 부모로서 옳고 그름의 문제에 부딪힌 사례였기 때문이었다.

그레이가 이 상황에 대해 깊이 생각해보려면 어떻게 해야 할까? 여기서도 다시 한 번, 다섯 개의 핵심 가치는 출발점을 제공해준다. 책임감의 중요성을 안다면, 그레이는 자신이 어떤 대상에 확고한 의견이 있을 때 그 의사를 전달해야 할 의무가 있다고 결론을 내릴 수 있다. 이 경우에는 토마스와 기차 사고에 매료된 로렌에 대한 우려가 확고한 의견에 해당한다. 그레이가 정직성과 진실 말하기의 중요성을 안다고 할 때, 자신이 로렌과 관련된 문제를 심각하게 다루지 않는다면 그다지 솔직하지 못하다고 느낄 수도 있다. 그레이는 로렌이 똑똑하다는 사실을 안다. 엄마가 웃으면서 즐거워하는 듯 보여도 로렌 자신의 별난 놀이에 대해 은연중에 비판하고자 한다는 사실을 로렌이 과연 감지할 수 없을까? 아이가 그렇게 어린데도 엄마가 자신의 걱정을 직접 말로 표현하는 것이 과연 가장 좋은 방법일까? 그레이는 아주 간략한 언어로 타인 존중에 대해 이야기함으로써 로렌을 도와주려 할까? 그레이는 로렌에게 장난감 기찻길 옆에 작은 마을을 만들게 하고, 거기에 자신과 가장 친한 친구가 산다고 가정하게 한 후 기차 전복 사고가 나서 친구와 친구의 강아지가 다친다면 어떤 기분일지 상상해보게 할 수 있을까? 로렌이 재미로 사고를 일으킨다면 그 행동은 친구에게 공정한 행동이며, 강아지에게 다정한 행동이 될 수 있을까?

그레이는 로렌에게 이런 식으로 관여하지 않기로 할 수도 있다. 로렌이 아직 이런 것들을 이해할 수 없다고 생각해서일 수도 있고, 상상력이 풍부한 참여자로서 TV를 보고 창의성을 기르는 아들을 억압하고 싶지 않아서일 수도 있다. 하지만 그레이가 실제로 로렌에게 이 이야기를 하든지 안 하든지, 어떻게 말할지 이리저리 생각해보는 행동 자체는 윤리적 논거를 분명히 표현해보는 귀중한 연습이 된다. 도덕적 추론을 명확히 할 수 있게 되고 가치도 분명해지기 때문이다. 자신이 도덕적 선택을 마주하고 있다는 사실을 인식함과 더불어 가치를 적용해서 선택지에 대해 깊이 생각하는 시간을 가짐으로써, 그레이는 인류의 역사만큼 오래된 동시에 두 살짜리 아이의 웃음만큼 새로운 도덕적 문제에 대해 앞으로 나눌 대화의 포석을 마련하는 셈이 된다.

부모 먼저 스스로 단련하라

- 블록을 가지고 노는 단순한 활동이라도 윤리적 문제를 발생시킬 수 있다. 여러분이 윤리를 좀 더 의식하게 되면 다른 부모들이 절대로 보지 못할 윤리 교육의 기회를 포착하게 될 것이다.

- "다들 그렇게 한다고 해서 그 행동이 올바른 행동이 될 수는 없어." 언젠가 여러분이 10대 자녀에게 하게 될 말이다. 이 말을 여러분 자신에게 적용해보라. 단지 TV가 여러분 자신의 삶을 편하게 해주기 때문에 TV 시청이 올바른 일이라고 말할 수 있는가?

- 여러분을 도덕적으로 불편하게 만드는 모든 상황에 대해 깊이 생각함으로써 윤리적으로 단련할 수 있다. 비록 여러분의 자녀에게 그 내용에 대해 절대 이야기하지 않는다 해도 말이다.

아무리 사소한 물건이라도 예외는 없다

지니는 아이들에게 아주 어릴 때부터 도둑질을 해서는 안 된다는 것을 가르쳐야 한다고 생각한다. 본보기로 들기에 너무 사소해 보이는 물건, 이를테면 백 원짜리 껌이라고 해도 마찬가지다.

지니의 아들이 세 살이었을 때, 아이는 가게에서 풍선껌 하나를 훔쳤다. 지니도 인정하지만 사실 엄밀히 말하면 훔친 것은 아니었다. 누가 껌 뽑기 기계에 돈을 집어넣은 후에 기계에서 굴러나와 바닥에 떨어진 껌이었기 때문이다. 하지만 지니는 그것이 아들에게 교훈을 주기에 완벽한 사례였다고 말한다.

아이와 함께 차를 타고 가던 지니는 백미러로 아이가 뭔가 씹고 있는 것을 발견했다.

"입에 든 게 뭐니?"

"껌이요, 엄마."

"어디서 났어?"

"가게 바닥에서 주웠어요."

"그럼 돈도 안 내고 물건을 가져왔니?"

"바닥에 떨어져 있었는데요."

"하지만 돈 안 내고 물건을 가져온 거잖아?"

"네."

"가게 주인에게 얘기하러 가야겠다."

지니는 아들을 데리고 돌아가서 주인에게 사과하고 돈을 지불하게 했다. 지니의 말로는 그때 이후로 정직함과 관련된 문제를 겪어본 일이 없다고 한다.

지니는 이렇게 회상한다. "저는 절대 거짓말을 하지 말라고 가르쳤어요. 사람들에게 거짓말하기 시작하는 순간 너 자신에게 거짓말을 하는 것과 같다고 말했죠. 거짓말을 한 번 하면 또 하게 되고, 그 사실을 깨닫기도 전에 이미 거짓말을 너무 많이 해서 너 자신이 변했기 때문에 결국엔 자기가 누군지도 모르게 된다고 말해주었어요. 그러니 아예 거짓말을 시작하지도 말라고요."

그리고 지니는 아이에게 이렇게 말했다. "나쁜 짓을 했을 때는 다른 사람이 그 일을 말해주기 전에 네가 엄마에게 와서 이야기 해주는 것이 가장 좋은 방법이야." 열여덟 살이 된 지금도, 지니의 아들은 거짓말을 하지 않는다. "만약 마리화나를 피운다고 해도 그 아이는 저에게 말할 거예요. 용납할 수 없는 일이라도 말이에요. 저에게 말해줄 겁니다. 거짓말하지 않고요."

TV 보는 좋은 습관 가르치기

아주 어린 아이들이 TV를 보게 하기로 결정했다면, 아이들이 좋은 TV 시청 습관을 기르도록 도와주어야 한다. 아래 방법들을 참고하자.

- ♥ TV가 있는 공간에서 책, 장난감, 퍼즐 등 '화면 없는 놀이'를 할 기회를 제공하라.
- ♥ TV를 절대 침실에 놓지 말고, 식사 시간에는 꺼두라.
- ♥ TV 시청을 당연한 권리가 아닌 특권으로 취급하라. 아이들이 착한 행동을 했거나 주변을 치우는 등 간단한 일을 한 후에 TV를 볼 수 있게 하라.
- ♥ 어른부터 TV 시청을 제한함으로써 모범을 보여라.
- ♥ 아이들이 TV를 보기 전에 프로그램에 대해 간단히 설명해 주어라.
- ♥ TV를 함께 보라. 프로그램이 끝날 때까지 함께 보지 못한다면, 적어도 처음 5분 정도 함께 보면서 프로그램의 분위

기나 적합성을 가늠해보고, 나중에 프로그램을 전체적으로 확인해보라.

♥ 아이들에게 TV로 무엇을 보고 있는지 말해주고, 여러분 자신의 믿음이나 가치를 아이들과 공유하라. 대화의 소재로 좋은 예와 나쁜 예를 사용하라. "저 사람들이 싸웠어도 괜찮다고 생각하니? 싸움 말고 또 할 수 있었던 건 뭘까? 너라면 어떻게 했겠니?"

♥ TV 대신 재미를 느낄 수 있는 일을 제공하라. 밖에서 놀거나, 책을 읽거나, 취미 생활을 하거나, 음악을 듣고 춤을 춰보라.

내 아이에게 가르쳐주는 첫 정의 수업

5~9세

원칙에 눈뜨는
아이들

2

훌륭한 양육이란
아이들에게 반응해주는 동시에
'요구'하는 것이다.

풍요의 시대에 절약 가르치기

도심에서 떨어진 교외에서 이야기는 시작된다. 30대의 미용사가 운영하는 손님 자리가 하나뿐인 미용실이 있다. 미용사가 시내에서 일했을 때, 단골손님들은 어떻게든 이 미용사에게 예약을 하려고 했다. 그러는 사이 미용사 자녀들은 성장하기 시작한다. 특히 방과 후에는 미용사가 가장 바쁜 시간이었기 때문에 아이들 생각이 더욱 간절했다. 미용사는 일과 가정생활을 더 균형 있게 영위하고자 하는 열망이 있었다. 그녀는 남편에게 지하실에 거울과 이동식 조명을 갖추고서 자잘한 일을 맡아 하게 했고, 고객들이 먼 길을 오느라 불편하지 않을까, 세련된 도시에서 소박한 이곳 교외로까지 와줄까 하는 불안감에 시달리기도 했다. 하지만 마침내 결정을 내리고 뛰어들자 놀라운 일이 벌어진다.

미용사 크리시는 얼마 전 일리노이 주 남부에서 일을 시작했을 때 부모로서 모범적인 행로를 걸었다. 물론 과도기에는 힘들기도 했고 무섭기도 했다. 늦은 오후에 일을 하고 있을 때 열세 살 난 조쉬와 여덟 살 난 페니가 "오늘 밤에 영화 보러 가도 돼요?", "축구하러 가기 전에 머리를 하나로 묶어주세요"라고 말하며 끼어드는 것은 크리시가 발휘하게 된 융통성에 비하면 대수롭지 않은 일이었다. 크리시와 남편 윌은 아이들의 방과 후 활동을 일일이 파악하기 위해 매일 곡예를 하듯 생활했다. 하지만 손님들은 크리시가 적극적으로 자녀를 양육하는 모습에 감명을 받았다. 손님들은 조쉬와 페니가 매일 엄마가 일하는 모습을 통해 절약에 대해 많이 배우고 있다고 생각했다.

그래서 페니가 가까운 쇼핑몰에 가서 3학년 아이들 사이에서 인기 있는 브랜드의 옷을 사러 가려고 했을 때, 크리시는 페니를 제지하는 식으로 반응했다. 페니가 사려는 옷들의 가격에 어안이 벙벙해지기도 했다. 크리시는 페니가 친구들과 쇼핑하러 가게 해달라고 전에 없이 고집스럽게 조르기 시작한 것이 걱정되기도 했다. 하지만 크리시도 페니가 친구들 사이에서 뒤처지지 않으려면 그런 일이 얼마나 중요한지 알고 있었다. 넉넉치 않은 형편의 삼남매 사이에서 자란 크리시는 언제나 가진 것에 감사하고 행복해하는 마음을 갖도록 가정교육을 받았다. 그때 배운 가치들은 크리시의 사업적 성공에 큰 역할을 했고, 크리시는 페니도 자신처럼 지금 가진 것에 감사하는 법을 배우길 바랐다. 하지만 크리시는 딸이 자기처럼 가난을 겪지 않아도 되었던 점을 다행스럽게 여겼고, '나에게 좋았으니 너에게도 좋을 것'이라는 일방적인 생각에서 억지로 절약하는 습관을 강요하고 싶지도 않았다.

크리시는 무분별한 지출에 조금은 엄하게 반대하는 것이 옳다고 생각했다. 화려한 광고를 보고도 자제력을 발휘하고, 친구들 사이에서의 유행에도 영향 받지 않고 자신만의 독립성을 가지라는 가르침을 이끌어내고자 했다. 한편으로 크리시는 괜히 사소한 문제를 크게 만드는 것이 아닌가 싶기도 했다.

유명 브랜드의 옷에 푹 빠진 페니의 상태는 결과적으로 해로운 소비 습관을 남기지 않을 일시적 욕망이었을까? 이 모든 상황이 아주 사소한 일이어서, 크리시의 반대가 이 일 자체보다 훨씬 가치 있는 것을 위험에 빠뜨리지는 않았을까? 이를테면 크리시가 온갖 노력을 해서 키우고 발전시킨 모녀 간의 관계가 망가지지는 않았을까? 크리시는 어떻게 해야 했을까?

● 만만한 부모와 무서운 부모

크리시는 모든 부모들이 맞닥뜨리는 선택과 마주하고 있었다. 권위와 협상, 완고함과 승낙, 철저한 통제와 느슨한 지도 등, 둘 중 하나를 선택해야 하는 문제였다. 크리시는 요구사항과 대응성 사이의 갈등에 부딪혔다. 이 두 가지 핵심 개념은 미국의 발달심리학자인 다이애나 바움라인드Diana Baumrind의 연구의 기저를 이룬다.

1966년부터 시작한 이 연구에서, 바움라인드 박사는 부모가 아이의 욕구에 부응하는 정도를 가리켜 부모의 대응성 parental reponsiveness이라고 묘사했다. 이와 반대로 부모가 아이에게 이기심을 자제시키고 책임감을 요구하는 정도를 가리켜 부모의 요구사항parental demandingness이라고 했다. 대응성이 낮고 요구사항이 많은 부모를 권위주의적authoritarian 유형이라고 하는 반면, 대응성이 높고 요구사항이 적은 부모를 방임적 permissive 유형이라고 한다. 대응성과 요구사항이 어느 정도 섞인 부모는 권위 있는 authoritative 유형이라고 부른다. 바움라인드의 유형 분류라는 틀에 따라 40년이 넘게 이루어진 대규모 연구의 네 번째 조합은 대응성도 낮고 요구사항도 적은 부모들로서 무시-거부 neglecting-rejecting 유형 혹은 그냥 무관심 unengaged 유형이라고 불린다. 바움라인드 박사의 체계는 그림 2에서 자세하게 확인할 수 있다.

바움라인드 박사가 주장하고 후속 연구가 뒷받침하듯, 가장 이상적인 양육 방식은 오른쪽 위에 있는 '권위 있는' 유형이다. 이들은 자녀에게 까다롭게 요구하는 성향과 민감하게 반응해주는 성향 사이에서 균형을 잘 잡는 듯하다. 단호하지만 한결같고 따뜻하며 든든하다. 이들은 높은 수준의 추론 능력이 있고 매우 민감하며 자녀의 자율성을 길러주는 데 헌신한다. 이런 유형의 부모가 장기적으로 가장 좋은 결과를 얻는다는 사실은 그다지 놀랍지 않다. 또 다른 척도에서 보자면, 이런 유형인 부모의 자녀들은 다른 유형인 부모의 자녀보다 학업 성취 능력이 더 우수했다.

요구사항을 늘리고 대응성을 낮추면 권위주의적 유형으로 옮겨간다. 권위주의적 유형으로 갈수록 부모들은 더 통제하려 들고 지배력을 내세우면서 아이의 요구를 거부하는 성향이 높아진다. 결국 융통성이 없고 엄격하며 "내 방식대로 하지 않으려면 떠나라"라는 식으로 지배하려 들 수 있다. 권위주의적 유형의 사고방식이 심해지면 학대 성향을 띨 수도 있다.

오른쪽 아래의 방임적 유형 쪽으로 내려가면, 부모들의 성향은 점점 너그럽고 느슨해진다. 자녀의 행동을 통제할 규칙이나 기준선이

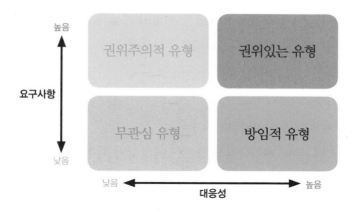

높음

권위주의적 유형　　권위있는 유형

요구사항

무관심 유형　　방임적 유형

낮음

낮음　대응성　높음

그림 2. **바움라인드의 유형 분류**

없고, 원칙에 무관심하거나 간섭하지 않는 입장을 취한다. 연구에 따르면, 이런 부모들이 요구사항과도 대응성과도 관련 없이 완전히 관여하지 않는 성향을 띠게 되면 이들의 자녀 역시 다른 가정의 아이들에 비해 성인이 되었을 때 문제점이 나타난다. 이들 부모를 둔 자녀들은 눈에 띄게 규범을 따르지 않고 적응하는 데 어려움을 겪으며 남을 지배하려 들거나 이기적으로 행동하고 독창성이 떨어지며 음주습관도 더 높은 경우가 많다고 한다.

　다른 독자들과 마찬가지로 비전문가인 크리시에게 이러한 발견은 직관적으로 명백해 보였다. 크리시는 지나친 엄격함이 방임만큼이나 나쁜 결과를 초래한다는 사실을 주변의 여러 가정에서 찾아볼 수 있었을 것이다. 이에 더해 권위주의적 가정에서 자라 불안정하고 행복하지 않은 아이들만큼 방임적인 가정에서 자란 버릇없는 아이들을 발견하기도 쉽다는 사실을 깨달았을 것이다. 이 연구가 유용한 까닭은 단지 부모들이 본능적으로 어떻게 느끼는지를 보여 주기 때문만

이 아니라, 요구사항과 대응성의 중간 지점이 가장 좋은 양육방식이라는 사실을 뒷받침해주기 때문이다.

● 원칙대로 키우기 vs 관대하게 키우기

어떤 면에서 보면 바움라인드의 유형 분류는 윤리적 의사결정에서의 '정당성 대 자비' 패러다임과 맞는다. 정당성과 원칙이 부과한 요구사항은 자비와 연민에서 나오는 대응성과 끊임없이 비교되고 검토되어야 한다. 자녀를 양육할 때 가장 곤란한 딜레마가 바로 이 '요구-대응성'과 '정당성-자비'의 축에서 발생한다는 사실은 놀라운 일이 아니다. 비싼 브랜드의 옷을 사입겠다는 페니의 주장에 고심하던 크리시가 처했던 상황도 바로 이 축에서 발생한 딜레마에 해당한다. 크리시의 경우, 양쪽의 입장을 조금씩 수용한 중간지점에서 타협을 볼 수 있었다. 크리시는 페니의 생일을 맞아 기프트 카드(선물용으로 주고받는 선불 카드−옮긴이)를 주고, 페니가 모은 돈을 그 카드에 충전하게 했다. 페니는 그 카드로 80달러짜리 옷을 한 벌 살 수 있었다. 따지자면 그 옷은 선물이었기 때문에 크리시는 이 일을 단 한 번의 예외로 취급했고, 그럼으로써 페니에게 검소함과 절약의 가치를 배우게 하기 위해 진행 중인 전략을 양보하지 않는 셈이었다. 페니의 입장에서는 자기가 원했던 물건을 엄마가 사게 해주어서 기쁘고 뿌듯했다.

크리시는 자신의 영향이 페니에게 분명히 전달되었음을 알아차렸다. 한 번 해당 브랜드의 옷을 사입은 페니는, 그 후 갈수록 더 비싼 옷을 사려고 하지 않고 오히려 그 가게에 가고 싶었던 욕망이 서서히 줄어들었다. 페니는 그 브랜드의 옷을 사달라고 다시는 조르지 않았다.

크리시가 발견한 것은 제3의 선택지, 즉 정당성과 자비 중 하나를

내 아이에게 가르쳐주는 첫 정의 수업

선택해야 하는 딜레마에서 양쪽 극단의 가운데에 있는 중간지점이었다. 이 해결책은 양쪽 입장의 좋은 점만 선택해서 수용한 입장이었다. 페니는 애초에 엄마가 자신의 요구를 무조건 들어주지 않았기 때문에 절약에 대해 한번 더 생각하는 계기가 되었다. 하지만 크리시는 이 상황을 예외로 생각했기 때문에 "이번 한 번뿐이야"라고 주장할 수 있었고, 페니가 당시 가장 원하던 행동을 하도록 허락해 줄 수 있었다. 크리시가 선택하지 않았던 권위주의적 입장의 부모들은 "절대 안 돼!", "내 눈에 흙이 들어가도 안 돼!"라는 말을 자주 하며 가끔 정당성이라는 말을 강압적으로 들이대기도 한다. 또 방임적인 입장의 부모들은 이렇게 말했을 것이다. "나는 페니를 사랑하니까 아이가 하고 싶어 하는 건 다 하게 해줘야 해." 모든 딜레마에 제3의 선택지가 있는 것은 아니지만 이 사례에서는 세 번째 방법이 가장 좋은 해결책인 듯했다.

하지만 크리시가 요즘 맞닥뜨린 진짜 문제는 페니가 어울리는 친구들의 취향이나 욕망에서 오는 것이 아니었다. 문제는 겉에서 보았을 때 예상치 못할 만한 곳, 페니의 외할머니에게서 발생했다. 빠듯한 형편으로 아이들을 키워낸 크리시의 엄마는 아들딸에게 금전적으로 풍족하게 해줄 수 없었던 것들을 손녀들에게는 해줄 수 있게 되었다. 페니의 외할머니가 손녀들에게 후하게 대해주는 행동은 매년 공들여 준비하는 크리스마스 파티에서 더 두드러졌다. 넘쳐나는 고가의 선물들은 손녀들이 갖고 싶어 하는 물건일지는 몰라도 필요한 물건이 아님은 확실했다. 이것이 자애로운 행동이었을까, 아니면 그저 과도한 풍요를 베푸는 행동이었을까?

한동안 크리시는 엄마의 너그러움을 말리려고 애썼다. 엄마의 그런 행동이, 자신이 심어주려고 했던 가치들을 훼손시켜 아이들에게 혼란을 가져올 수 있다고 보았기 때문이었다. 하지만 크리시의 엄마에게 그런 부탁은 통하지 않았다. 이 상황 때문에 크리시와 그녀의 남편 월은 몇 년 동안 의견이 충돌했고, 급기야 월은 집안 모임에 참석하지 않을 거라고 선언했다. 하지만 월은 조쉬와 페니가 얼마나 이런 행사를 고대하며 친척들을 만나고 싶어 하는지를 이해하게 되어 결국 한발 물러섰다.

월의 양보는 현명한 행동이었을까? 아니면 소심하게 물러난 것이었을까? 월은 아이들 할머니의 행동이 돈 낭비이며 과도한 물질주의를 부추긴다는 도덕적인 주장을 밝히고 자신의 입장을 고수해야 했을까? 아니면 가족의 화합을 위해 개인적인 불평을 덮어두고 아이들에게 신중함의 모범을 보였던 것일까? 다섯 가지 핵심 가치의 맥락에서 보면, 월은 연민과 존중이라는 가치를 지킨 대신 책임감, 정직성, 공정함을 희생했던 것일까?

여러 요인이 자녀 양육에 영향을 미치는 오늘날의 상황을 고려하면 이런 질문은 아마 부적절한 질문인지도 모른다. 바움라인드는 이렇게 적는다. "부모가 딜레마에 빠져 있는 상황에서, 아이들은 자기를 통제하고 개성을 추구하며 유능한 개인이 되기 위해 탐색하고 실험해 볼 자유 두 가지를 모두 누려야 하며 위험한 경험을 하지 않도록 부모로부터 철저히 보호받아야 한다." 바움라인드는 동료 심리학자인 필립 코완Philip A. Cowan의 적절한 비유를 언급한다. "자녀를 양육할 때는 넘어가야 할 험한 지형도 있고, 똑바로 맞서서 정복해야 하는 모험도 있다. 이 여정의 결과가 성공일지 아닐지는 그 누구도 알 수 없다."

아이들이 성장하고 발달하는 긴 시기 동안, 부모들은 바움라인드의 유형 분류에서 위치를 바꾸어가면서 험한 길을 헤쳐나갈 수 있을까? 바움라인드의 말처럼 '어린 아이들이 위험한 경험을 하지 않도록 철저히 보호'하기 위해, 다소 권위주의적일지라도 아이들이 어릴 때는 더 엄격한 기준에 맞추도록 요구해야 할까? 그런 이후에 아이들이 성숙함에 따라 방임적인 사고방식 쪽으로 옮겨가면서 아이들에게 '탐색하고 실험해 볼 자유'를 더 많이 주어야 할까? 이는 합리적으로 들리는 가설이지만, 실제로 부모들은 아이들이 성숙해 가는 것에 따라 자신의 양육 방식을 바꾸지 않는 것으로 드러난다. 연구자인 로라 와이스Laura Weiss와 콘래드 슈워츠Conrad Schwarz의 언급에 따르면, 이론상으로 부모들은 아이들이 자라면 양육 전략을 바꾸어 나가리라고 예상할 수 있다고 한다. 따라서 아이들이 청소년기 후반에 접어들 때쯤 적절히 통제를 줄여나가는 부모들은 아이들에게 자부심과 자율성을 길러주지만, 어릴 때부터 자율성을 많이 인정하는 부모들은 자유를 지나치게 많이 준다고 생각할 수 있다. 하지만 사실 이 연구자들의 결론은 이러하다. "연구 결과는 이와 반대의 사실을 가리킨다. 즉 시간의 흘러도 부모와 자녀의 행동은 둘 다 비교적 한결같다. '한 번 권위주의적이면 항상 권위주의적이다'라고 주장한다면 지나친 이야기일지 몰라도, 연구에 따르면 부모들이 자녀의 어린 시절에 취했던 양육 방식은 고정된 채 이후 일생 동안 지속된다."

● 부모의 권위가 아이를 도덕적으로 키운다

가장 보편적인 세 가지 양육 방식, 즉 권위주의적 유형, 권위 있는 유형, 방임적 유형 중에서 어느 것이 자녀의 도덕적 발달을 가장 촉진할까? 어떤 유형의 부모가 가장 윤리적인 아이를 키워낼까? 연구에서는 만장일치로 중간적 유형인 권위 있는 유형에 표를 던진다. 권위 있는 유형의 부모가 토론하기 더 좋은 분위기를 만들기 때문일까? 일반적으로 윤리에 대한 이야기를 더 많이 나누는 것일까? 아니면 핵심적인 도덕 원칙에 대해 끊임없이 분명하게 설명하는 것일까?

런던 대학교의 패트릭 리먼Patrick J. Leman 교수가 런던 교외에 사는 아동을 대상으로 수행한 아주 흥미로운 연구에서는 이 유형들에 기반을 두고 양육 방식에 대해 조사했다. 이 연구에서는 기본적으로 두 가지를 가정했다. 첫째, 권위 있는 유형의 부모들은 대화와 토론을 하며(바움라인드의 유형분류에서 대응성에 해당하는 점), 규칙을 준수하게 한다고(요구사항에 해당하는 점) 가정한다. 둘째, 연구에서도 밝히듯 권위 있는 유형의 부모는 더 윤리적인 자녀를 길러낸다고 가정한다.

왜 권위 있는 양육 방식이 가장 효과적일까? 이러한 양육 방식은 리먼이 '토론하는 분위기'라고 부르는, 가정에서 편하고 솔직하게 대화할 수 있는 분위기가 조성되며 그 분위기 자체가 자연히 도덕적 발달을 촉진하기 때문일까? 리먼에 따르면 아이들이 왜 도덕적으로 행동해야 하는지 이해하도록 도와주는 일을 '구체적인 해명'이라고 하는데, 권위 있는 유형의 부모들이 이렇게 구체적으로 해명하는 경우가 많기 때문일까? 리먼의 연구 결과는 후자의 손을 들어준다. 권위 있는 유형의 부모가 성공적인 이유는 단순히 아이들과 윤리에 대해 활발하게 이야기하기 때문이 아니다. 아이들과 대화를 하면서 이들이 더 건전한 도덕적 태도를 취하도록 도와주기 때문이다.

리먼의 실험에서는, 아이들이 엄마 아빠에게 '왜 이런 일을 하면 안 돼요?'라고 물었을 때 부모들이 다음과 같이 대답한다는 것을 발견했다.

내 아이에게 가르쳐주는 첫 정의 수업

— 권위주의적 유형의 부모는 "내가 그렇게 말했으니까", "내가 그렇게 정했으니까"라는 식으로 대답하는 경우가 많았다.

— 방임적 유형의 부모는 그 행동이 다른 아이들에게 미칠 영향을 두고 설명하기를 좋아했다. "그런 짓을 하면 저 여자애가 다치잖아", "네가 그렇게 하면 저 애가 어떻게 느낄지 생각해봐야 돼." 하지만 이런 유형의 부모는 매우 관대해서 도덕 규칙을 지키게 하려는 경향은 없었다.

— 극단적인 두 입장 사이에 있는 권위 있는 유형의 부모는 부모와 자녀 사이의 합리적인 평등에 토대를 두고 반응하기를 선호했다. "엄마가 너에게 그렇게 하면 너도 별로 기분이 좋지 않겠지?", "엄마는 너를 믿으니까."

실제로는 모든 부모들이 자녀와 도덕에 관한 논의를 할 때 다양한 반응을 보인다. 따라서 이 연구에서는 완벽하게 일치하는 반응보다는 주로 경향성을 찾았다. 또한 이 연구는 부모들에게 실제로 어떻게 반응했는지 묻기보다는 아이들에게 다양한 상황을 주고 부모가 어떻게 반응하리라고 생각하는지를 물었다. 그럼에도 불구하고, 연구 결과에 따르면 견실한 도덕적 발달은 토론하기 좋은 분위기의 결과에서 오는 것이 아니라 구체적인 내용이나 도덕적 규칙에 대한 부모와의 활발한 의사소통에서 오는 듯하다. 다르게 말하자면 윤리에 대해 아무렇게나 대화하거나 엄격하게 훈계하는 식으로 토론하기보다는, 확실한 원칙에 뿌리를 두고 활발하게 의견을 교환하는 방식이 다음 세대의 도덕적 발달에 더 많이 기여한다는 것이다. "어떻게 원칙에 대한 대화가 활발할 수 있어?"라고 생각하는 사람은, 자신의 원칙이 시험대에 오를 때 어린 아이들이 얼마나 활발해지고 몰두할 수 있는 지 본 적이 없을 것이다. 바로 다음에 나올 이야기에서처럼 말이다

풍요의 시대에 절약 가르치기

- 아이를 키울 때 부모들은 요구사항과 대응성이 얼마나 균형 잡혀 있는지 시험을 받는다. 두 가지 입장을 섞어 놓은 권위 있는 태도를 취하도록 애쓰라.

- 극단에 치우치지 않도록 주의하라. 너무 대응성이 높아서 지나치게 부드럽고 관대한 태도를 취하면 원칙과 규칙에 무관심해질 수 있다. 방임적 양육은 결과적으로 해롭다.

- 통제가 심하며 엄격하게 권위를 주장하는 방식, 즉 "내 방식대로 하지 않으려면 떠나라"라고 말하는 접근법은 요구사항을 지나치게 중시하는 데서 기인한다. 권위주의적인 유형은 성공적이지 못한 방식이다.

- 자녀 양육 방식은 대개 일찍 고정된다. 권위 있는 유형으로 시작해서 아이들이 성숙하는 동안 점점 방임적으로 될 것이라고 생각하지 말라. 좋은 생각이지만 그런 일은 일어나지 않는다.

- 토론은 아주 중요하다. 하지만 원칙에 근거를 두어야 한다. 말하자면, 구체적인 도덕적 해명을 주제로 하지 않으면 "자, 대화해보자"라고 해봐야 소용이 없을 것이다. 윤리적 쟁점에 대해 이야기하는 것만으로는 충분치 않다.

원칙을 통해 윤리 가르치기

다프네의 아빠 그랜트와 엄마 홀리는 미국 남부의 한 명문 대학교에서 교수직을 맡고 있었다. 이 때문에 아홉 살인 다프네는 충분히 '토론하는 분위기'에서 자랐다. 그랜트도 인정하듯, 이 집안에서는 가

만히 있기보다는 이야기하고, 그저 받아들이기보다는 질문하고, 뒤처지기보다는 앞서는 것이 일상적인 모습이었다. 그랜트와 홀리의 딸은 이런 모든 속성을 학교생활에서도 그대로 발휘했던 듯하다. 아이답지 않게 조숙하지는 않더라도, 다프네는 나이에 비해 지적으로 성숙하고 남보다 뛰어나고자 하는 열정이 있어서 배우기에 전념하는 모습을 보였다. 다프네는 전혀 강요받을 필요가 없었다. 학업과 정규 과목 외의 활동에서도 다프네는 쉽게 그 목표를 달성했다.

그러는 동안 그랜트는 뭔가를 감지했다. 처음에는 딸아이가 자신에 대한 비판을 받아들이기 어려워할 뿐이라고 여겼다. 다프네는 일종의 방어적 태도를 취했고 도전받는 것을 내켜 하지 않았으며 실수했을 때 순순히 승복하지 못하고 마지못해 사과를 했다. 하지만 문제가 이보다 더 심각해 보일 때도 있었다. 가끔 사소한 점을 바로잡기 위해 지나가는 말을 던지면 다프네는 폭발하듯 평정심을 잃거나 뚱해져서 방에 틀어박혔고, 우울해져서 더 이상 말을 하려 하지 않았다.

그랜트는 다프네에게서 명망있는 엄마 아빠를 기쁘게 해주려는 깊고 치열한 욕망을 발견했다. 그 목표를 이루지 못했다는 기미가 보이기만 해도 다프네의 마음속에서는 모든 일을 망친 것이나 다름없는 절망감이 생겨났다.

● 친구의 비밀을 지켜 준다는 것

그러던 어느 날 그랜트는 다프네의 친구 섀넌의 집에서 열린 파티 이야기를 듣고 괴로운 마음이 들었다. 그날 3학년 여자아이들은 둥글게 둘러앉아 전화 놀이를 했다. 전화 놀이란 언어적인 메시지가 순서대로 전달될 때마다 의미가 어떻게 왜곡되는지 보여주는 유익한 놀이였다. 놀이는 잘 진행되고 있었다. 한 아이가 옆의 아이에게 어떤 말을 속삭이면 차례로 옆의 아이에게 그 말을 전달했고, 한 바퀴 돌아 처음 말한 아이에게 다시 차례가 돌아올 때쯤에는 내용이 왜곡되고 과장되어 있어서 모두 웃음을 터뜨리는 식이었다.

처음으로 귓속말을 할 차례가 되자, 다프네는 옆에 앉은 아이에게 '웬디가 밤에 이불에 오줌을 싸지 않으려고 아직도 기저귀를 찬다'라는 내용을 속삭였다. 웬디는 그때 둘러앉아 함께 놀이를 하고 있던 아이였다.

그랜트는 그 다음에 어떤 일이 일어났는지 전혀 몰랐다. 자기의 깊은 비밀이 누설된 것을 들은 웬디가 울면서 방을 뛰쳐나갔는지, 아니면 웬디가 들을 차례가 되었을 때에는 다프네가 말한 내용이 너무 많이 왜곡돼서 이해할 수 없게 변해버렸는지 알 수 없었다. 하지만 결국에는 웬디의 부모가 엄청나게 화를 내고 나무라면서 이 놀이는 끝이 났다. 그들은 파티에 갔던 다른 아이들에게 다프네가 무슨 말을 했는지 전해 듣고서, 그랜트와 홀리가 아이를 잘못 키웠다며 날카롭게 비난하고 다프네의 집안 사람들과는 더 이상 상종도 하기 싫다고 말했다. 그랜트가 다프네와 똑바로 마주하자, 다프네는 그런 일을 하지 않았다고 주장하고는 입을 다물어 버렸다. 자기가 들은 모든 이야기로 미루어 보아, 그랜트는 웬디가 정말로 기저귀를 사용했고 다프네가 그 이야기를 했다는 사실을 확신했다.

이 일을 어쩌나? 아내와 상의해본 그랜트는 이 일에 심각한 도덕적 문제가 걸려 있다는 점을 알 수 있었다. 어쨌든 아홉 살짜리가 기저귀를 찬다는 것은 대단히 개인적이고 창피한 문제였다. 그 이야기가 웬디의 친구들 사이에서 얼마나 널리 퍼졌는지 그랜트는 알 수 없었다. 하지만 그가 생각하기에 핵심은 그 점이 아니었다. 적어도 어른들 세계에서 예의 있는 행동의 표준은, 그런 개인적인 사항을 말해서는 안 된다고 못 박고 있었다. 그랜트는 다프네가 이런 기본적인 예의를 파악하지 못했다는 사실에 놀라기는 했지만, 잠시 생각해보니 다프네의 나이에 그런 것을 배울 만한 기회가 없었다는 확신이 들었다. 하지만 다프네가 이제 곧 옮겨가게 될 세계에서는 그런 종류의 성숙한 분별과 예절이 반드시 필요할 터였다. 이 사건은 가볍게 넘길 만한 문제가 아니었다. 그랜트와 홀리는 이 사건을 심각하게 다룰 필요가 있으며 다프네가 아주 큰 잘못을 저질렀다는 데 동의했다.

● **왜 잘못된 행동인지 설명하는 법**

다프네가 "왜 그 행동이 잘못됐어요? 아빠 맘에 안 들기 때문이에요?"라고 묻는다고 가정해보자. 이때 그랜트는 도덕적인 핵심 가치에 대해 다프네와 이야기해볼 수 있을 것이다. 정직, 책임감, 존중, 공정성, 연민은 그랜트와 홀리 부부가 높이 평가하는 가치였고 윤리적 삶을 정의하는 가치로 널리 알려지기도 했다. 이 가치들은 이와 반대되는 가치도 정의할 수 있다. 비윤리적이라 함은 정직하지 않거나, 무책임하거나, 존중할 줄 모르거나, 불공정하거나, 또는 동정심이 결여된 상태를 말한다. 여기서 그랜트는 다프네가 '또는'이라는 말에 주목하도록 할 수 있을 것이다. 아마 그는 어떤 행동이 비윤리적이라고 말하려면 이 다섯 가지의 가치에서 모두 어긋나야 하는 것은 아니라고 설명할 것이다. 이제 제대로 초점을 맞춘 몇 가지 질문을 다프네에게 던질 차례다. 다프네는 어떤 가치를 지켰는가? 다프네는 웬디가 정말로 기저귀를 이용했고 자신은 단지 사실을 말했을 뿐이라면서 이 질문의

대답으로 정직성을 꼽을 것이다. 또한 책임감을 꼽을 수도 있다. 놀이
에 참여해야 했고, 친구들이 재미있어하거나 놀라워할 가능성이 있을
이야기를 생각해내야 했기 때문이다. 그러면 다프네는 어떤 핵심 가치
에서 멀어졌는가? 아마 다프네는 잠시 생각해보고 나서, 자신이 웬디
의 품위를 존중하지 않았다고 인정할 것이다. 그리고 사실 건강 상태
는 웬디가 선택한 것이 아닌데 자신이 웬디를 아기 같고 통제력이 부
족한 사람으로 만들었기 때문에 불공정했다고 말할 것이다. 또한 진정
한 친구라면 연민과 애정이 우러나와야 하는데 웬디의 괴로움을 놀림
감으로 만들었기 때문에 동정심이 부족했다고도 말할 것이다.

  그랜트는 다프네가 잘못된 행동에 대해 살펴보는 다섯 개의 잘 검
증된 검사 문항에 답해 보도록 했을 수도 있다. 이 검사에서는 A와 B
중 하나를 선택해야 하는데, 이 경우 A는 놀이에서 웬디 이야기를 이
용한 행동, B는 다른 이야기를 찾아보는 행동이 된다. 다프네는 A와
B 중에서 하나를 골라야 할 때마다 "이거 둘 다 윤리적인 얘기예요,
아니면 올바른 것과 잘못된 것 중 하나를 고르는 거예요?"라고 물을
수도 있다. 다음의 검사 문항을 잠시 살펴보면 요점을 알 수 있다.

—— **법적 검사** the legal test: A나 B가 법에 어긋나는가? 그렇지 않다.
   일반적으로 법률은 아홉 살짜리 아이가 파자마 파티에서 귓속말
   하는 내용에 대해 언급하지 않는다.

—— **규정 검사** the regulation test: A나 B가 명확한 규정에 어긋나는가?
   아마 그렇지 않을 것이다. 보드게임이나 카드 놀이였다면 지켜
   야만 하는 명확한 규칙이 있기 때문에 고의로 규칙을 어기는 행
   동은 잘못된 행동이었을 것이다. 하지만 이런 실내게임을 할 때

내 아이에게 가르쳐주는 첫 정의 수업

는 놀이를 시작하기 전에 소리내어 규칙을 말하거나 써 두는 일이 거의 없다.

— **악취 검사** the stench test: 어느 한 쪽이 불편하게 느껴지는가? 그랜트가 볼 때 이 직관적인 검사는 여러 가지로 경고 신호를 보냈다. 하지만 그랜트만큼 성숙하지도 않고 사회적으로 민감하지도 않은 다프네는 이 검사를 그냥 흘려보냈다. 다프네가 몇 살만 더 먹었더라면 절대 그런 식으로 흘려보내지는 않았을 것이다.

— **신문 1면 검사** the front-page test: A나 B가 내일 조간신문 1면에 자세히 실린다면 다프네는 마음이 편할 수 있을까? '반 친구가 기저귀를 찬다고 폭로한 아홉 살 소녀'라는 제목으로 기사가 나간다면 다프네는 꽤나 충격을 받을 것이다.

— **엄마 검사** the mom test: 자신이 훌륭한 사람으로 대단히 존경하는 도덕적 모범이 되는 인물 또는 엄마가 웬디에 대해 그런 식으로 폭로하는 것을 상상할 수 있을까? 대체로 이 마지막 검사가 가장 적절하다. 그랜트나 홀리가 이런 식으로 자기 친구에 대해, 또는 다프네에 대해 귓속말을 할까? 이들이 그러지 않는다면 다프네가 그렇게 행동할 이유가 무엇이겠는가?

이처럼 개념상으로는 그랜트가 다프네에게 자신의 심각한 실수를 알아차리게 하는 방법이 많이 있다. 하지만 누군가가 잘못했다는 점을 아는 것과, 잘못한 이의 태도가 완전히 달라질 정도로 그 잘못을 효과적으로 설명해주는 것은 아주 다르다. 그렇다면 그랜트는 다프네의 실수를 지적했을 때 예상되는 다프네의 무너진 심리 상태를 어떻게 해결해 나갈까? 그랜트가 방임적 유형 쪽으로 기울었다면 아이에게 요구하는 것이 거의 없이 높은 대응성을 발휘해 다프네를 보호해주었을 것이다. 권위주의적 유형에 가까웠다면 불도저처럼 다프네의 감정을 깔아뭉개고 공개적으로 사과하라고 주장하며, 다시는 그런 말을 하지 말라고 경고했을 것이다. 사실 그랜트는 그 중간지점을 선택했다. 그가 생각하기에 여기서 적용되어야 할 원칙은 황금률이었다. 황금률에 따르면 다프네는 웬디의 입장이 되어서 자기에 대해 그런 이야기를 하는 사람이 있다면 기분이 어떨지 생각해보아야 했다. 그랜트도 자신의 눈에 다프네가 실패자로 보이지 않는다고 전해줄 방법을 찾아야 했다. 그랜트는 다프네가 처음으로 귓속말을 했던 이면에 어떤 사정이 있었는지 자신이 이해할 수 있다는 사실을 다프네가 알 수 있도록 어떻게든 도와주어야 했다.

● 농담이 상처를 줄 수 있는 이유

특이하게도, 그랜트가 다프네를 도와줄 수 있는 방법을 찾은 것은 경솔함 덕분이었다. 그는 대화를 시작하면서, 거의 사춘기에 가까운 나이가 된 아이가 기저귀를 찬 모습이 우습기는 하다고 맞장구를 쳐주었다. 또 어떻게 해서 다프네가 정말 악의 없이 그런 이야기가 친구들에게 재미있을지도 모른다고 생각할 수 있었는지도 충분히 이해하겠다고 말했다. 그랜트는 이런 접근법을 쓰면서 마음이 완전히 편치는 않았다고 나에게 시인하기는 했지만, 일부러 못되게 굴었다고 비난하는 것이 아니라는 점을 아이에게 알려주어야 한다고 느꼈다. 그랜트는 '농담이 종종 그렇듯이 그런 농담은 분명히 누군가에게 잔인한 상처가 되는 경우가 많다'라고 서둘러 말해주었다. 그가 지적하기를, 중요한 점은 농담을 할 수 있는 능력이 아니라 다른 사람의 마음을 헤아리는 능력, 그들의 감정과 민감함을 이해하는 능력, 그 감정과 민감함을 아프게하지 않고 더 따뜻하게 만들어주는 능력이라고 했다. 그랜트는 다프네도 분명 웬디가 자신에게 그렇게 대해주기를 바랄 것이라고 했다. 그래서 다프네도 웬디에게 마찬가지로 대해주어야 한다고 말이다.

다행스럽게도 다프네는 이런 논리에 반응을 보였다. 반응이 당장 누그러지지는 않았다. 여전히 그랜트는 열심히 이야기했지만 다프네는 시무룩했다. 하지만 놀랍도록 짧은 시간에 다프네는 기운을 내고, 자신이 무엇을 해야 하는지 이해하고, 자신의 경솔한 행동에 대해 웬디에게 진심으로 사과했다. 웬디의 부모 입장에서는 여전히 원통함이 쉽게 사라지지 않았다. 하지만 그랜트는 다프네가 이 문제를 있는 그대로 마주했다고 느꼈다. 다프네가 이 사건을 자기 또래에게서 지배적으로 나타나는 편 가르기의 사례로 보거나 우연히 일어난 사회적 사건으로 보지 않고, 본질적인 윤리 문제라고 생각했기 때문이다. 다프네는 세 가지의 해결 원칙 중 하나, 즉 도덕적 발달의 지표로서 수 세기 동안 인류에 기여해 온 황금률을 적용해서 자신의 실수를 바로잡아야 한다는 점을 이해했다.

그랜트가 이 문제를 다루었던 방식은 양육 유형 연구와 적은 부분이지만 들어맞는다. 도덕적 발달의 여정에서 다프네가 한 발짝 나아간 것은 단순히 토론하는 분위기 때문만은 아니었다. 이런 긴장감이 넘치는 상황에서는 토론하는 분위기를 만들기도 어려울 듯했다. 다프네의 도덕적 성장은, 명확한 도덕적 가치 체계와 정의된 도덕 규칙(이 경우에는 황금률)을 자진해서 설명하고 당면한 상황에 적용했던 그랜트의 '구체적 해명' 덕분이었다. 그랜트가 느끼기에 상황이 호전된 것은 단순히 아이와 대화를 나누었기 때문만이 아니라 뚜렷한 도덕적 문제를 놓고 구체적으로 이야기했기 때문이며, 농담에 대한 대응성과 규칙 고수에 대한 요구사항을 결합할 수 있었기 때문이었다.

원칙을 통해 윤리 가르치기

- 아주 단순한 사건이 심오한 윤리적 쟁점을 불러일으킬 수 있다. 아이들의 파티 놀이에서 시작된 문제라고 해서 그냥 넘어가서는 안 된다. 그 순간을 포착하고 핵심을 발견하라.

- 비윤리적 행동은 기만하거나, 무책임하거나, 무시하거나, 불공정하거나, 또는 동정심이 결여된 행동이다. 이 '또는'이라는 말을 역설하라. 이는 어느 한 범주에서라도 어긋나면 비윤리적이라는 꼬리표가 붙는 근거가 된다는 의미다.

- 아이들에게는 옳고 그름을 구별하는 검사가 필요하다. 아이들에게 다섯 단계의 검사, 즉 법률, 규정, 악취, 신문 1면, 엄마 검사를 차례로 보여주고 자신이 어디서 잘못했는지 발견하게 하라.

- 부모 입장에서, '올바름을 아는 것'과 '올바름을 성공적으로 설명하는 것' 사이에는 엄청난 차이가 있다. 여러분이 해야 할 가장 중요한 일은 듣기에 불편한 이야기를 효과적으로 하는 방법을 찾는 것이다.

나쁜 아이와 어울릴 때

어느 날 늦은 오후, 샤론은 초등학교 2학년인 딸 실비의 가방에 있는 주머니에서 근사하게 장정되어 있는, 딱 보기에도 비싸 보이는 동화책을 발견했다. 샤론이 가방을 일부러 뒤지고 있었던 것은 아니었다. 평소에도 샤론은 실비의 가방을 열어 보는 일이 거의 없었다. 그날 학교에서 돌아온 실비가 부엌에 가방을 놔두었고 샤론은 다음 날 실비가 등교하기 전에 가방에 뭔가 넣어주려 했던 것이었다. 전에 본 적이 없는 책이었으므로, 샤론은 분명 그 책이 실비의 것이 아니라고 생각했다. 실비가 부엌으로 돌아왔을 때 그 책은 식탁 위에 놓여 있었다. 몇 분 되지 않아 실비는 울음을 터뜨리면서, 2주 전에 학교 도서 전시회에서 그 책을 훔쳐왔다고 시인했다.

● 친구 때문에 흔들릴 때

나중에 안 일이지만 샤론은 자신이 그날 실비 앞에서 분별없이 이랬다 저랬다 했다는 사실을 알게 되었다. 하지만 그녀는 자신이 어떤 행동 양상을 따르고 있다는 점을 깨달았고, 그 양상이 자신의 어린 시절과 엄마에게서 기인한다는 사실을 알아차렸다.

사실상 비난에 가까운 질문을 쏟아내면서, 샤론은 실비에게 어떻게 이런 일을 저지를 수 있느냐고 물었다. 어떻게 우리 집안에 그렇게 나쁜 일을 하는 사람이 있을 수 있느냐, 엄마 아빠가 어떤 기분일지 생각도 해보지 않았느냐고 다그쳤다. 물론 이것들은 아이들이 답할 수가 없는 질문이었다. 특히 이미 자기 행동을 고백하고 나서 울고 있는 2학년짜리 아이에게는 더욱 그랬다.

이내 샤론은 좀 더 차분하게 접근할 걸 그랬다고 생각했다. 하지만 샤론은 이 모든 일이 부모의 자존심에 상처를 주었고, 자신의 양육 방식이 잘못되었다는 의미를 담고 있었다고 생각했다. 결국 결과가 이렇다면 샤론의 의사소통 능력과 윤리의식을 심어주는 능력에 문제가 있는 것으로 보였다. 게다가 샤론은 실비의 도덕적 기준이 명확하지 못한 점과 실비가 학교에서 어떻게 될지, 그리고 앞으로 실비가 윤리적으로 세상을 헤쳐나갈 능력에 대해 이 작은 사건이 무엇을 의미할지 걱정이 되었다.

"그 문제를 해결하면서 정말 유익한 시간을 보냈어요." 샤론은 우리에게 이렇게 말했다. 화를 내던 샤론은 실비가 2주 동안 그 책을 두고 고민했다는 사실을 알게 되었다. 실비는 자신이 잘못된 행동을 했다는 사실을 본능적으로 알았다. 아이에게 그런 말을 해줄 필요가 없었다. 실비는 다만 문제를 해결할 방법을 몰랐을 뿐이었다. 실비는 가방을 열어볼 때마다 불편하고 괴로운 느낌에 시달렸고, 그 느낌에서 벗어나기를 간절히 바랐다. 그 괴로움을 알게 된 샤론은 당초의 반응을 접어두고 마음을 가라앉힌 뒤, 자신이 할 일은 실비가 이 일을 잘 이겨나가도록 도와주고 벌을 주지 않아야 한다는 사실을 깨달았다. 실비는 이미 자신에게 벌을 주었기 때문이다.

그렇다고 해서 책을 돌려주지 않아도 된다는 의미는 아니었다. 두 사람은 실비가 교장 선생님과 만나서 직접 쓴 사과 편지를 전하고 그 책을 어떻게 보상할 수 있을지 이야기할 준비를 했다. 하지만 이 과정에서 중요한 사실이 밝혀졌다. 실비가 책을 훔치도록 다른 친구가 부추겼다는 것이었다. 같은 반 친구인 그 아이는 창의적인 행동과 무책임한 행동의 경계에서 위태롭게 움직이는 아이였다. 이 작은 소녀는 법을 어기지는 않으면서도 항상 선을 넘어가고, 엉뚱한 상상에서 나온 장난에서 위험하고 지독한 모험으로 넘어가는 경계를 끊임없이 흐려놓았다. 게다가 자신이 절대 하지 않을 행동을 남에게 강요함으로써 만족을 느끼는 것 같았다.

내 아이에게 가르쳐주는 첫 정의 수업

● 아이에게 친구들이란

이런 상황에서 부모들은 어떻게 행동할까? 샤론은 친구의 도덕적 태도가 심히 걱정되었지만, 이 문제를 처리하자면 이 일은 교장 선생님과 학교의 손에 넘어가게 되리라는 것을 알고 있었다. 그래서 샤론은 딸에게 나쁜 행동에 빠질 위험에 대해 이야기했다. 샤론은 실비 자신이 좋은 사람이고 옳고 그름을 아는 사람이라는 점을 이해하도록 도와줄 수 있었다. 샤론은 실비가 자신의 핵심 가치가 잘 정립되어 있다는 사실을 인지하도록 격려해주었다. 실비는 자신에게 정직했고 다른 사람의 물건을 존중했으며 실수를 인정하는 책임감을 보였다. 다른 사람이 모두 하는 행동을 그대로 따라하지 않고 스스로 생각하는 대로 행동할 수 있는 능력도 있었다. 친구가 계획한 못된 장난이 도를 넘어선 때가 언제인지 말할 수 있었고, 금지된 행동을 하는 것이 부적절하다는 점도 알았다. 또한 자신이 비뚤어진 행동을 했을 때도 감지할 수 있었다.

사실 실비는 책을 가지고 오자마자 그것이 잘못된 행동이라는 사실을 알았다. 이에 더해, 잘못을 저질렀다는 사실과 절도행위를 어떻게 바로잡아야 할지 모른다는 점 때문에 감정이 다치는 것을 이미 경험했다. 이 기분은 실비에게 도덕적 감각이 온전히 남아 있다는 확실한 신호였다. 실비에게 도덕적 가치들이 없었다면 전혀 후회하는 감정을 느끼지 않았을 것이다.

샤론이 처음에 이 일을 다루었던 방식으로, 실비가 책을 훔쳤다는 사실에 두려움과 분노를 폭발시켰던 상태로 문제를 그냥 놔두었다면 실비에게 귀중한 인생의 교훈을 가르쳐줄 기회를 놓쳤을 것이다. 귀중한 인생의 교훈이란 자신의 도덕적, 정신적 기준을 외부의 영향에서 지켜내야 한다는 것이었다. 2학년은 어린 나이지만, 아이들은 자신을 끌어당기는 많은 힘이 있다는 사실을 이해할 수 있다. 이런 힘은 또래 집단의 압력과 진부한 험담에서, 또 비윤리적인 친구들과 유행하는 사회적 매체에 이르기까지 다양하다. 처음에 착한 친구인 것 같았으나 나중에 도벽이 있는 것으로 드러나는 아이들에게서 자신의 물건을 지킬 줄 아는 것처럼, 아이들은 타인의 미묘한 조종에서 자신을 지키는 법을 배울 수 있다.

● **나쁜 친구 감별법**

샤론은 실비가 다음의 여섯 가지 신호를 찾아봄으로써 조종자를 발견하도록 도와줄 수 있다.

— **이기심:** 주로 자기만 생각하는가, 아니면 다른 사람에게도 신경을 쓰는가? 이기적이지 않은 아이들은 관계를 형성하고 네가 뭔가를 더 잘 할 수 있도록 도와준다. 이기적인 아이들은 통제하려 들고 자기 목적을 위해 너를 이용하려고 한다.

— **헌신의 결여:** 가치를 따지는가, 아니면 정직하고 자신의 일에 책임지며 공정하게 행동하는 데 관심이 없는가? 도덕적 기준을 지키지 않는 아이라면, 네가 선량함을 지키는 것을 못마땅하게 여길 것이다. 네 옆에 있을 때 자신이 나빠 보이기 때문이다.

— **허위:** 말과 행동이 다른 위선자인가, 아니면 겉보기와 행동에 일관성이 있는가? 개방적이고 숨기지 않는 성격이어서 너나 다른 아이들에게 숨기는 일이 없는 아이라면, 끊임없이 약속하는 일을 반복하고 자주 어기는 아이보다 낫다.

내 아이에게 가르쳐주는 첫 정의 수업

— **의심:** 너를 포함한 다른 사람들의 의도를 의심하는 일이 많은가? 아니면 사람을 잘 믿고 너그러운가? 다른 사람을 믿지 못한다는 것은 자기 자신도 믿지 못한다는 표시일 때가 많다. 정말로 다른 사람들에게 마음을 쓰는 아이라면 너를 믿어줄 것이다.

— **변명:** 나쁜 행동에 대해 재빨리 변명을 늘어놓거나 복잡한 이유를 들어서 자신을 변호하는가? 똑똑할지는 몰라도 진실을 왜곡하는 데 자기의 지적 능력을 능숙하게 발휘하는 아이라면, 너에게 부정확한 이야기를 하고 일부러 속일 수도 있다.

— **허풍:** 자신의 용감함을 자랑하는가, 아니면 정말로 용감한가? 그 친구는 자신의 대담한 자신감에 대해 자주 이야기하고 위험을 무릅쓰는 행동을 함으로써 대담함을 표현하려 할지도 모른다. 그 친구는 올바른 편을 옹호할 만한 도덕적 용기가 있고 자신의 가치가 시험받을 때 조치를 취하는가?

아이가 아직 어리다면 이런 난제를 한번에 알아보는 것이 어려울 수 있다. 하지만 그것은 어른도 마찬가지다. 그러므로 부모들은 자녀가 숨겨진 조작이나 속임수를 꿰뚫어보고 그 특성들을 인식하며 자신의 도덕적 방어막을 형성하도록 도와주어야 한다.

나쁜 아이와 어울릴 때

- 자신이 큰 잘못을 저질렀음을 아이들이 깨달았을 때, 그리고 특히 그 점을 고백했을 때 냉정을 유지하라. 아이들이 소란을 떨수록 흔들리지 말아야 한다.

- 잘못을 고백을 했다고 해서 모든 것이 용서되는 것은 아니다. 훌륭한 양육이란 아이들에게 반응해주는 동시에 요구하는 것이다. 사과하고 보상한다면, 특히 어른에게 그렇게 한다면 인성 함양에 도움이 된다.

- 아이들이 타인의 인성을 잘 파악하도록 도와주라. 아이들은 어떤 친구가 믿을 만한지, 주의 깊게 지켜보아야 할지, 관계를 끊어야 할지 알 필요가 있다.

- 아이들은 여섯 개의 경고 신호를 통해 위험한 성격을 의식할 수 있다. 위험한 성격에는 이기심, 헌신의 결여, 위선, 의심, 변명, 허세가 있다. 아이들이 이 점을 포착하도록 도와주라.

내 아 이 에 게 가 르 쳐 주 는 첫 정 의 수 업

TIP 1

바비 인형과 남녀평등주의

　몇 년에 걸쳐, 질리언과 남편 론은 아이들이 소비의 매력과 더불어 그 덫에 대해 이해시키기 위해 특별히 애를 써왔다. 이 소비의 덫이란 최신 장난감이나 물건을 가져야만 행복해진다고 느끼는 것을 말한다. 질리언과 론은 이러한 욕망을 만들어내는 주체가 자동차나 집과 같은 물질적인 대상이 아니라는 점을 아이들이 이해하기를 바란다. 이러한 욕망은 행복이 외부 대상에서 온다고 말하는, 그들이 속한 문화에서 나온다는 것이다.

　질리언이 특히 민감하게 생각하는 부분은, 여성을 성적으로 대상화하고 비현실적으로 묘사하며 어린 소녀들 개인이 아니라 물건으로 여기게 만드는 마케팅이다. 그래서 여덟 살 먹은 딸 로빈이 바비 인형을 사달라고 졸랐을 때, 질리언의 입에서 나온 첫 마디는 "절대 안 돼! 우리 집에서는 바비 인형 따위는 절대 못 갖고 놀 줄 알아!"라는 말이었다.

　이후 로빈이 눈물을 흘리고 항의도 했지만, 질리언은 왜 안 되는지에 대해 최선을 다해 설명했다. 하지만 끈질긴 로빈은 질리언이 반대할 때마다 엄마를 안심시키려는 식으로 반응했다. 로빈은 나중에 절대 짙은 화장을 하지도 않고 자신을 있는 그대로 사랑하며 TV에 나오는 바비 인형처럼 엉덩이를 씰룩거리면서 걷지도 않겠노라고 말했다. 질리언은 로빈에게 바비 인형을 사주어야 할지 말아야 할지 잠시 고민하다가도 자신이 바비 인형을 정말 싫어하는 것은 물론 바비 인형 산업에 돈을 보태줄 마음이 요만큼도 없다는 점을 상기했다.

그러다가 질리언은 양자택일의 문제를 삼자택일의 문제로 만들어줄 묘안이 떠올랐다. 질리언은 로빈에게 돼지 저금통을 하나 주고, 스스로 돈을 벌면 바비를 사도 된다고 설명했다.

한 달 동안 로빈은 돈을 받고 집 안팎의 헤드렛일을 모두 도맡아했다. 질리언의 느낌에는 로빈이 돈의 가치와 더불어 끈기 있는 노력의 미덕에 대해 배운 것 같아 흐뭇했다. 질리언은 로빈을 가게에 데려가 바비 인형을 사주고, 호의의 표시로 인형 옷을 하나 더 사라고 돈을 보태주기도 했다.

이 일로 질리언이 얻은 교훈은 무엇일까? "항상 우리 입장에서만 생각하면 아이들을 잘 기를 수도, 잘 가르칠 수도 없어요."

비록 바비 인형 숭배에 맞서겠다는 질리언의 합리적인 결정과는 달랐지만 로빈은 엄마의 우려를 이해하면서도 바비 인형을 사겠다는, 마찬가지로 합리적인 결정을 내렸다.

자식 키우는 일이 이토록 힘든 이유는 무엇인가?

오늘날 자녀를 기르기가 유난히 힘든 것일까? 2007년 퓨 리서치 센터Pew Research Center에서 실시했던 조사에 응답한 성인의 대다수는 오늘날의 부모들이 그전 세대의 가치 기준에 미치지 못한다고 생각한다. 하지만 아마 모든 세대가 그렇게 생각할지도 모른다. 퓨 리서치 센터가 1997년에 실시한 여론조사도 거의 똑같은 결론에 도달했다. 어느 시대든 사람들은 옛날이 좋은 시절이었다고 생각하기는 하지만, 우리 할아버지 세대가 살아온 세상이 오늘날과 같았다면 다음과 같은 문제들은 마음에 깊이 남지 않았을 것이다.

자녀 양육이 힘든 이유는 무엇일까? 주된 요소를 정의하기 위해 부모들에게 물어보자 '도덕/옳고 그름 가르치기'를 가장 어려운 일 중 하나로 꼽았고 이 항목은 '훈육/규율 잡기'와 더불어 '비용/자녀를 기를 만한 경제적 여유/재정'과 같은 비율을 차지했으며, 이보다 응답 비율이 높았던 항목은 '사회/외부의 영향'과 '약물과 술' 뿐이었다.

부모들의 염려는 크게 세 가지로 나뉜다. 첫 번째는 주변 문화의 영향에 대한 항목들로, 퓨 리서치 센터에서는 이를 '사회적 요소'라고 부른다. 두 번째는 양적인 문제가 중심이 되는 항목으로, 시간, 비용, 교육 항목에 해당하며 기회와 돈에 관련된 문제다. 세 번째는 '도덕/훈육/양육'이라는 항목에서 부모들 자신이 맞닥뜨리는 질적인 문제와 관련이 있다. 첫 번째 항목들이 사회학에 기반을 두고, 두 번째 항목들이 경제학에 기반을 둔다고 하면 세 번째는 인문학에 기반을 둔다. 이 세 번째 항목들은 윤리적 철학과 의사소통 기술이 만나는 교차점에 존재한다. 윤리와 의사소통의 접점인 이 영역에 대해 생각하고 자녀와 윤리 이야기를 나눌 수 있는 체계를 갖춘 가정에서는 아이들이 점차 자신감 있게 윤리적인 문제를 헤쳐 나가는 법을 배운다. 건설적인 방식으로 생각하지 않으면 부모들은 불안에 떨며 세상의 불행 앞에 덩그러니 남겨지거나, 아이들을 외부 영향에서 차단하려고 필사적으로 애쓸 뿐이다. 그 결과는 어떨까? 자신과 다른 부모들의 잘못을 비난할 가능성이 높다.

오늘날 자녀를 키우기 어렵게 하는 요소들	%
● 사회적 요소 (합계)	38
사회/외부의 영향	13
약물과 술	10
또래집단의 압력	7
TV/인터넷/영화 등	5
자녀가 말썽에 휘말리지 않게 하기	4
범죄/폭력배/자녀를 안전하게 보호하기	4
● 도덕/훈육/양육 (합계)	31
도덕/옳고 그름 가르치기	8
훈육/규율 잡기	8
늘 곁에 있어 주기/돌봐주기	7
존중/예절 가르치기	3
자녀와 의사소통하기	2
● 시간/일 균형 잡기 (합계)	10
자녀와 시간 보내기/귀중한 시간 보내기	5
일과 가정 간에 균형 잡기	2
맞벌이	2
● 비용/자녀를 기를 만한 경제적 여유/재정	8
● 교육/자녀를 학교에 보내기	7
● 기타/모두	12
● 모르겠음	7

3

10~14세

갈림길에 서는
아이들

"용기란 죽을 만큼 두려워도
무언가 해보는 것이다."

_ 존 웨인(John Wayne), 영화배우

윤리적 딜레마 해결하기

이제는 아동서적의 고전이 된 영국 작가 휴 로프팅Hugh Lofting의 소설 『닥터 두리틀The Story of Doctor Dolittle』 시리즈는 자신이 동물과 대화할 수 있다는 사실을 발견한 한 남자의 이야기로 시작한다. 두리틀 박사는 원숭이를 구하러 아프리카에 가는 도중에 '푸시미 풀유(pushhmi-pullyu, push me pull you와 발음이 같다)'라는 동물을 만난다. 가젤과 유니콘의 혼종인 이 소심한 동물은 한 쪽 끝에 가젤의 머리가, 다른 쪽 끝에 유니콘의 머리가 달려 있다. 이 동물이 어딘가 가려하면 두 개의 머리는 제각각 다른 방향으로 가고 싶어 한다.

두리틀 박사는 우리의 윤리적 딜레마 이야기와 관련이 별로 없지만, 이 상상의 동물을 통해서 우리는 중요한 사실을 상기하게 된다. 해결되지 않은 딜레마는 우리를 꼼짝 못하게 한다는 사실 말이다. 딜레마라는 것이 완전히 반대되는 힘과 관련된 일이니 당연한 이야기다. 게다가 이 힘은 서로 다른 방식으로 우리에게 영향을 미친다. 우리를 정신적, 도덕적으로 끌어당기는 것이 동시에 우리를 밀어낼 수도 있다.

아이들이 이런 딜레마와 마주치는 경우에도 합리적으로 판단하도록 하는 것이 양육 기술의 핵심이다. 하지만 지금까지 이 책에서 보았듯이, 어려운 선택의 문제에서 이성적인 추론만 잘한다고 되는 것이 아니며 문제를 명확히 정리하기도 전에 직관적으로 쉽게 답을 낼 때도 있다고 느꼈다면, 여러분은 중요한 것을 발견해낼 수 있다.

윤리적 딜레마는 까다롭고, 추론을 해야 하고, 이리저리 줄다리기를 해야 하는 문제로 보일 수 있다. 하지만 사실 우리의 마음속에서는 "잠깐 있어 봐. 이쪽이 옳은 방법이야"라는 소리가 울려나올 때도 많다. 누군가 왜냐고 묻는다면 우리는 대개 타당하고 합리적인 대답을 할 수 있다. 하지만 솔직히 말하자면 이 질문의 답이 "그냥 그게 옳은 것 같으니까"일 때도 있음을 인정해야 한다.

이 대답에 부끄러워할 필요는 전혀 없다. 하버드 대학 교수이며 심리학자이자 생물인류학자인 마크 하우저Marc D. Hauser는 우리는 원래 그런 존재라고 주장한다. "도덕적 딜레마는 보통 둘 이상의 상충하는 의무 사이에서 발생하는 갈등을 우리에게 제시한다. 이런 딜레마에 직면하면 어떤 사람의 성격이나 행위 자체가 도덕적으로 좋거나 나쁘다는 판단을 내리게 된다. 이런 판단은 이성적인 추론을 통해 나오기도 하지만, 번개가 번쩍이듯이 예상 밖의 강력한 생각이 저절로 떠오르는 경우도 있다. 이때 직관과 의식적 추론은 설계된 사양이 다르기 때문에, 판단 사이에 갈등이 일어날 수 있다. 직관은 빠르고

내 아이에게 가르쳐주는 첫 정의 수업

자동적이며 자신도 모르게 작용하고, 주의를 거의 요하지 않으며, 성장과정에서 일찍 발달하고, 원칙에 입각한 이유 없이 일어나며, 이와 반대되는 추론에 영향을 받지 않는 것처럼 보일 때가 많다. 원칙에 입각한 추론은 느리고 신중하며 사려 깊고, 상당한 주의를 요하며, 성장과정에서 늦게 발달하고, 타당한 이유가 있으며, 원칙에 따라 신중하게 뒷받침되는 반박에 영향을 받기 쉽다."

직관은 일찍 발달하고 들어맞는 경우가 많으며, 원칙에 입각한 추론은 늦게 발달하고 반박에 영향을 받기 쉽다. 도덕적 양육이란 말은 아이들이 이러한 직관에서 원칙에 입각한 추론으로 옮겨가도록 도와준다는 의미를 포함한다. 하지만 우리는 우선 내부의 푸시미 풀유, 즉 직관과 이성 사이의 긴장이 늘 존재한다는 사실을 인정해야 한다. 이는 어느 한 쪽이 다른 쪽을 몰아내야 한다는 의미가 아니다. 사실 이성적인 합리주의자는 이렇게 주장할지도 모른다. 두리틀 박사 이야기에 나오는 짐승의 절반은 아프리카에 실제로 사는 가젤이므로 진짜이고, 나머지 절반은 동물학에도 안 나오는 신화 속의 유니콘일 뿐이라고. 따라서 확실한 이성이 비현실적인 직관보다 우선해야 한다는 말이다. 이 논리의 유일한 문제는, 합리주의자인 경우에 우리가 살고 있는 곳이 균형의 세계라는 점을 깨닫지 못했다는 점이다. 우리는 도덕적 양육을 통해 이성 없는 직관이 해파리와 같고, 직관 없는 이성이 호저(몸이 가시털로 덮여 있는 동물-옮긴이)와도 같다는 사실을 상기할 수 있다. 이 비유는 아마 두리틀 박사도 인정했을 것이다.

● 아이의 병, 일일이 말하지 않아도 될까?
라라가 이러한 이분법에 직면해야 했을 때, 이성은 그녀를 한쪽으로 잡아끌고 직관은 다른 쪽으로 잡아끌었다. 라라가 맞닥뜨린 질문은 직접적이고 냉혹했다. 절반만 진실을 말하는 행동은 올바른가? 보통 때라면 라라는 주저하지 않고 아니라고 대답했을 것이다. 대기업의 정보기술 관리자로서, 라라는 절반의 진실이 경력을 망쳐놓는 일이 얼마나 많은지 지켜봐왔다.

라라의 아들 트로이가 열한 살이 되었을 때였다. 라라가 내게 트로이가 일곱 살이었을 때 가벼운 주의력 결핍 장애ADHD, ADD 진단을 받았다고 했다. 라라와 남편은 의사의 조언을 받고서 아이에게 리탈린이라는 약을 먹였다. 라라는 그 약으로 아들의 증세가 호전되었고 집중하는 데 도움이 되었다고 회상했다.

그 후 4년간 트로이의 소란스럽고 활기찬 분위기는 여느 어린 남자아이들과 다를 바 없어 보였으므로, 트로이의 부모는 아이의 몸이 자랐음에도 당초의 복용량을 늘릴 필요가 없다고 생각했다. 4년이 지난 후 의사의 안내에 따라 이들 부부는 여름 동안 아이에게 약을 먹지 않게 했고, 트로이는 문제없이 잘 지냈다.

하지만 가을이 다가오자, 라라는 어려운 선택에 마주쳤다. 리탈린을 다시 먹이느냐 안 먹이느냐의 문제가 아니라 트로이의 선생님에게 뭐라고 말하느냐였다. 트로이는 자신의 병력에 대해 아는 사람이 아무도 없는 새로운 학교에 들어가려는 참이었다. 라라는 트로이의 의료 기록을 선생님에게 알려주어야 할까?

한편으로, 라라는 말할 의무가 있다고 느꼈다. 라라와 그녀의 남편은 "아이를 가르치는 사람은 아이에 대해 알아야 한다"라고 굳게 믿었다. 라라는 아이가 제대로 배울 수 있는 환경을 만들어주려면 그래야만 한다고 생각했다. 이들에게 투명성은 마음 속에 깊이 자리 잡은 가치였다. 라라는 직장에서 업무방식의 기준을 개방성과 정직성으로 잡기만 해도 능률이 현저히 향상하는 현상을 보아왔다. 학교라는 환경에서도 마찬가지로 투명성이 중요하리라고 굳게 믿었다.

다른 한편으로, 라라는 아들을 보호해야 할 의무가 있다고도 생각했다. 라라와 그녀의 남편은 사람들이 고정관념을 통해 트로이를 보지 않도록 하기 위해 분투했다. 라라는 의료정보를 이용해서 사람의 성격이나 심리를 추론하는 것의 위험성을 알았고, 사람들이 눈에 보이는 사실 몇 가지를 토대로 그 사람에 대해 얼마나 쉽게 단정하는지도 알고 있었다. 그리고 사람의 마음이 얼마나 빨리 이런 과정에 돌입하는지도 알고 있었다. 그녀는 이렇게 말한다. "사람들은 꼬리표가 붙은 아이를 둔 부모에 대해서 쓴 글을 읽고 이렇게들 말해요. '그런 일이 이렇게 빨리 일어난단 말이야?'라고요. 하지만 아이들에게 꼬리표가 붙는 건 정말 순식간이에요." 라라는 트로이가 이전보다 증세가 호전되었으니 이제 아무 선입견 없이 자신의 능력을 입증할 수 있어야 한다고 생각했다.

● 네 가지 패러다임

사실 라라가 직면한 상황은 두 번째 렌즈 너머에 비치는 빛이라 할 수 있었다. 다시 말해 어려운 결정을 내려야 하는 문제였다. 이 경우는 두 개의 옳은 입장 중 하나를 골라야 하는 전형적인 상황으로, 확고하게 자리 잡은 핵심 가치인 정직성은 그에 못지않게 강력한 가치인 존중과 정면으로 충돌했다. 라라는 이런 관점에서 보면 잘못된 부분을 찾아볼 수 없다는 사실을 알았다. 잘못된 행동을 살펴보는 다섯 가지 검사에서도 잘못된 점은 없었다.

— 라라가 문제를 다루는 환경에서는 폭로나 숨기기가 법적으로 요구되지 않았다.
— 라라에게 정보를 누설하도록 강요하는 학교 규정은 없다.
— 라라는 트로이에 대한 사실을 밝히거나 침묵을 지키는 행위와 관련해서 수상쩍은 냄새를 감지하지 못했다.
— 라라의 사정이 신문에 자세히 난다면, 그녀는 아들의 의료 기록을 설명하는 일이나 불리하게 꼬리표를 붙이는 행위에서 아이를 보호하려는 일에 전혀 부끄러움을 느끼지 않았을 것이다.
— 라라가 상상해보니 자신의 엄마나 가장 가까운 삼촌, 존경하는 은사, 직장에서 매우 존경하는 선배라도 자신이 했던 대로 행동할 것 같았다.

달리 말하면, 라라는 양쪽 입장이 다 옳다는 사실을 알고 있었다. 하지만 한쪽을 선택해야 했다. 학교에 트로이에 대해 사실을 이야기할 수도 동시에 안 할 수도 없었다.

라라는 자신이 마주친 딜레마에 결정하기 어려운 네 가지 측면이 있다는 사실을 발견했다. 라라는 양쪽에서 자신을 동시에 끌어당김으로써 발생하는 네 개의 패러다임을 모두 겪게 되었다.

— 개인 대 공동체
— 진실 대 충실성
— 단기 대 장기
— 정당성 대 자비

내 아이에게 가르쳐주는 첫 정의 수업

이 상황은 무엇보다도 개인과 공동체 중 하나를 골라야 하는 문제인 듯했다. 학교라는 거대한 사회적 집단을 구성하는 교육자, 학생, 학부모, 그 밖의 공동체 구성원을 존중해야 한다는 사실은 명백히 옳았다. 넓은 경계 안에서, 완전하고 활발하게 의사소통이 될 때 공동체가 가장 원만하게 움직일 것이라는 사실도 알기 쉬웠다. 이 원칙은 민주주의의 토대가 된다. 모두가 같은 크기로 목소리를 내려면 공동체와 관련 있는 정보에 평등하게 접근할 수 있어야 한다. 라라의 상황에서 공동체와 관련 있는 정보는, 소란스럽거나 병적으로 산만하지 않고 나쁜 예가 될 만한 행동을 허용하지 않는 학급 분위기 만들기와 관련이 있는 정보였다.

하지만 트로이의 개성을 보호하는 일도 마찬가지로 옳은 일이었다. 트로이는 독특함과 주체성을 인정받아야 하는 한 인간으로서의 존엄성을 보장 받아야했다. 라라가 보기에 한 개인으로서의 트로이의 정신 상태는 건강하고 활발했다. 트로이는 에너지가 넘치며 성격이 밝았다. 라라는 이런 성격이 트로이의 인격에 방해가 되기보다는 그 아이의 자연스러운 일부라고 보았다. 트로이는 과도하고 비정상적이라던 이전의 의학적 상태를 극복하기로 다짐했다. 그리고 라라는 트로이가 부당한 꼬리표를 달지 않고 이전의 상태를 극복하게 해주기로 마음먹었다.

라라는 진실과 충실성 사이에서 발생한 또 하나의 긴장과 마주하고 있었다. 라라는 솔직한 성격이었기 때문에 학교에서 진실을 오해하게 만들고 싶지는 않았지만, 한편으로 아들에 대한 충실성이라는 관점에서 봤을 때 주의력 결핍 장애가 있는 다른 아이들에게 일어난 일들을 두려워하게 만들었다. 진실은 말을 하라고 하고, 반면 충실성은 침묵을 지키라고 할 것이었다. 하지만 진실 대 충실성 패러다임에서의 추론은 라라를 이와 반대 방향으로 이끌 수도 있었다. 라라는 충실성이라는 말을 써서 자신이 선생님들과 긴밀하게 지내며 오랫동안 노력했음을 나타낼 수 있었을 것이고, 이에 반해 꼬리표 붙이기를 좋아하는 인간의 고약한 심보라고 생각했던 것이 이 상황에서 무엇보다도 우위에 있는 진실이었을 수도 있다. 즉 이번에는 충실성을 생각하면 선생님들에게 말을 해주어야 했고, 진실이 나타내는 상황을 생각하면 말을 하지 말아야 했다.

이 문제를 더 복잡하게 만드는 것은 단기적인 측면과 장기적인 측면의 갈등이었다. 이전의 의학적 상태에 대해 아무도 모를 경우 아이에게 발생할 즉각적이고 단기적인 이익을 위해, 주의력 결핍 장애가 재발해서 안 좋은 영향을 미칠 경우에 발생할 복잡하고 장기적인 불리함을 무릅써야 할까? 아니면 이 문제가 장기적으로 다루어진다는 보장을 위해 분명히 한 해 동안 괴롭고 힘들 일을 만들어냄으로써 단기적인 행복을 희생해야 할까? 사실을 모두 밝히는 것이 장기적으로는 확실히 옳더라도, 그렇게 해서 얻을 불이익은 압도적으로 가혹해 보였다.

마지막으로 정당성과 자비 문제는 어떨까? 정당성은 사람들이 일반적으로 기대하는 바와 관련이 있고 자비는 예외와 관련이 있다면, 라라는 이 상황을 특수한 경우로 간주할 수 있었을 것이다. 일반적인 기대는 학부모가 교사에게 모든 사실을 밝혀야하는 것인지도 모른다. 하지만 라라는 분명히 이 경우를 예외로 보는 게 옳다고 느꼈을 것이다. 하지만 이 상황이 정말 예외적인 사례였을까? 라라는 "우리 아이는 세상의 어떤 아이와도 같지 않아요. 우리 아이는 독특하고, 특별한 대우를 받을 만하다고요!"라면서 예외를 주장하는 것이 전 세계 부모들의 공통적인 생각이며 이로 인해 얼마나 분별 있는 판단과 공평함을 뒤틀어놓는지 알고 있었다. 트로이는 다른 대우를 받아야 할까? 아니면 이 문제는 꽤 표준적인 사례인 걸까?

라라는 어떤 결정을 내리고자 했을까? 이렇게 딜레마를 분석할 때 우리가 어떻게 그 광범위한 근거를 만들어냈는지 의식해보라. 하지만 그 근거들이 자연스럽게 두 개의 무리로 나뉘었음에도 주목하라. 이 경우 한 무리는 "모두 말해!"라고 하는 근거들이고, 다른 한 무리는 "조용히 있어!"라고 하는 근거들이다. 라라의 앞에 탁자가 하나 있고 각각 딱지가 붙은 무더기가 두 개 있다고 상상해보자. 한 무더기는 말해야 한다는 주장에 대한 근거들이고, 다른 무더기는 말하지 말아야 한다는 주장에 대한 근거들이다. 패러다임을 적용하기 위해 라라가 해야 할 일은 아무도 보거나 듣지 못했을 정도로 괴상하고 특이한 근거를 제시하지 않기, 그리고 그 근거를 선택의 기반으로 삼지 않기다. 아니, 라라의 목표는 단지 각각의 무더기를 최대한 높게 쌓고 "어느 쪽이 더 높지?"라고 묻는 일뿐이다.

물론 어느 쪽 무더기가 높은가 하는 질문이 그리 중요하지는 않다. 라라는 자를 꺼내서 각각의 주장들을 재보려는 것이 아니다. 이 경우 '더 높다'라는 말은 곧 우월하다는 상징적인 의미다. 비유적으로 말하고 있는 것이다. 라라가 찾는 대상은 도덕적으로 우위에 있는 근거이며 이것을 측정하는 자에는 눈금이 표시되어 있지 않다. 그것은 "이 쪽이 더 옳고, 윤리적이고, 적절해 보여"라고 말할 수 있게 해주는 해결 원칙들의 적용 가능성을 측정한다. 라라에게 필요한 것은, 어떤 방식으로 결정에 도달할지라도 자신의 결정이 지극히 윤리적이라는 보장이다.

● 딜레마를 해결하는 세 가지 원칙

어려운 결정을 내리게 하는 이 렌즈는 부모들이 윤리적이라고 말하는 결정에 도움을 주는 세 가지 해결 원칙을 밝힌다.

—— **결과에 기반하는 원칙:** 철학자들에게 공리주의적 사고라고 알려진 이 원칙은 최대 다수의 최대 행복을 주장한다. 부모와 자녀들은 이 원칙이 분명히 표현된 "모든 사람에게 좋은 방향으로 행동해"라는 말을 오래 전부터 들어왔다. 여러분이 결과를 기반으로 사고하는 사람이라면 행동의 결과, 성과 등이 그 행동의 도덕적 가치를 결정할 것이다. 이 원칙 하에서, 상황이 트로이에게 유리하게 돌아간다면 라라는 자신이 옳은 일을 했다고 믿어도 된다. 반면 모든 일이 틀어진다면 라라는 자신이 형편없는 선택을 했다고 인정해야 할 것이다. 그렇다면 결과에 기반하는 원칙에서는 미래의 가능성을 고려하고 일어날 수 있는 결과를 모두 예견하려는 노력을 통해 의사를 결정해야 할 것이다. 라라가 생각하는 최대 행복을 적용할 최대 다수에 대해 생각해볼 때, 라라는 '다른 아이들' 범주가 '우리 가족'의 범주를 훨씬 초과한다는 사실을 재빨리 인식했을 것이다. 하지만 라라는 모든 사람들(학교)에게 사연을 이야기함으로써 한 사람(트로이)에게 미치는 피해가 극심하고 즉각적이며 또한 장기적이리라는 점을 알 수 있다. 반면에 말하지 않음으로써 다른 아이들에게 발생할 잠재적 피해는 기껏해야 미미한 수준이고, 아마 무시해도 될 정도일 것이다. 한 사람에게 가해질 어마어마한 피해는 다수가 입은 아주 적은 피해의 총합보다 더 클까? 이렇게 공리주의적 계산을 이용하면 라

내 아이에게 가르쳐주는 첫 정의 수업

라는 말하지 않기로 결정할 수 있을 것이다.

—— **규칙에 기반하는 원칙**: 이 기준에서는, 부모들이 보기에 보편화되어 있고 변하지 않는 일종의 관례가 되었으면 하는 행위를 따르도록 권고한다. 임마누엘 칸트Immanuel Kant의 '정언 명령'에서 나온 이 원칙은 "조니, 선생님이 네게 어떤 규칙을 지켜달라고 부탁한다면 그건 다른 아이들도 지켜야 하는 일이야"라는 선생님의 말을 들을 때 모든 아이들이 경험하게 된다. 이 원칙이 라라에게 던지는 질문은 이러하다. "이런 상황에서 세상 모든 사람들이 따랐으면 하는 규칙이 있는가?" 엄마로서, 라라는 투명성과 진실을 공유하는 미덕을 신뢰한다. 기업의 경영진으로서는 관리자들이, 또는 이 사례에서 보면 트로이를 가르치는 선생님들이 모든 관련 정보에 접근해야 한다는 사실을 이해한다. 따라서 규칙은 이렇게 된다. "결과에 상관없이 언제나 진실을 말하라." 이 규칙에 기반하는 접근법에서 도덕성을 결정하는 요인은 행동에 내재하는 동기, 규칙, 의무다. 칸트가 주장하기를, 동기, 규칙, 의무가 옳았다면 결과가 어떻게 드러나든 올바르게 행동했을 것이라고 했다. 규칙에 기반하는 원칙을 따른다면 라라는 다음과 같이 주장할 수 있다. 부모들이 자녀에 대한 중요한 정보를 갖고만 있는 세상은 결국 정보가 숨김없이 공유되는 세상보다 살기가 더 어려워질 것이다. 그렇다, 내 아들이 받을 피해는 클지도 모른다. 하지만 이 일은 내 아들보다 훨씬 커다란 층위의 진실 그 자체에 대한 문제다. 그러므로 이 원칙에 따르면 라라는 아들에 대한 이야기를 하기로 마음먹을 것이다.

—— **배려에 기반하는 원칙**: 황금률로 널리 알려진 이 원칙은 우리가 타

인에게 대접받기 원하는 대로 타인에게 해주라고 한다. 꼭 기독교인이나 성경이 아니더라도, 이 원칙은 세계 모든 문화와 종교의 핵심에 내재되어 있다. 사실 지금 세대의 부모들은 대개 유치원에서 이런 말을 들으면서 이 원칙을 처음 접했을 것이다. "프레디, 키미가 너를 그 자로 때리면 기분이 어떻겠니?" 이 원칙은 입장을 바꿔 다른 사람의 눈으로 세상을 바라보는 가역성이라는 기준을 적용한다. 만일 '타인을 대하기'가 '우리 아이를 대하기'라는 의미라면, 부모들은 아이의 입장에 서서 아이가 어떻게 대접받기를 원하는지 물을 수 있다. 하지만 '타인'이 선생님, 아이와 가장 친한 친구의 엄마를 의미한다면 어떨까? 라라는 이렇게 말할지도 모른다. 내가 선생님이라면 당연히 모든 정보를 밝혀주기 바라겠지만, 내가 트로이라면 몇 가지 정보만으로 성급히 내린 잘못된 판단에서 보호받고 싶을 것이다. 이 원칙은 라라가 어느 쪽에서든 주장을 펼칠 수 있게 해준다. 하지만 황금률을 실제로 적용할 때 '타인'은 자신과 가까운 사람이거나 당장 괴로움을 당하는 사람일 경우가 많기 때문에, 라라는 '타인'을 트로이로 설정할 것이다.

라라의 사례가 보여주듯, 이 세 가지 원칙은 종종 상충하는 답을 제공하기도 한다. 여기서, 어떤 원칙은 라라를 진실을 말하는 공동체의 요구 쪽으로 끌어당긴다. 다른 원칙은 충실함과 개인의 요구 쪽으로 끌어당긴다. 세 번째 원칙은 둘 중 어느 쪽으로든 끌어당길 수 있다. 결국 라라는 가장 옳다고 생각하는 쪽에 무게를 두고 결정을 내릴 것이다. 라라는 즉각적인 직관을 통해서 결론에 도달했을 수도 있고, 심오한 도덕적 추론을 통해서 결론에 도달했을 수도 있다. 하지만 어느 쪽이든 이 해결 원칙들은 라라가 새로운 명확성과 자신감으로 결정을 내릴 수 있도록 도와줄 것이다. 또한 다른 사람들이 라라에게 말할 일이 생긴다면 "음, 당신 결정에 동의할 수는 없지만 윤리적 결정을 하셨다는 점은 부인할 수가 없네요."라고 말할 수 있도록 의사 결정의 근거를 사람들에게 이해시키는 데 도움이 될 것이다.

● 라라의 딜레마 해결 방법

그럼 라라는 어떻게 했을까?

딜레마의 양쪽 편을 저울질해본 라라는 남편과 함께 주의력 결핍 장애에 대해 아무 말도 하지 않기로 의식적인 결정을 내렸다고 했다. 학년 초에 처음으로 학부모 면담에 간 라라는 선생님이 아이를 극찬하는 말을 듣고 기뻤다. 선생님은 트로이가 잘해 나가고 있다고 말했고, 트로이의 성적이 좋으며 모두들 트로이와 같은 반이 되어서 기뻐한다고 덧붙였다.

라라는 기분이 좋아서, 트로이가 여름 내내 리탈린을 먹지 않았다고 시인했다. 그 한마디가 모든 변화의 시작이 되었다. 그 말이 입에서 튀어나오자마자, 라라는 선생님의 얼굴이 갑자기 믿을 수 없이 묘한 얼굴로 변해가는 모습을 지켜 보았다. 라라는 이렇게 회상한다. "선생님이 고개를 젓더니 '아, 트로이에게 왜 그렇게 문제가 많았는지 이제야 이해가 가는군요!'라고 말했어요." 그 일을 계기로 트로이에게는 '문제아'라는 꼬리표가 붙었다고 한다. 그해 내내, 라라는 트로이의 수행에 대해 꾸준히 통지를 받았으며 "모든 상태가 나빠지고 있습니다"라는 메시지를 받았다.

오늘날까지도 라라는 이렇게 말했다. "저는 선생님이 꼬리표를 붙이기로 결정했다고 확신해요. 트로이가 그냥 평범한 아이인지 아닌지는 중요하지 않았어요. 선생님의 마음속에서 트로이는 절대 평범한 아이가 아니라 '다시 약을 먹어야 하는 주의력 결핍 장애아'였어요."

그다음 해에 트로이는 전학을 갔다. 그리고 그 일 이후로 라라는 학교에 아무것도 말하지 않았다고 한다. 라라는 트로이가 자신의 난제를 의식하고, 예전에 집중하기 어려웠던 적이 있었다고 말하고 함께 이야기를 나눈다고 덧붙였다. 하지만 라라는 트로이가 약 없이 그 상황을 다스리는 법을 배우고 있다고 말한다. 그녀는 이렇게 결론을 내렸다. "그건 앞으로 나아가려는 힘든 싸움이었어요."

하지만 그 싸움은 과연 윤리적이었는가? 트로이의 존엄성을 현명하게 방어한 일이었을까, 아니면 교육상 기대되는 사항들을 일부러 따르지 않았던 것일까? 이 질문의 답은 양쪽 입장의 도덕적 주장을 어떻게 바라보느냐에 달려 있다. 라라는 개인보다 정형화된 고정관념을 보게 되는 모든 인간의 성향, 심지어 별다른 악의가 없는 교육자에게도 있는 이런 성향에 대해 강경한 태도로 대처했다. 어떤 사람들은 라라가 부모라면 마땅히 해야 할 행동을 했다고 보기도 한다. 모든 부모가 아이의 선생님과 의료기록을 공유해야만 한다고 주장하는 사람들도 있다. 이들은 행동의 결과가 어떻게 나오느냐보다(결과는 '양호함'이었다) 모든 이가 따라야 하는 것으로 보이는 원칙에(정보의 철저한 공개) 윤리적이냐 아니냐가 달려 있다고 한다.

물론 실제 생활에서는 단 몇 페이지에 걸친 분석에서 포착할 수 있는 요인보다 훨씬 많은 영향을 받아 결정을 내리게 될 것이다. 이 선택에 따라 평생의 인간관계의 형성이나 인생의 함축성이 달라진다.

내 아이에게 가르쳐주는 첫 정의 수업

하지만 가까이에 준비된 도구들을 이용하면 이 사례처럼 정말 난처한 딜레마라도 분석하고 해결하고 설명할 수 있을 것이다. 여기서 살펴본 체계들을 제대로 적용한다면 여러분은 하루를 마치면서 이렇게 말할 수 있게 될 것이다. "난 옳은 일을 했다고 생각해. 그 이유는 바로……" 아이를 기르면서 이보다 더 만족스러운 일은 드물다.

윤리적 딜레마 해결하기

- 아이들이 성장하고 발달하는 동안, 대개 직관이 이성보다 먼저 나타난다. 그리고 직관과 이성은 서로 반대 방향으로 밀고 당길 때가 많기 때문에 부모들은 자녀가 적절한 균형을 찾도록 도와주어야 한다.

- 가끔 모든 사람에게 모든 일을 말하지 않는 쪽이 옳을 때도 있다. 이는 절반뿐인 진실을 말하는 것과 다르다. 진실을 공유한다는 것은 훌륭한 일이지만 자유로운 선택의 문제다.

- 상황을 자세히 분석할 시간을 마련하고 네 가지 패러다임을 이용하라. 패러다임은 선택하기 어려운 문제에서 명확하게 선택하는 데 도움이 되며, 여러분이 무엇에 직면했는지를 보여준다.

- 분석은 해결이 아님을 기억하라. 그리고 세 가지 해결 원칙인, 결과 기반, 규칙 기반, 배려 기반 원칙은 여러분의 직관을 설명하거나 기각하는 데 도움이 된다.

사소한 일도 엄격하게 다스리기

라라의 사례에서 결정을 내리게 하는 어떤 명확한 법이나 규정 체계는 없었다. 이 경우의 결정은 순수하게 윤리적이었다. 하지만 이제 이야기할 존의 경우에는 결정이 그리 쉽지 않았다. 그는 정말로 원치 않는 전화를 걸어야 하는 상황에 처했다.

어느 월요일 이른 아침, 사무실에 일찍 도착한 존은 토요일 밤에 댄스파티가 열렸던 체육관 앞 잔디밭을 흘낏 보았다. 존은 몇 년 전 이 남자 사립학교에 교직원으로 들어왔고, 유서 깊은 중소 도시의 명망 있는 기관에 소속된 자신을 자랑스러워했다. 처음부터 교감 직책을 맡았던 그의 책무에는, 여자 사립학교와 합동으로 매년 열리는 댄스파티에서 아이들을 보호하는 역할도 포함되었다.

파티가 열린 토요일 저녁, 파티장을 거닐면서 존은 많은 학생들과 즐겁게 간단한 대화를 나누었다. 그 학생들은 대부분 존이 잘 아는 아이들이었다. 그는 체이스와도 만나 반갑게 인사를 나누었다. 체이스는 열네 살짜리 소년들의 대표로, 느긋하고 상냥한 성격이었으며 기지가 넘쳤다. 반에서 수석인 것도 아니었고 미식축구 팀의 주장도 아니었지만, 체이스는 모범적인 학생이었으며 운동도 아주 잘했다. 외모도 준수한 데다 예의바르기까지 해서, 존은 그를 '남부의 매력남'이라고 불렀다. 동료 교사들 사이에서 체이스는 평판이 좋은 아이로 통했다.

하지만 체이스와 대화를 나누던 존은 체이스에게서 술냄새가 난다고 느꼈다. 음주는 학교에서 명백히 금지하는 일이었고, 이 학교에는 엄격한 명예규범 honor code이 존재했고 교내 음주가 두 번 이상 적발되면 학교에서 내보내는 교칙이 있었다. 존은 그 규칙을 잘 알았고, 학교의 최고 규율담당자로서 어느 학기에든 한 번 경고를 받은 소수의 학생들을 마음속으로 정확하게 기록해두고 있었다. 다행히도 체이스는 그 목록에 없었다. 이 학교에서 '내보내다'라는 말은 말 그대로 퇴학이라는 의미였다. 이 규칙은 아주 엄격해서 존도 이 기준이 적용된 사례를 본 적이 있었고, 결과적으로 그런 학생은 대개 학교를 떠나서 돌아오지 못했다.

술에 대해 캐묻자, 마침내 체이스는 데이트 상대가 가져온 휴대용 술병에 든 술을 마셨다고 고백했다. 존은 유감스러웠지만 조금도 망설이지 않고 두 명을 일찍 집에 들여보냈다. 하지만 그날 밤에는 별다른 조치를 취하지 않았다. 이번이 첫 번째 위반행위이기도 했고, 체이스의 부모와 해결해야 할 일이기 때문에 다음 주까지는 기다려야 했다.

● 원칙의 이면

하지만 이제 월요일이 되었으니 존은 이 상황을 체이스의 엄마 텔리에게 설명해야 했다. 텔리에게 전화를 건 존은, 학교 명예규범의 오랜 역사에 대해 늘어놓고 나서 금주 규칙이 이 명예규범 체계에 들어맞는 이유를 설명했다. 존은 음주가 두 번 적발되면 처벌받는다는 규정을 언급하고, 체이스가 통고를 받기는 했지만 쫓겨나지는 않을 것이라고 못박았다.

정말 다행히도 텔리는 화를 내거나 방어적인 태도를 취하지 않았다. 그러는 대신 미안해하고 감사했으며 호의적인 태도를 보였다. 그러나 너무 호의적이었던 나머지 최근에 체이스와 나누었던 대화에 대해서 이야기하기 시작했다. 파티가 열리기 몇 주 전에, 친구가 술한 병을 학교 사물함에 넣어놨다가 자기에게도 마시게 했다는 이야기였다.

텔리가 그 이야기를 꺼낸 순간, 존은 가슴이 철렁 내려앉았다고 했다. 그는 이 일이 앞으로 어떻게 될지 알고 있었다. 존은 속으로 이렇게 말했다. '왜 나한테 이런 얘길하는 거지? 알고 싶지 않은데!' 존이 그 일을 몰랐다면 위반행위는 댄스파티에서 한 번뿐이었지만 별안간 두 번이 되버렸다. 처벌이 불가피해졌다. 교칙대로라면 바람직한 대학 생활을 앞둔 훌륭한 젊은이가 갑자기 학교에서 쫓겨날 판이었다.

잠시 시간을 두고 생각해보기 위해서, 존은 탤리에게 솔직히 말해줘서 고맙다는 인사를 하고 다시 연락하겠다고 말했다.

여러 가지가 겹친 이 일에서 핵심 인물은 두 명이었다. 학교 행정 담당자인 존과 부모인 탤리였다. 탤리에 대해서는 곧 살펴보기로 하고, 먼저 존에 대해 말해보자. 존은 이 상황이 옳은 입장끼리 대립하는 옳음 대 옳음의 딜레마라는 사실을 알 수 있었다. 규칙을 따르는 일도 옳았지만 체이스를 학교에 남겨두는 일도 옳았다. 존은 어떻게 해야 했을까? 그가 처한 상황은 진실과 충실성이, 정당성과 자비가 겨루는 상황이었다.

한편으로, 존은 어느 모로 보나 체이스에게 벌을 줄 만한 이유가 있었다. 이 아이가 두 번째 위반행위를 저질렀다는 점은 명백한 진실이었다. 비록 선동자는 아니었지만 체이스는 두 번 다 자발적으로 위반행위에 공모했다. 존이 이 일을 정당성과 책임감 문제로 보고 크게 혼을 내야 하는 방향으로 상황이 흘러가고 있었을까?

다른 한편으로, 존이 이전의 실수를 알게 된 것은 오직 탤리가 솔직했기 때문이었다. 탤리가 정직함에 대한 보상으로 아들의 미래에 중요한 영향을 미칠 수 있는 엄청난 불이익을 받았다는 사실이 알려진다면, 그 일이 다른 학부모들에게 어떤 신호가 되겠는가? 탤리가 전례가 된다면, 어떤 부모가 정말 중요한 문제를 학교 행정부에 이야

내 아이에게 가르쳐주는 첫 정의 수업

기해주려고 하겠는가? 학부모들이 도움을 구할 때마다 처벌을 두려워하게 되지 않겠는가? 존은 텔리의 충실성과 도움에 빚을 진 것이 아닌가? 벌을 주어야 하는 일이지만, 정황상 유연한 관대함이 필요한 사례는 아닌가?

● 규범이 혹독할수록 아이들의 탈선이 줄어들까?

존의 문제는 일련의 규정에 꼭 붙잡혀 있다는 점에 있었다. 이 규정에는 창의성을 발휘할 여지가 거의 없어서, 존은 도움의 손길을 내려달라고 하늘에 소리치고 싶을 지경이었을지도 모른다. 구약성경에 나오는 다니엘과 사자굴 이야기의 다리우스 왕처럼, 존은 자신이 나쁜 정책의 덫에 걸린 선한 왕 같은 기분이었다.

다니엘은 다리우스 왕 밑에서 총리로 일했다. 그를 시샘한 다른 신하들은 다리우스 왕 외에 다른 대상을 경배하는 사람을 처벌하라는 법령을 만들고 그 법령의 내용을 바꿀 수 없게 한 후, 왕에게 인가를 내려달라고 설득했다. 종교를 가장 우선시해서 매일 예배를 계속했던 다니엘은 고발당했다. 왕은 친구인 다니엘을 구하기 위해 백방으로 애썼지만, 자신이 승인한 법령 때문에 어쩔 수 없이 다니엘을 사자에게 던져주었다. 물론 뒤로 갈수록 이 이야기는 용기와 훌륭한 행동, 응분의 처벌에 대해 전형적으로 묘사한다. 사자는 입을 다물었고 다니엘은 구출되었으며, 다니엘을 고발했던 사람들이 그대신에 사자굴에 던져진다. 존은 생각했다. 그래, 나쁜 정책이야. 하지만 신적인 존재가 나타나지 않더라도 분명 해결책이 있지 않을까?

존의 생각에 문제는 '내보내다'라는 말을 학교에서 정의하는 방식에 있었다. '내보내다'라는 말이 퇴학을 의미해야 했는가? 이런 의미여야 하지 않았을까? "규정을 두 번 위반하면 즉각 처벌을 받음은 물론이고, 예상보다 훨씬 가혹한 처벌을 받게 된다." 야구의 삼진아웃 규칙에서 따온 이 규칙이 원조 규칙만큼 귀에 쏙 들어오지는 않는다는 점은 인정한다. 문제는 이 규칙이 원래의 비유적 의미에 어긋난다는 점이다. 야구에서 아웃은 선수가 타석에서 물러났다가 나중에 다시 들어간다는 의미다. 학교에서는 이 아웃이 의미하는 바를, 학생의 인생을 바꿀 수도 있는 절망적인 내용으로 바꾸어놓았다. 아마도 이 말을 썼을 때 충분히 고려해보지 않았을 것이다.

하지만 버지니아 주에 있는 버지니아 군사학교와 같이, 규칙을 한 번만 위반해도 처벌한다는 규정이 있는 곳도 있다. 이 학교에서 명예규범을 위반한 사람에게는 유일한 처벌인 퇴학 처분을 내린다. 이런 학교들은 높은 규범 준수율을 들먹이며, 끊임없이 명예규범에 초점을 맞추고 처벌을 고집스럽게 실시하며 재학생이라면 당연하게 이 규범을 고수하는 문화를 만들어냈다고 주장한다. 이 학교의 학생들은 입학 전에 명예규범을 지키겠다는 서약에 서명을 하고, 스스로 엄격하게 규범을 따른다.

러트거스 대학의 교수 도널드 맥케이브Donald McCabe는 명예규범에 관해 세 번에 걸쳐 조사함으로써 이 분야에 대한 철저한 분석 결과를 내놓았다. 맥케이브 교수는 예전에 발견한 사실들과 최근의 자료를 비교하기가 점점 어려워지고 있다고 본다. 그 이유는, 오늘날의 학생들이 부정행위를 너무 당연하게 생각해서 사고방식에도 부정행위가 있었을지 모르므로 부정행위를 야기하는 진짜 요인을 확인하기 어렵기 때문이기도 하다. 하지만 맥케이브 교수는 명예규범을 옹호하는 이유를 두 가지로 본다. 명예규범이 엄격한 학교에서 부정행위를 하는 학생들은 부정행위가 적절한지 아닌지에 대해 진지하게 대화를 할 수밖에 없다고 한다. 결과적으로 학생들은 부정행위를 하고자 하는 유혹을 받을 때마다 선택에 마주치게 된다. 이런 연습은 학생들이 막연한 생각 속에서 현실로 돌아와서 더 나은 결정을 하도록 도와준다고 한다.

맥케이브 교수의 자료에 따르면 명예규범이 있는 학교에서의 부정행위가 명예규범이 없는 학교에 비해 약간 적다고 나타나지만, 실제로는 차이가 더 클지도 모른다. 부정행위 여부를 묻는 조사에서 거리낌 없이 거짓말을 하려고 하는 성향(부정행위를 했지만 안 했다고 응답하려는 성향)은 명예규범이 있는 학교의 응답 수치가 명예규범이 없는 학교보다 정확하다는 사실을 의미할 수 있으며 실제로는 부정행위를 하는 학생 수가 더 크게 차이날 수도 있다고 한다. 맥케이브 교수는 실제적인 증거가 없으면 그렇게 말할 수 없다고 언급하면서, 그럼에도 불구하고 자신은 부정행위를 줄이기에 위한 전략으로 명예규범을 지지한다고 말한다.

하지만 훌륭한 규정은 악의 없는 학교 행정 관리자에게 융통성을 주어서도 안 되는 것인가? 윤리의 영역에서 보면 각각의 사례는 조금씩 차이가 있기 마련이지 않은가? 유일한 처벌이 퇴학뿐이라는 관리 방식이 실제로 공정할 수가 있을까? 존이 체이스의 사례를 고찰해보는 동안 이런 질문이 계속 떠올랐다. 존의 생각에, 정당성을 재단하려면 당연히 행동에 대한 기대치를 세울 필요가 있었다. 위반에 대한 제재는 명확하고 단호하며 평등하게 적용되어야 한다. 하지만 예외도 고려해야 하지 않는가? 체이스의 사례는 단순히 자비를 바라는 경우가 아니지 않았는가? 학교 방침은 윤리학의 옳고 그름의 시각에 빠져서, 두 개의 옳은 입장 사이에서 갈등하는 학교행정 관리자가 어려운 선택의 문제에 부딪혔다는 사실을 망각하지는 않았는가?

하지만 명예규범 지지자는 다음과 같은 주장을 할 수 있다. 예외를 만들자는 의견이 나오는 이유는 이 규범이 충분히 효과적으로 강화되지 않았고 잘 알려지지도 않았으며 권위를 갖지 못했을 때 뿐이다. 만약 규범이 효과적이고 잘 알려진 데다 충분히 하나의 규칙으로 권위를 가지고 있었다면, 체이스가 사물함 사건에 대해 말했을 때 탤리가 촉각을 세울 일도 없지 않았을까? 또, 탤리가 체이스의 행동을 나무라고 친구와 함께 그 행동을 당장 그만두지 않으면 심각한 결과가 나오리라고 경고함으로써 학교의 규범 시행체계를 따르는 것으로 작용하지 않았을까? 같은 맥락에서 체이스도 데이트 상대가 가져온 술을 단호하게 거절하고, 다른 남학생들의 학교생활을 잠재적으로 위험에 빠뜨릴 뻔했던 그 여학생을 나무라기까지 하지 않았을까? 이 명예규범을 지키지 않았을 때의 위험을 학생들에게 지속적으로 상기시켜야 한다고 주장하기 위해, 엄격한 명예규범을 지지하는 사람들이 체이스의 사례를 이용했을 수도 있지 않은가? 이들은 규칙을 건성으로 지키게 하는 문화를 만들어내는 나약한 의사소통 프로그램이 엄격한 명예규범과 결합했을 때 최악의 조합이라고 주장하지 않았을까? 최악의 조합은 엄격한 명예 규범, 사소한 위반행위까지 잡아내는 불시의 단속에 더해 규칙을 건성으로 지키는 문화를 만들어내는 의사소통 프로그램이 합쳐진 결과라고 주장하지 않을까?

분명히 존에게는 해결해야 할 난제가 있다. 하지만 그것은 탤리도 마찬가지다. 이 상황에 탤리는 부모로서 어떻게 행동해야 할까? 어떻게 보면 이미 해결책이 그녀의 손을 떠나 역량 밖의 문제가 되었을 수도 있다. 또한 탤리는 자신이 무심코 야기한 사건의 무서운 결과를 기다리든지 아들을 지켜주기 위해 학교에 맹렬한 공격을 퍼붓든지 둘 중 하나를 선택해야 하는지도 모른다. 하지만 사실 여기에는 부모들이 가끔 간과하는 제3의 해결책이 있다. 즉 제대로 된 추론을 통해 도출된 냉철한 도덕적 주장의 힘이다.

여기서의 핵심은 '도덕적'이라는 단어다. 할 수 있는 일이 법률적 주장밖에 없다면 탤리는 학교 행정 관리자뿐만 아니라 법률 고문과도 이야기하지 못한다는 점을 깨달을 것이다. 만일 개인적으로 변호사를 써서 자신을 변호한다면 이기게 되더라도 너무 큰 희생을 치르게 될 수 있었다. 아마 그렇게 되면 체이스는 학교에 남도록 허락을 받더라도 학교에서 환영받지 못하는 손님이 되어 있을 것이다. 그대신 탤리가 정치적 방식을 선택한다고 해보자. 탤리는 자신의 편을 들어줄 영향력 있는 학부모와 재단 이사를 모아서 존을 무력화하려고 하거나 심지어 그를 직책에서 물러나게 하려고 애쓸 수도 있다. 역시 이길 수는 있지만 엄격한 금주 규정을 지지하는 사람들에게 반감이 남는다는 대가를 치러야 한다. 마지막으로, 탤리가 경제적 접근법을 택한다면 어떨까? 만일 탤리가 학교에 재정적 공헌을 하지 않겠다고 위협하고 다른 부모들에게도 이와 똑같이 행동하도록 부추긴다면, 탤리는 자신들보다 훨씬 재력이 있는 상대와 맞닥뜨릴 위험을 항상 무릅쓸 수도 있다. 그 상대는 학교 행정부 편에 서서 탤리의 싸움을 헛되게 만들 수 있다.

그러는 대신 도덕적 주장은 이 문제를 가지고 "어느 쪽이 이기느냐?"가 아니라 "어느 쪽이 옳은가?"라는 근본적인 질문 앞으로 데려다 준다. 도덕적 주장은 학교의 공동체라는 전체의 깊은 동기에 호소하면서, 옳고 그름이라는 양 극단의 주장을 옳음 대 옳음의 영역으로 옮긴다. 그렇게 되면 탤리는 어느 한편이 악의가 있고 규범을 시행할 자격이 없으며 비논리적인 추론을 한다는 사실을 입증하는 주장을 세울 필요가 없다는 사실을 발견하게 될 것이다. 또한 다른 사람에게 불필요한 인신공격을 가할 필요도 없을 것이다. 탤리는 사람들과 인격이 아니라 개념과 원칙 수준에서 토론을 해나갈 수 있다. 전체 논의를 어렵게 만드는 요인이 '옳음 대 옳음'이라는 논쟁의 본질에 있다는 사실을 인식한다면, 탤리는 옳고 그름의 방법론을 사용해서 문제를 다루려는 충동을 느끼지 않음과 동시에 언제든 가치에 기반을 둔 추론으로 근거를 삼을 수 있을 것이다.

현실적으로 도덕철학 박사가 아니고서야 탤리나 여느 엄마들이 그렇게 할 수 있을까? 물론이다. 하지만 탤리는 14년 동안 조금씩, 체이스와 함께 정확히 이런 대화를 해왔다는 것을 알 수 있다. 어떻게 알 수 있는가? 첫째, 존이 전화했을 때 탤리가 윤리적 문제에 대한 학교의 확고한 입장을 선뜻 받아들였다는 것은 그녀가 "어느 쪽이 옳은가?"라는 질문에 익숙하다는 사실을 암시했다. 둘째, 체이스가 엄마에게 첫 번째 음주 사건을 털어놓았다는 사실은 그 둘의 관계에 대해 많은 것을 말해준다. 체이스는 엄마에게 혼이 날 것이라고 예상했을지도 모른다. 엄마가 술을 가져온 친구를 주로 비난하겠지만 자신도 꾸중을 들을 수 있다는 것쯤은 알았을 것이다. 하지만 체이스는 이 대화가 감정적이고 비난하는 식으로 흘러가기보다는 침착하고 논리적으로 이루어지리라는 점도 예상했다. 하지만 안타깝게도 여느 가정에서는 10대 아이들이 부모에게 이런 이야기를 절대 하지 않는 것이 보통인 경우가 많다. 체이스네 집에서는 이와 사정이 달랐고, 그 차이 덕분에 탤리는 존과 함께 음주나 학교 교칙, 아이의 미래에 대해 더 광범위한 대화를 나눌 준비가 되어 있었다.

● 혼자서 어렵다면 자문 구하기

이 문제에 대해 존과 이야기할 준비를 할 때, 탤리는 윤리적 의사 결정을 하기 위해 중요한 규칙 하나를 마음에 새길 필요가 있다. 바로 혼자 힘으로 하지 말라는 규칙이다. 윤리는 혼자서 살아가는 사람이 아니라 공동체에서 살아가는 사람들을 위한 것이다. 우리가 가장 흡족한 결정을 내릴 때는 외딴 산꼭대기에 있을 때나 혼자서 카약을 탈 때가 아니다. 그런 일은 다른 사람들과 함께 있을 때 일어난다. 대개 부모들은 이런 사례와 같은 문제를 두고 고심할 때 다른 사람들과 힘을 모을 수 있고, 자신을 도와줄 사람들이 주변에 몇 명 있기도 하다. 이 사람들은 다양한 연령과 관점을 대표할 수 있다. 누구든 가장 도움이 되는 사람은 교육, 윤리 문제에 관심이 있고 탤리와 애정 어린 관계를 맺고 있는 사람일 것이며, 이들은 탤리가 원하는 만큼 풍부하고 명확한 대화를 나눌 것이다.

탤리가 실제로 이 문제를 어떤 식으로 자세히 살펴보았는지에 대한 자료는 나에게 없지만, 우리가 했던 방식으로 문제를 생각해보자. 우리의 주간 회보인 〈윤리 뉴스라인Ethics Newsline〉에서 존의 딜레마에 대한 견해를 밝히고 독자들에게 반응을 요청했다. 미국과 캐나다 전역에서 보내온 이메일을 통해, 우리는 탤리가 주변에 도움을 구했을 때 대략 어떤 말을 듣게 되었을지 짐작할 수 있다.

첫째, 사립학교의 인적 네트워크에 조언을 구했다면 탤리는 어떤 점을 알게 되었을까? 미국 사립학교 협회National Association of Independent

Schools의 회장 패트릭 바셋Patrick F. Bassett은 "존이 마주친 딜레마는 겉에서 보기보다 복잡하다"라고 말하면서 이렇게 적는다.

많은 사립학교들은 저마다 다양한 징계 방식을 채택한다. 규정을 한 번 위반했을 때 처벌하는 학교가 일부 있고, 대개는 두 번 위반했을 때 처벌하며, 세 번 이상 위반했을 때 처벌하는 학교도 있다. 이것은 모두 해당 학교의 사명, 문화, 분위기, 가치와 관련이 있다.

세계윤리연구소의 설명문을 이용해서, 사립학교에서는 학교의 일상적인 상태를 토대로 하여 배려하는 원칙(자비)과 보편적인 원칙(정당성)을 놓고 숙고한다. 하지만 특히 규정을 한 번이나 두 번 어겼을 때 처벌하는 학교의 경우, 학교 방침에서는 어른들과 마찬가지로 청소년들이 실수를 하기는 하지만 교정에서 약물을 판매하는 등 용인할 수 없는 실수도 있다는 점을 인정한다. 이런 행동은 자기수양과 같은 더 광범위한 가치를 어긴 것이며 같은 가치를 공유하는 가정을 모으려는 학교 공동체의 필요성과도 어긋나기 때문이다.

더 엄격하고 일관성 있게 제재를 가하는 학교에서는 다음 두 가지 의견을 지지한다.

1. 처벌이 가혹하다는 확실한 사실은 '범죄'를 예방하며 또래 문화에서 '잠재적 동조자'가 입버릇처럼 하는 평계를 통해 제재를 활용할 수 있게 한다. "안 돼, 학교에서 쫓겨나면 우리 엄마 아빠가 날 죽일 거야!"
2. 순전히 감정적인 부모의 반응("이렇게 성적이 좋은 우리 애한테 어떻게 이렇게 대할 수 있죠?")과 학생의 반응("학교에서는 우리가 얼마나

내 아이에게 가르쳐주는 첫 정의 수업

압박을 받는지 몰라.")은 제재 체계의 상위 목적과 관련이 없다. 여기서 상위의 목적은, 공동체의 기대에 부응하는 강력한 신호를 보냄과 더불어 행동을 명확하고 확고하게 이끌어주는 데 있다.

중요한 사항이 걸린 상황에서는 전해들은 이야기를 규정 위반으로 치지 않으며 학교 당국이 발견한 직접적 증거만이 의미가 있다. 존의 딜레마는 이 사실을 학교 행정 관리자가 인식함으로써 해결될 수 있다.

다른 사립학교 교육자에게 좀 더 조언을 구한다면 탤리는 다음과 같은 이야기를 재차 확인할 수 있을 것이다. 뉴욕에 있는 버클리 스쿨 Buckley School의 교장인 존 로즌샤인 Jon Rosenshine은 이렇게 적는다.

나는 두 번째 규칙 위반이 첫 번째 규칙 위반에 소급해서 뒤따라올 수 없다는 사실을 이해해야 한다고 생각한다. 달리 말해 첫 번째 규칙 위반을 인정하려면 제재의 결과나 논의과정, 학생에 대한 지지가 있어야 한다. 학생이 그 상황을 내면화할 기회를 얻고 그 사건에서 무언가를 배웠을 가능성이 존재한 후에야 두 번째 규칙 위반에 책임을 질 수 있다.

하지만 이 조정 과정에서도, 징계의 실질적 목적을 해치면서까지 규칙을 따르게 할 정도로 학교 방침이 엄격하고 신속할 필요는 없다는 데 동의한다. 징계 문제에서 발생하는 논의를 진행할 때는 절차와 본질의 상호작용을 인지해야 한다. 규칙을 어긴 학생과 상황은 저마다 다른데 문제를 해결할 때 절대적으로 일관성을 고수하다 보면 어떻게든 불공정한 쪽으로 기울게 된다. 이런 점 때문에 학교 행정부는 어디까지가 불공정하고 어디까지가 일관성 없는 것인지 판단해야 할 문제를 안게 되지만, 부적합한 처벌을 가하지 않기 위해서 싸울 만한 가치가 있는 문제다.

따라서 나라면 이 사례에서 규칙 위반에 대한 학부모의 시인을 첫 번째 규칙 위반을 보충하는 사항으로 다루고, 사물함 사건과 댄스파티 사건을 함께 다룰 것이다. 우리가 이 두 사건을 동시에 알게 되었기 때문이다. 또한 학생의 엄마에게 분명히 알려주고자 하는 사실은 학교에 이야기를 함으로써 첫 번째 위반행위의 파급효과가 현저히 악화되지는 않는다는 점이다. 그렇지 않다면, 그것은 그녀의 신뢰를 저버리는 큰 실수일 것이다. 징계의 결과는 이런 문제에 대한 논의가 이루어지고 일정한 조치나 조언이 제공된 이후에 따라올 것이며, 이 과정이 모두 진행된 후에만 두 번째 규칙 위반이 일어날 수 있을 것이다.

이런 주장들을 정리하듯, 탤리는 미네소타 주 세인트폴에 있는 햄린 대학의 데이비드 카이저David Kaiser 같은 사람의 말을 들어볼 수도 있다. 그는 이렇게 적는다. "존은 학교 방침이 사명, 이상, 가치 같은 궁극적인 목적을 뒷받침하려는 의도로 제정되었다는 사실을 상기해야 한다. 만약 삶이 로봇처럼 그저 기계적으로 움직인다면 학교 방침도 마찬가지로 기계적일 것이고, 관리자도 로봇으로 대체될 수 있을 것이다. 하지만 삶은 복잡하고 역동적이며, 의사결정은 지극히 인간적인 일이다. 따라서 존은 해당 기관(학교)과 그 구성요소의 궁극적인 의도에 따라 의사를 결정해야 한다. 그리고 그는 학교 방침이 기계적이지 않고 인간적이고 인도적이 되도록 방침을 고쳐야 한다."

교육자들의 의견에 더해, 탤리는 문제의 양쪽 입장에 있는 학부모

내 아이에게 가르쳐주는 첫 정의 수업

들의 이야기를 들어볼 수도 있다. 메인 주에 사는 마이클 데밍이라는 사람은 엄격한 방침의 준수를 강력하게 지지할 것이다. 그는 이렇게 적는다. "존이 들은 두 가지 사건은 사람들이 하는 대로 따라서 행동하거나 잠재적으로 심각한 알코올 중독이 될 수 있는 경향을 분명히 보여준다. 두 사건 모두 체이스가 '보는 사람이 아무도 없다'라고 생각했을 때 일어났다. 어떤 일이 한 번은 우연히 일어날 수 있지만, 같은 일이 두 번 일어나면 경향이나 추세를 형성하며, 경향은 곧 삶의 방식이 된다. 따라서 윤리적 딜레마는 없다. 학교 방침의 목적은 처벌 자체가 아니라 이런 사건을 은근히 눈감아 주거나 잠재적으로 승인하지 못하도록 하는 데 있다. 생각이 깊은 지도자라면, 실제 생활에서 하는 행동에는 좋든 나쁘든 결과가 따른다고 가르친다. 예외는 없다. 어떤 현명한 엄마는 언젠가 나에게 '사람들을 옹호하는 건 결국 저지하는 셈일 때가 많아요.'라고 말한 적이 있다."

탤리는 캘리포니아 주에 사는 도노반 제이콥스와 같은 사람의 말을 들어볼 수도 있다.

규정을 두 번 위반하면 처벌받는 규칙의 '논리'를 따른다면, 술 마시는 모습이 두 번 발견되었다는 이유로 모범적인 성과를 남긴 아이가 학교에서 쫓겨나게 된다. 그중 한 번은 실제로 적발된 것도 아니었고, 술을 마신 상태에서도 처벌받을 만한 행동을 전혀 하지 않았음에도 불구하고 그래야 한다. 한편 정신을 잃을 정도로 술을 마시고 차를 몰고 가다가 전신주에 들이받은 아이는, 그런 일이 한 번 일어났다는 이유로 음주행위에 대해 처벌을 받지 않을 것이다.

이것은 다른 학교에서 많이들 채택하는 '무관용 원칙Zero

Tolerance(사소한 위반행위도 엄격하게 다스린다는 원칙—옮긴이)'보다 더 어리석은 일이다. 이런 방침은 행동에 결과가 따른다는 사실을 가르쳐주기는 한다. 하지만 그 방침의 희생자와 목격자가 실제로 배우는 유일한 규칙은 '잡히지 말아라'일 뿐이다.

탤리는 이보다 차분한 언어로 추가적인 근거를 주장하는 의견을 들어볼 수도 있다. 펜실베이니아 주에 사는 T. J. 마튼이라는 사람은 이렇게 적는다. "권한 있는 사람이 독단적인 규칙 때문에 궁지에 몰린다면 그때가 바로 그 규칙 자체의 가치를 따져볼 때다. 사람을 공정하게 대우하려 할 때 필수적인 요소는 판단, 자비, 지성, 공감이다." 탤리는 캐나다에 사는 세스 필립스의 의견을 증거로 삼고자 할 수도 있다. 그는 이렇게 적는다. "도덕적으로, 그 방침은 지나치게 가혹하고 독단적인 것 같다. 이 사건의 첫 번째 규칙 위반과 같은 행동은 쉽게 적발되지 않기 때문에 운이 나쁘거나 교활하지 못하면 처벌의 전조가 된다."

● **다섯 개의 핵심 가치로 주장 입증하기**

가족이나 가까운 친구들과 이러한 대화를 나누고 노련한 교육자들에게 조언을 구함으로써, 탤리는 이 문제에 대한 윤리적 입장을 형성하기 시작할 수 있다. 우리가 받은 의견들로 미루어보면 탤리는 자신의 핵심 가치를 토대로, 주장을 뒷받침하는 탄탄한 근거를 이용할 수 있을 것이다.

1. **공정성**: 공정성에 따라, 사물함 사건은 첫 번째 규칙 위반으로 간

주되어서는 안 된다. 그 사건에서는 체이스가 두 번째 규칙 위반에 앞서 경고나 조언을 받고 자신을 개선할 기회를 얻지 못했기 때문이다.

2. **책임감**: 학생들의 행동을 눈감아 주거나 그냥 넘어갈 가능성이 없도록 퇴학 방침은 학생들 사이에서 활발히 논의되어야 한다.

3. **정직성**: 학부모는 자신의 말이 본인이나 자녀에게 불리하게 이용되지 않을까 두려워하지 않고 자유롭고 당당하게 말할 수 있어야 한다.

4. **존중**: 엄격하고 일관성 있는 방침이 꼭 필요하기는 하지만, 우리가 다루는 사례는 개인의 존엄성과 인간다움을 포함하며 여기서는 정당성과 자비의 상호작용이 저절로 정해지지 않는다.

5. **동정심**: 잘못을 바로잡고 태도를 개선하려는 확고한 노력과 더불어 잘못을 저지른 사람에 대한 확고한 지지는, 학교가 학생 하나하나를 소중히 여긴다는 강력한 의미로 해석될 것이다.

하지만 이것이 중요할까? 탤리가 이러한 이야기를 논의하기 위해 존과 만나기를 청한다면 존은 탤리의 이야기를 들어줄까? 이 문제와 관련된 전체 체계가 워낙 엄격해서 재량을 발휘할 여지도 없고 항의하는 일도 소용이 없을까? 몇 십 년간 학교에서 어떻게 학생들을 훈육하는지 실제로 지켜본 미국 사립학교 협회 회장 패트릭 바셋의 답장은 다음과 같다. "사실, 규칙을 한 번만 위반해도 처벌하는 학교의 경우에도 이런 상황에 대비해서 개별적이고 주관적인 여지를 남겨둔다." 그럼 학교가 주장을 굽히지 않는다면? 바셋은 이렇게 결론을 내린다. "학교에서 쫓겨난 아이들은 우리가 다 아는 대로 사건 당시에 인생이 끝났다고 느끼지만, 나중에는 그 사건이 인생을 바꾸었던 좋은 일이었다고 하는 경우가 많다. 한 번 학교에서 쫓겨나고 나중에 후원자나 지도자, 학부모로서 돌아온 학생을 동창회 임원으로 삼는 학교가 얼마나 많은지 모른다."

그렇다면 탤리에게 남겨진 난제는 도덕적 의견을 발견하고 분명히 표현하는 일이다. 이 도덕적 의견은 학교 행정 관리자들이 이 상황에 대한 중요한 의견을 좀 더 명확하게 이해할 수 있도록 도와준다. 존에게 남겨진 난제는 방침의 정당성을 인정하는 반면 정황상 동정심이 요구된다는 사실을 환기해주는 것이다. 어떤 방법도 쉬운 길은 아니다. 하지만 어느 쪽이든 윤리 지식이 옳고 그름에 대해서 논쟁할 뿐이라면 이런 딜레마에서 절실히 필요한 중간 지대를 찾아낼 수 없을 것이다.

방관자가 되지 않는 법

부모로서 탤리는 체이스의 도덕적 발달에 적극적으로 관여할 수밖에 없었다. 하지만 여러분이 부모가 아니라 윤리적 난제를 지켜본 목격자에 불과하다면 어떨까?

테리가 6월 초에 겪었던 일이 바로 그런 상황이었다. 여름 야영의 시즌이 되어 그녀가 예전에 일했던 시설로 돌아왔을 때였다. 오랫동안 이 여름 야영의 후원자였던 테리는, 메인 주 북쪽의 호숫가에 있는 야영지에 쏟아져 들어올 아이들을 위해 지도원을 돕겠다고 자원했다.

그 주에는 환경 보호 프로그램을 진행하는 단체가 야영장에 들어왔다. 프로그램을 맡은 단체에서는 그 지역의 중학생 아이들을 인솔할 교관을 자체적으로 배정했다. 테리는 그 나이대의 아이들을 대할 때 늘 편안했다고 말했다. 하지만 테리와 야영장의 지도원은 그 프로그램에서 공식적인 역할을 맡고 있지 않았기 때문에, 테리는 이 중 한 아이가 자기 앞에 도덕성과 관련된 뜻밖의 문제들을 쏟아놓을 것이고 몇 달 지난 후에도 그 일로 고민하리라고는 생각하지 못했을 것이다.

수많은 도덕적 문제들처럼 이 사건도 순간적으로 일어났고, 테리는 놀라움을 금치 못했다. 테리가 저녁식사 후에 지도원 몇 명과 함께 호숫가에 앉아서 저물어가는 여름 저녁을 즐기고 있을 때, 환경 프로그램에 참가한 아이들 한 무리가 낚시를 하러 내려왔다. 교관은 아이들을 호숫가의 바위로 데리고 와서 고요한 물 속에 찌를 던지게 했다. 테리의 언급에 따르면, 그중 한 아이가 정교한 낚시도구 상자를 가져와서, 그 안에서 지렁이가 든 종이컵을 꺼냈다고 한다.

"여기서 이거 쓰면 안 돼." 교관이 그 아이에게 말했다.

"왜 안 돼요?"

교관은 이 호수의 환경적 기준이 엄격하기 때문에 여기서는 모터보트도 금지되어 있고 살아 있는 미끼도 사용하지 못하게 되어 있다고 설명했다.

아이는 동요하지 않고 계속해서 낚시 바늘에 미끼를 끼웠다. 주변에 자기를 붙잡을 관리인이 없다는 사실을 알아챈 아이는 이렇게 대답했다. "아무도 모를 걸요."

교관은 그저 어깨를 으쓱하더니 아무 말도 하지 않고 걸어가버렸다. 아이는 지렁이를 끼운 낚싯바늘을 호수로 던졌다.

테리는 어떻게 했어야 할까? 한 편으로, 테리는 이렇게 회상한다. "신경 쓰였어요. 아이는 바로 저기 앉아 있고, 뭔가를 가르쳐줄 수 있는 순간이었는데 교관의 무관심 때문에 기회를 놓쳤으니까요." 테리가 느끼기에는 법률, 순종, 책임, 존중, 공정성 등 많은 덕목 중에서 어느 것이라도 확실히 가르쳐줄 절호의 기회였다. 그랬다면 그 아이는 호응했을까? 테리는 그 아이가 불량하다기보다는 평범한 아이라고 느꼈다. 게다가 환경 프로그램에는 성인인 세 명의 교관이 있었다. 테리의 말에 따르면 그들은 그 일을 15년에서 20년 동안 해온 사람들이었다. 테리의 생각에 그 아이들이 환경과 관련된 규정을 지키도록 교육하는 일은 분명 그 사람들 책임이었다.

다른 한편으로, 교관의 무관심한 반응을 제쳐두고 테리가 개입해서 아이가 이 사실을 이해하도록 도와주었다면 옳은 행동이었을까? 그 주의 프로그램에서 아무런 역할도 맡지 않았던 테리가 자기 소속도 아닌 곳에 끼어들어 참견하는 것으로 보이진 않을까? 게다가 테리는 이 호수에 몇 년 동안 오갔지만 직접 낚시를 하지 않았기 때문에 지렁이를 미끼로 사용하면 안 된다는 규칙을 전혀 몰랐다. 그 지역 호수 협회에서 외래 생물종 도입을 우려해서 최근에 살아 있는 미끼를 금지했다는 사실을 나중에야 알게 된 것이었다.

결국 그 순간은 지나갔고 테리는 아무런 행동도 하지 못했다. 하지만 테리는 시간이 지나도 그 일을 생각하면 할수록 자신이 아무것도 하지 못했던 사실이 점점 실망스러워졌다. 지렁이 미끼를 금지하는 규정을 알고 있었고 그 소년이 낚싯바늘에 미끼를 끼웠을 때 아이와 단 둘이 있었다면, 테리는 그 아이에게 분명히 말했을까? 당연했다. 테리가 행동하지 못했던 이유는 확실히 모르는 사실이 있어서였을

내 아이에게 가르쳐주는 첫 정의 수업

까, 다른 사람들이 있어서였을까, 아니면 두 가지가 결합된 이유에서였을까? 테리가 확신하는 것은 자신이 목격한 문제였다. 그녀의 표현을 빌리면, 문제는 "아이가 선생님을 전혀 존경하지 않고, 선생님도 아이를 존중하지 않는" 상태였다. 그렇다면 테리는 이 일에 대해 명확히 알았더라도 '방관자 효과bystander effect', 혹은 '방관자의 무관심bystander apathy'이라고 알려진 현상에 빠져들었을까?

제노비 신드롬Genovese Syndrome으로 잘 알려진 이 효과는 1964년, 키티 제노비스Kitty Genovese라는 여성과 관련된 사건에서 시작된다. 그녀는 위험에 처해 도와달라고 외쳤으나 뉴욕 퀸즈의 수많은 주민들이 이를 무시하는 바람에 결국 살해당했다. 이 키티 제노비즈 살인사건과 관련하여 종종 쓰이는 '방관자 효과'라는 용어는, 누군가를 도와줄 수 있었지만 다른 사람들도 지켜보고만 있었기 때문에 방관자가 되어 생각을 행동으로 옮기지 못한 명백한 마비 상태를 말한다. 비록 메인 주에서 일어난 '지렁이 깡통 사건'을 퀸즈의 살인사건과 같은 개념으로 보기에는 무리가 있다. 하지만 연구자들의 설명에 따르면 방관자 효과라는 개념은 강력 범죄보다는 덜 심각한 일반적인 상황에서 자신과 마찬가지로 선뜻 행동하지 못하는 다른 사람들이 함께 있을 때 행동을 억제하는 현상을 묘사한다고 한다. 이런 상황에서는 자신이 행동하지 못한 것을 정당화하거나 책임을 분산하기가 쉬워진다고 한다.

무관용 원칙

- 엄격한 명예 규범은 옳은 행동을 강력하게 북돋우기도 하지만 나쁜 방침이 착한 사람을 궁지에 빠뜨리는 요인이 될 수도 있다. 여러분의 자녀가 다니는 학교에 규범이 있다

면 그것이 타당한지 꼭 알아보고, 그렇지 않다면 거리낌 없이 학교에 이야기하라.

- 부모와 자녀가 바람직한 관계인지 알아보는 기준은 솔직한 의사소통이다. 솔직하게 의사를 소통하고 있다면 아이는 잘못을 저질렀을 때 여러분에게 스스럼없이 고백할 것이다. 정직한 행동이 벌을 받게 하지 말라.

- 훌륭한 학교 문화에서는 학생들이 자신의 핵심 가치를 따르는 법을 배운다. 반면 뒤틀린 문화에서는 학생들이 교활하게 행동하며, 잘못했을 때 절대 잡히지 않도록 하는 법을 배운다.

- 부모가 자녀들을 보호해주어야 할 때 가장 좋은 협력자는 법적 근거가 아니라 도덕적 근거일 때가 많다. 명확히 표현된 가치는 여러분이 도덕적 우위에 서도록 해준다.

● 어른이 나서야 하는 이유

윤리에 신경을 쓰는 부모는 책임 분산되는 것 때문에 괴로운 선택을 하게 할 때가 많다. 특히 부모로서 다른 사람의 자녀가 잘못한 것을 볼 때 더욱 그렇다. 분명 여러분은 부모들이 자기 아이에게 명확한 도덕적 열정을 심어주기를 간절히 바랄 것이다. 그렇지 않았을 경우 여러분은 무엇을 할 수 있는가? 더 중요한 질문을 던지자면, 여러분은 무엇을 해야 하는가? 여러분이 어떻게 반응해야 할지 알려주는, 도덕적으로 올바른 접근법은 무엇인가? 이런 질문은 이 상황에서 테리의 의무가 무엇일지 정의하는 질문이다. 어떻게 보면 테리는 부모도 아니고 방관자이며 우연한 관찰자이다. 이런 점들을 고려할 때, 테리는 이 문제를 어떻게 생각해볼 수 있을까?

다음은 도움이 될 만한 네 가지 질문이다.

1. **진짜 쟁점이 무엇인가?** 테리의 지렁이 깡통 사건처럼 단순한 이야

기에도 복잡한 윤리적 단계가 있을 수 있다. 이 문제는 낚시 규정(살아 있는 미끼 금지)에 관한 이야기인가, 고의적인 불복종("아무도 모를 걸요.")에 관한 이야기인가, 아니면 아이의 무례함에 관한 이야기인가, 교관의 무책임에 관한 이야기인가?

이 사건들의 고리는 규정 문제에서 시작한다. 살아 있는 미끼를 금지하는 규정이 없었더라면 그 상황에서 테리는 비윤리적이라고 할 만한 일을 감지하지 못했을 것이다. 하지만 테리가 마주한 도덕적 의문은 미끼보다 가치와 더 관련이 있다. 만약 살아 있는 미끼를 사용해도 된다고 했을 때, 아까의 상황 그대로 무례한 학생과 무관심한 어른을 목격했다면 어땠을까? 테리는 여전히 혼란스러워할 것이고 여러 가지 이유로 개입하고 싶어 할 것이다. 하지만 살아 있는 미끼가 금지된 상황에서 교관이 즉시 아이의 무례한 행동을 다루고 행동을 바로잡아주었다고 가정해보자. 그때도 테리가 혼란스러워했을까? 아마 그렇지 않을 것이다. 그랬을 때 테리가 본 것은 문제가 생기자마자 바로잡히는 광경이었을 것이다. 따라서 이 사례의 핵심은 규칙이 아니라 가치에 관한 문제다. 테리가 살아 있는 미끼를 금지하는 규칙을 모르고서도 곧바로 이 상황에 반응하고 자신의 적절한 역할에 대해 고민했던 이유가 바로 이것이다.

2. 이 가치들 중 어느 것이 가장 중요한가? 이 이야기에서는 핵심 가치에 반대되는 반대 가치antivalue가 적어도 세 가지 나온다. 바로 무례함, 무책임, 불공정이다. 테리의 즉각적인 본능은 학생과 똑바로 마주함으로써 무례함의 문제를 다루고자 하는 것이다. 하지만 이 문제의 진짜 범인은 교관의 무책임 아닌가? 테리가 이 둘 중 하나를 선택했다고 가정해보자. 테리가 아이의 행동을 강력하게 바로잡아주었다면 아

이가 다음에 또 어른의 권위를 존중하지 않는 일은 없을 것이다. 혹은 테리가 교관의 태도를 능수능란하게 개선할 수 있었다면 그 교관은 앞으로 예방조치를 통해 아이들의 잘못을 바로잡아주었을 것이다. 분명 후자의 행동, 즉 매년 수백 명의 아이들에게 개입할지 모르는 교관의 행동을 격려해준다면 한 아이의 행동을 바로잡았을 때보다 잠재적인 효과가 더 클 것이다.

3. 불공정성의 문제는 어떨까? 문제를 교묘히 모면하려 하거나 잘못을 감추거나 부정행위를 하는 일은 학생들이 흔히 아무런 죄의식없이 하는 행동이다. 테리는 이런 행동에 어떻게 반응해야 할까? 테리가 다루고자 하는 대상이 무례함이라면 그녀는 "아무도 모를 걸요."라는 변명을 언급하지 않고서도 무례함의 문제를 해결할 수 있었을 것이다. 선생님을 고의로 무시하는 일이 잘못되었다는 사실을 아이에게 분명히 알려주기 위해 아이의 주장에 반박할 필요는 없다. 하지만 만약 테리가 아이의 행동뿐만 아니라 세상을 바라보는 본질적인 시각까지 고쳐줄 방법을 찾을 수 있다면 둘 중 어느 쪽이 더 큰 영향을 미치겠는가? 당연히 후자의 방법이다. 물론 "잡히지만 않으면 네가 하고 싶은 행동을 해도 된다고 생각하는 이유가 뭐니?"라고 묻기보다는 "똑바로 해라!"라고 외치는 일이 쉽기는 하다. 하지만 행동을 고쳐주면서 옳고 그름에 대한 아이의 잘못된 인식이 드러날 정도로 논의를 진행한다면, 그 아이는 타인에게 잡혀야만 잘못된 행동이라는 자신의 관념을 다시 생각해보아야 할지도 모른다. 이런 논의에는 대개 아이가 어떤 세상에서 살고 싶어 하는지에 대한 내용이 들어가기 마련이다. 이를테면 이런 내용이다. 아이 주변의 모든 사람이 작정하고 나서서 부정행위를 하고 그 사실을 숨긴다면 그곳은 아이가 상상할 수 있는 가장

홀륭한 세상이겠는가? 아이가 물고기를 낚을 때마다 관리인이 가져 가는데, 알고 보니 관리인 복장만 했을 뿐 '아무도 모르겠지'라는 생각 을 하면서 낚시꾼들에게서 자주 물고기를 훔쳐가는 사람이었다면 어 떨까? 부정행위를 하는 사람만 있는 세상에서 부정행위에 피해를 입 을 위험이 항상 있다는 사실은 명백하지 않은가?

4. 테리가 실행하기에 가장 어려운 행동은 무엇인가? 아이를 훈육하기보 다는 교관과 마주하는 것이 더 어려울 것이다. 하지만 테리가 그 아이 를 다루는 것만으로 만족한다면, 더 쉽고 덜 용감해도 되는 방식으로 아이에게 규칙을 지키라고 요구할 수 있다. 이보다 어려운 방책은 이 아이가 무언가를 정의할 때 쓰는 상투적 표현이나 행동을 분해하는 일이 될 것이다. 즉, 이 사례에는 도덕적으로 용기가 있어야 실행할 수 있는 선택지가 많이 있다. 테리는 이 문제를 해결하는 길에 있는 갈림 길은 도덕적 용기를 표현하느냐 마느냐 하는 한 가지뿐이라고 가정했 는지도 모른다. 사실 해결할 방법은 여러 가지가 있다. 가장 간단한 것 은 숲을 향해서 "애, 지렁이 쓰면 안 돼!"라고 소리치는 방법이다. 이 방법은 제법 효과적일 것이다. 반대로 가장 복잡한 방법은 테리가 야 영장에 온 아이들, 교관, 야영장 직원들을 모두 모아서 이 문제에 대해 자세히 논의하는 것이다. 이 양 극단 사이에 있는 방법은 테리가 그때 바로 지도원을 따라가거나, 나중에 찾아가거나, 지도원의 상관에게 접근하거나, 자신이 속한 야영장 경영진에게 접근하는 방식이다.

테리가 당황하다 못해 다소 굳어버리기까지 했던 것은 전혀 놀라 운 일이 아니다. 테리가 직면했던 상황에는 실제로 많은 선택권이 들 어 있었다. 하지만 그 상황을 자세히 살펴보면 다양한 문제점과 행동 가능성이 시야에 들어온다. 그러면 정직한 도덕적 추론을 적용해서 가장 좋은 해결책을 결정할 수 있다. 테리를 비롯하여, 부모가 아니면서도 윤리적 난제에 사로잡힌 어른들이 알아야 할 핵심은 세 가지다.

— 여러분이 겪은 이야기의 짜임은 외견상 단순해 보이지만 여러 개의 뚜렷한 윤리적 입장들로 되어 있다는 점을 인식하고 적극적으로 풀어보라.
— 이야기의 갈래가 분리되어 있다면 어느 것을 따라가야 할지 선택하라. 좋은 결과를 가져올 잠재적 가능성이 가장 큰 방식일 수도 있고, 이용할 수 있는 에너지와 시간을 고려할 때 당장 그 순간에 따르기 쉬운 방식일 수도 있고, 예전에 해보아서 익숙한 방식일 수도 있다. 어느 쪽이든 선택하고, 선택한 방식에 따라 행동하라.
— 목적이 무의미해질 정도로 주장을 복잡하게 만들지 말라. 사실 테리는 그날 저녁 야외에서 식사하는 동안, 여기서 제시한 모든 주장들을 계속 생각하고 있을 시간이 없었을 수도 있다. 하지만 우리가 윤리적 단련을 하고 있다는 사실을 잊지 말라. 윤리적 단련은 이런 갑작스러운 상황이 닥쳐왔을 때 꺼내 쓸 수 있는 능력과 직관적 강인함을 비축하는 과정이다. 테리가 그러했듯, 지나쳐온 윤리적 순간으로 돌아가서 다시 그 상황으로 들어가보고 윤리 피트니스 과정을 신뢰하라. 그러면 부모가 아닌 입장에서 윤리적 난제와 마주칠 때마다 여러분은 더욱 강해지고 직관을 능숙하게 이용해 반응할 수 있을 것이다.

내 아이에게 가르쳐주는 첫 정의 수업

● 아무도 모르는 일은 없다

다음번에 테리의 행동이 바뀐다면 무엇 때문일까? 답은 바로 '도덕적 용기'에 있다. 테리에게 핵심 가치가 부족해서가 아니다. 오히려 그 반대다. 테리가 그날 저녁 호숫가에서 어른의 권위에 대한 무례함, 교관의 무책임과 더불어 "아무도 안 볼 걸"이라는 말로 표현된 자기중심적인 불공정성과 이중성을 발견할 수 있었던 까닭은 그녀의 마음속에서 이 가치들이 워낙 중요했기 때문이다. 이와 마찬가지로 도덕적 추론 능력이 부족하지도 않았다. 규칙의 일반적인 중요성, 살아 있는 미끼 금지 규칙에 대한 태도, "아무도 모를 거야"라는 허울만 그럴듯한 변명, 권위를 주장하는 교관의 말을 거부하는 데서 나타난 도덕적 무정부 상태 등, 이 모든 것이 테리의 눈에는 아주 명확하게 두드러져 보였다. 테리에게 부족했던 것은 가치에 기반을 둔 추론이 시험대에 올랐을 때, 생각을 행동으로 옮기는 용기, 그리고 양심을 실행으로, 통찰력을 성취로, 지식을 행동으로 옮기는 용기였다.

사소한 일이었지만 큰 그림에서 보면 테리의 경험에는 함축적 의미가 있다. 기업의 부정부패나 자기 기만 행위, 고의적인 규칙 위반을 목격하고서 자신이 속한 업계에 반감을 갖는 금융부문 종사자들이 얼마나 많은가? 완전히 성숙한 성인이지만, 실제로는 "아무도 모르니까 괜찮을 거야"와 같이 단순한 변명을 하면서 낚시용품 상자를 꺼내는 아이와 다를 바 없이 도덕적으로 미성숙한 규칙 위반자들이 우리 주변에 얼마나 많은가? 아무 말도, 아무것도 하지 않은 방관자는 얼마나 많은가? 경제를 계속되는 불황으로 몰아넣은 윤리적 붕괴 상황에서 아무것도 하지 않고 조용히 지켜만 보았던 행동의 결과를 이제야 느끼는 사람은 또 얼마나 많은가?

도덕적 용기에 대해서는 다음 장에서 더 이야기해보려 한다. 하지만 한 가지는 확실하다. 도덕적 용기는 월스트리트의 은행bank에서 배우기보다는 호숫가의 둑bank에서 배우는 편이 나으며, 어느 여름날 저녁에 물가에서 아무도 자기의 행동을 보지 않는다고 생각하는 어린아이일 때 배우는 편이 낫다. 하지만 어느 경우에든, 아이의 삶에 함께하는 어른들이 도덕적 용기의 필요성을 인지하고 기준을 세우며 도덕적 태도를 역설하지 않으면 아이들은 결코 도덕적 용기를 배울 수 없다. 여기서 어른이 부모든 부모가 아니든 결과는 비슷하다. 테리가 나에게 말해주었듯, 어른들이 기준을 낮게 잡으면 아이들도 목표를 낮게 잡는다. 하지만 여러분이 기준을 높이 잡으면 아이들은 그 기준에 도달할 것이다.

테리는 이렇게 말한다. "다음번에는 한 걸음 더 올라갈 거예요."

방관자 효과 피하기

- 여러분이 부모가 아닐 때 도덕적 딜레마에 직면한다는 것은 부모로서 그런 상황에 처하는 것보다 어려운 일일 때도 있다. 여러분이 양심을 지키려고 하는지, 아니면 그냥 참견하려고 할 뿐인지 스스로 물어보라.

- 실제적인 쟁점을 살펴보라. 어떤 사안이 걸려 있는지 발견할 때까지 그 경험을 풀어내보고, 복잡성 때문에 목적이 무의미해지지 않도록 하라.

- 필요할 때 도움을 주기 위해 아이들 곁에 있어 주는 행동은 매우 가치 있을 수 있다. 하지만 방관자의 무관심은 돌이킬 수 없는 일을 일으킬 수도 있다. 후회하면서 살기보다는 행동하고 퇴짜 맞는 편이 낫다.

- 도덕적 용기를 발휘한 당시에는 고독할 수 있지만, 도덕적 용기에는 전염성이 있다. 올바른 행동을 보여주는 사례 하나의 힘은 엄청나다.

도덕적 용기 발휘하기

준의 열네 살 난 아들 트레버는 가을에 학교로 돌아갔을 때 아주 행복해 보였다. 하지만 준은 트레버의 반에 전학온 브라이언이라는 아이에 대해 듣게 되었다. 건장하고 공격적인 브라이언은 괴롭힘의 대상으로 트레버를 지목했다. 날이 갈수록 학대도 더 자주 일어났다. 학대의 강도는 점점 심해져서 처음에는 심술궂게 빈정거리는 정도였지만 점차 심각한 물리적 폭력으로 변하더니 결국 밀고 발을 걸어 넘어뜨리는 지경까지 왔다. 준은 트레버가 냉정을 유지하고 똑같이 반응하지 않으리라고 확신했다. 하지만 준은 트레버가 너무나 힘들어하고 있음을 알 수 있었다.

이 문제가 선생님들의 귀에 들어가지 않은 것도 아니었다. 하지만 학교에서는 문제 학생을 서둘러 쫓아내는 대신에 가능한 당사자들 간의 원만한 대화로 풀어나가는 쪽을 선택했다. 브라이언의 부모도 이 문제를 알고 있었고, 브라이언과 직접 이야기해보기도 했다. 대화가 끝나면 괴롭힘은 잠시 약해지는 듯했지만, 예고도 없이 다시 심해질 뿐이었다. 이 악순환을 깰 수 있는 것은 아무것도 없는 듯했다.

학교 행정 관리자와 이야기를 나누면서, 준은 학교에서 브라이언을 학교에 계속 다니게 하는 해결책을 찾는다는 사실을 알 수 있었다. 브라이언을 쫓아내지 말아야 한다는 사실에는 준도 동의했다. 그것은 문제를 다른 학교로 떠넘기는 것 뿐이었고, 전혀 공정하지 못한 일이었다. 준은 그들이 다양한 방안 중에 아직 한 번도 실행해보지 않은 방안이 하나 있다는 사실도 알 수 있었다. 그것은 트레버가 브라이언에게 직접 자신을 괴롭히지 말라고 요구하는 방법이었다.

"절대 안 돼요!" 어느 날 저녁식사를 하다가 준이 이 선택지에 대해 말을 꺼냈을 때, 트레버는 이렇게 말했다. "걔는 제가 겁쟁이라고 생각할 거예요. 그러면 상황은 훨씬 더 나빠질 거고요."

대화를 계속하면서 준은 도덕적 용기에 대해 말하기 시작했다. 확실히 브라이언에게 맞서려면 배짱이 필요했다. 다른 것들은 브라이언에게 통하지 않았다. 어른들에게 그만하라는 말을 듣기보다는 또래 친구에게 들을 필요가 있을지도 몰랐다. 브라이언은 신체적 용기에 기반을 두는 입장을 존중함이 분명했다. 트레버가 브라이언보다 덩치가 크다면, 브라이언과 맞서다가 밀쳐버리면 브라이언은 분명히 꽁무니를 뺄 것이었다. 이와 비슷하게, 도덕적 용기에 기반을 둔 완고한 저항이 상황을 바꿀 가능성이 있을까?

● 도덕적으로 행동하게 만드는 세 가지 요소

도덕적 용기는 원칙을 위해서 상당한 위험을 기꺼이 감내하려는 의지라고 정의할 수 있다. 이때 위험은 실제적 위험, 인지된 위험이어야 한다. 위험에 직면했을 때 입장을 확고히 밝히려면 위험을 감내하려는 의지가 필요하다. 도덕적 용기는 양심이라는 대단히 중요한 일, 즉 가치, 미덕, 원칙이 걸려 있기 때문에 발생한다. 이것을 표로 나타내 보면 그림 3의 다이어그램과 같이 표현된다.

맨 위에 있는 '가치'라는 원을 빼보면 신체적 용기라고 알려진 부분이 남는다. 신체적 용기는 살면서 필요한 대단히 중요한 특질이지만 나머지 가치 요소들이 없으면 청부 살인업자나 번지 점프를 하려는 10대에게 유용한 정도에 불과하다. '위험'이라는 원을 빼보면, 위험이 전혀 없어서 위험을 버텨낼 용기도 불필요한 상황, 혹은 위험이 인지되지 않은 상태에서 앞으로 닥쳐올 위험을 견뎌낼 의지가 약하거나 무뎌서 위험을 느끼지 못하는 상황이 남는다.

　마지막으로 '인내'라는 원을 빼보면 '가치'와 '위험'이 남는데 이것은 위험이 너무 위협적이어서 최대한 빨리 피하려는 상황이며, 보통 '비겁함'이라고 불리는 상태는 이 상황에서 발생한다. 세 개의 원을 모두 겹치면 도덕적 용기가 나타난다. 단순하게 보면 도덕적인(맨 위의 원) 용기(아래 두 개의 원)이다. 도덕적이라는 말이 핵심 가치에 따라 산다는 의미라면, 도덕적 용기는 가치가 시험대에 오를 때 행동을 취함으로써 구성된다.

　준은 트레버가 자신의 가치, 특히 공정성과 존중, 책임감에 확고한 견해가 있다는 점을 알았다. 트레버는 사람을 부당하게 대하는 행동

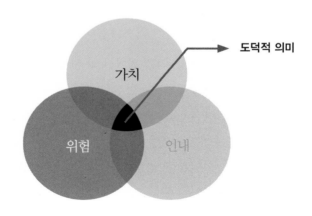

그림 3. **도덕적 용기의 요소**

이 잘못된 일이라고 늘 주장했고, 그 나이 또래 답지 않게 자신에게 무례하게 대했다고 해서 그 사람에게 똑같이 대하려는 충동에 사로잡히지도 않았다. 또 자기가 만든 상황이 아니더라도 대개의 경우 기꺼이 책임을 지려고 했다. 그렇다면 이 시점에서 트레버는 가치들을 행동으로 옮기는 도덕적 용기를 발휘해야 하는가?

어른들이라면 쉽게 "당연하지."라고 말할 수도 있다. 부모가 보기에는 위험성이 낮은 도전이라 해도 사춘기 아이에게는 엄청난 도전이 될 수도 있다. 서로를 불쾌하게 만드는 대화에서 심한 괴롭힘에 이르기까지 명백한 위험이 항상 존재했고, 괴롭힘 중에는 트레버가 하려는 행동을 사람들 앞에서 공개적으로 조롱하면서 트레버를 계집애 같은 아이로 낙인찍고 학교의 웃음거리로 만들 수도 있다.

게다가 도덕적 용기가 필요한 모든 상황의 가장자리에는 이보다 좀 더 미묘한 세 가지 두려움이 항상 도사리고 있다. 우리가 수행한 연구에 따르면 이런 두려움은 보이지 않게 도덕적 용기를 억제하는 강력한 요인이 될 수 있다.

1. **모호함(불확실성)에 대한 두려움:** 알아야 할 사항을 모두 알지 못한다고 생각하기 때문에 행동하지 못함.
2. **개인적 손실에 대한 두려움:** 경력이나 직업, 부와 명성 등의 개인적 자산이 사라질까 봐 두려워함.
3. **공개적 노출에 대한 두려움:** 지도적 위치를 차지하거나 앞에 나서거나 표적이 되기를 꺼림.

트레버가 직면한 상황에 모호함은 거의 없었다. 브라이언의 의도는 명확했다. 트레버는 자기 물건이나 친구를 잃을 것 같지도 않았다. 이 상황에서의 진정한 두려움은 공개적 노출과 관련이 있었다. 왜 나지? 내가 왜 표적이 되어야 해?

트레버와 함께 그날 저녁에 이 문제에 대해 이야기하면서, 준은 아들이 발휘하기를 바라는 것을 자신도 직접 보여줘야 한다고 생각했다. 준은 공정해야 했다. 그녀는 분명히 아들에게만 부당한 짐을 지게 하고 싶지는 않았다. 또한 트레버의 직관을 존중해야 했고 아이가 이 해결 방식에 대해 옳지 않다고 느낀다면 기꺼이 물러서야 했다. 하지만 책임감 있는 부모로서 뭔가를 더 해야 했다. 브라이언 문제 자체에 관심을 두지 않고 문제가 그저 사라지기만을 바란다면 무책임한 일이 될 것이었다. 하지만 준은 자신이 권위를 이용해 아들을 조종하거나 압박해 상황을 더 나쁘게 만들 수 있는 행동을 강요하지는 않는지 스스로를 점검했다. 준은 이 해결 방식을 적용하느냐 마느냐는 트레버 스스로가 결정해야 한다고 생각했다.

결국 트레버는 브라이언에게 직접 말하는 해결 방식에 마지못해 동의했다. 학교에서는 두 소년을 교무실에서 만나게 했다. 그 자리에 있던 유일한 어른은 교장 선생님뿐이었다. 트레버는 괴롭힘을 당하고서 어떤 기분이 들었는지 설명했고, 자신을 그만 괴롭히라고 말했다. 브라이언은 갑자기 뻔한 변명을 장황하게 늘어놓았다.

브라이언은 트레버를 괴롭혔던 일을 부정하고 전부 장난이었다고 설명하더니, 자기가 오히려 죄를 뒤집어썼다면서 화를 냈다. 트레버는 계속해서 조용히 말했고, 대화를 시작한 지 몇 분 지나자 브라이언은 갑자기 울음을 터뜨렸다. 그는 전에 다니던 학교에서 저질렀던 학대와 괴롭힘에 대해 털어놓으면서, 다른 아이들과 친구가 되고 싶었지만 어떻게 해야 할지 몰랐다고 시인하고 앞으로는 자기 행동을 바꾸겠다고 약속했다.

준의 말에 따르면, 그 후 몇 주 동안 브라이언은 약속을 지키려고 열심히 노력했다고 한다. 이 문제가 완전히 해결되지는 않았지만, 몇 달 후 준은 트레버가 여는 스케이팅 파티 준비를 도와주면서 아들이 올바른 결정을 내렸다는 사실을 알게 되었다. 트레버의 손님 목록에 브라이언의 이름이 있었던 것이다.

잔 다르크, 윈스턴 처칠, 넬슨 만델라와 같은 특별하고 위대한 사람들만이 도덕적 용기를 발휘할 수 있다고 생각한다면 여러분은 트레버의 경험을 묘사하면서 도덕적 용기라는 단어를 사용하지 않을지도 모른다. 하지만 도덕적 용기는 위기의 순간에 몇몇의 고귀한 인물만이 하게 되어 있는 성스러운 행동이 아니다. 그것은 의식주와 같이 일상생활에서 가장 기본이 되는 문제다.

도덕적 용기는 아침에 일어나서 출근하려고 할 때 필요하기도 하고, 밤 늦게까지 이어진 대화를 일단락 짓고 내일을 위해 쉬러 가려고 할 때 필요하기도 하다.

도덕적 용기가 우리에게 주는 것은 바로 배짱이다. 이것 덕분에 우리는 불편한 상대에게 전화를 걸거나, 상사와 오랫동안 질질 끌어온 문제를 해결하거나, 애완견의 배설물을 치우려고 하지 않는 이웃과 마주할 수 있다. 도덕적 용기는 부모들이 평소 아이들과 함께 이야기하려 하지 않는 마약이나 성에 대한 이야기에서부터 기만과 무관심에 이르는 딱딱한 주제도 받아들일 수 있게 해준다. 조금 불편하지만 필요한 결정을 내리게 하고, 사소한 습관이 굳어지기 전에 고치게 해주며, 아이들이 피하려고 하는 대화를 시작하게 해주기도 함으로써 우리 삶의 윤곽을 형성할 때도 많다. 하지만 도덕적 용기는, 의식 있는 가정에서 아이들에게 편리함보다 양심을 옹호하고, 자기 욕구를 충족하기보다 약속을 지키도록 권장할 때 자연스럽게 만들어지는 경우가 가장 많다.

● 아이의 용감한 결정을 돕는 조력자, 부모

아이를 양육할 때 흔히 그렇듯, 준의 역할은 자극제였다. 준은 자기가 직접 도덕적 용기를 발휘할 필요가 없었다. 만약 준이 브라이언을 만나려고 했다면 그 화해의 과정이 뒤틀려 버렸을지도 모른다. 준은 그보다 더 어려운 일을 해야 했다. 즉, 다음의 세 가지 방식에 따라 차분하고 인내심 있게 트레버를 도와주어야 했다.

—— 주의 깊게 듣고, 상황을 정확히 인지하며, 아이를 지지해주라. 어떤 부모들은 브라이언의 괴롭힘을 '애들이 다 그렇지 뭐'라는 말로 일축했을 수도 있다. 아니면 트레버에게 신체적 용기를 강요해 같이 싸우라고 가르치면서 무술을 배우게 했을 수도 있다. 교장 선생님에게 트레버를 다른 반으로 옮겨달라고 부탁했을 수도 있고, 아예 다른 학교로 보냈을 수도 있다. 그렇게 하는 대신 준은 이 상황이 도덕적 용기를 발휘할 기회라고 생각했다.

—— 올바른 계획이 떠오를 때까지 계속해서 생각하라. 준이 제안한 전략은 혼자 있을 때 떠오른 것도 아니고 금방 떠오르지도 않았다. 윤리적 행동을 실행할 올바른 길을 설정하는 일은, 혼자서 있을 때보다는 다른 어른들이나 가족들과 대화했을 때 더 자주 일어난다. 또한 좋은 계획은 문제가 드러난 순간에 번쩍 떠오르기

보다는 대개 토의를 한 후에 떠오른다.

— 아이를 조종하지 말고 직접 조언을 하라. 무력감과 지나침 사이에는 적절한 중간지대가 있다. 가장 훌륭한 윤리적 조언은 '무엇을 해야 하느냐'가 아니라 '어떻게 생각하느냐'에 초점을 맞춘다. 아들과 함께 상황에 대해 깊이 생각해본 준은, 정체 상태를 깨기 위해 뭔가를 해야 하고 그 일을 할 사람이 그 누구도 아닌 바로 자신이라는 사실을 트레버가 깨닫도록 도와줄 수 있었다. 준은 끊임없이 트레버의 걱정거리를 다루어야 했지만, 트레버 자신이 그것을 거부하면 기꺼이 물러나야 했다.

결국 준의 노력은 결실을 맺었다. 아마 그것은 어느 대안의 결과보다도 훨씬 나았을 것이다. 트레버가 단순히 괴롭힘의 대상에서 벗어나려고 맞서 싸우거나 다른 곳으로 옮겨갔다면 그는 자신에게만 도움이 되었을 것이다. 그러는 대신, 트레버는 브라이언을 성숙하게 친구로 맞아들임으로써 학교 전체에 도움이 되었다.

준은 트레버에게 싸움 기술을 가르쳐주지도 않았고, 도망갈 길을 마련해주지도 않았다. 준은 트레버에게 도덕적 용기를 어떻게 발휘하는지 가르쳐주었고, 그 결과 공동체 전체에 이익을 주었다. 그러면서 트레버는 진정한 도덕적 용기를 지닌 사람을 정의하는 몇 가지 속성에 대해 배우게 되었다. 이 내용은 2005년에 펴낸 나의 책 『도덕적 용기 Moral Courage』에서도 설명한 바 있다.

— 성격보다 가치 면에서 더 자신 있다.
— 모호함, 공개적 노출, 개인적 위험을 높은 수준까지 용인할 수

있다.

—— 지연된 만족감과 단순한 보상을 기꺼이 받아들인다. (미래에 큰 만족감을 얻기 위해 현재의 작은 만족감을 포기하는 능력을 만족 지연 능력이라고 함-옮긴이)

—— 눈에 띄게 독립적으로 사고한다.

—— 끈기와 투지가 대단하다.

이 사례에서 가장 중요한 사실은 준이 트레버에게 두려움을 다루는 법을 가르쳐주었다는 점일 것이다. 영화배우 존 웨인John Wayne은 이런 말을 남겼다. "용기란 죽을 만큼 두려워도 무언가 해보는 것이다." 아이들은 티셔츠에 쓰인 '두렵지 않다No Fear'라는 맹목적인 주문이 중요한 게 아니라는 사실을 알아야 한다. 도덕적으로 용기 있는 행동을 하게 해주고 성숙하게 해주는 것은, 위험을 간과하고 누구도 나에게 도전할 수 없다는 식의 무모한 행위가 아니다. 위험을 정직하게 평가하고 그 위험에도 불구하고 한 걸음 나아가기 위해 전력을 다하는 태도다. 트레버는 두려움을 떨쳐버리는 대신 두려움을 능숙하게 다루었다. 이 둘의 차이는 엄청나다.

도덕적 용기 발휘하기

- 도덕적 용기는 원칙을 위해서 상당한 위험을 기꺼이 감내하려는 의지이다. 진정한 용기는 가치, 위험, 인내가 교차하는 지점에 있다.

- 도덕적 용기는 모호함에 대한 두려움("난 잘 몰라.")과 공개적 노출("날 앞에 내세우지 마."), 개인적 손실("직장을 위태롭게 할 수는 없어.") 때문에 궤도를 벗어날 수 있다.

- 용기는 두려움이 없는 상태가 아니다. 자신에게 어떤 손해도 없는 상황에서는 용기가 필요하지 않다. 이것은 아이들이 "무서워요"라고 말할 때 도움이 되는 점이다. 무서워도 계속 나아가야 한다.

- 부모들은 아이들의 좋은 자극제, 촉매제가 될 수 있다. 조금만 힘을 보태주어도 엄청난 탄성이 발생할 수 있다. 몇 마디 말과 오랜 기다림은 뜻밖의 좋은 결과를 만들어내기도 한다.

원칙을 위해 싸우다 : 댄과 마리화나

아이들이 원칙을 옹호하기 시작하는 시기는 언제일까? 1950년대에 발달심리학자 로렌스 콜버그Lawrence Kohlberg는 원칙을 지지하는 능력이 아동의 도덕 발달 과정에서 늦게 나타난다고 밝혔다. 이 능력은 콜버그의 유명한 '도덕성 판단의 6단계' 중 최종 2단계 또는 '원칙 기반 단계'라고 부르는 수준에서 최종적 결과로서만 나타난다.

콜버그의 주장에 따르면, 가장 우선적으로 나타나며 낮은 단계에서는 아이들이 옳은 일을 하는 이유가 처벌이 두렵거나 권위를 존중하기 때문이다. 2단계에서는 평등한 교환과 공정성을 배우지만, 여전히 자신이나 타인의 즉각적인 이익이 있을 때에만 규칙을 따라야 한다고 믿는다. 3단계에서는 점차 타인을 고려하게 되고 선행의 전형을 인지하게 되며 황금률을 이해하고, 신뢰, 충실성, 존중, 감사 등의 가치를 받아들인다. 4단계에서는 일반화된 도덕 체계가 규칙과 역할을 정의한다는 사실을 알게 되고 도덕성이 공인된 의무의 수행에 달려 있다고 생각한다.

원칙 기반 단계 중 첫 번째인 5단계에서는 최대 다수의 최대 행복이라는 윤리에 기반을 두고 공유된 법률을 준수해야 하는 사회계약을 받아들인다. 최종단계인 6단계에서는 도덕성이 광범위한 보편성의 문제가 되며, 이 단계에서 아이들은 결과보다 원칙에 더 주의를 기울인다. 여기에서 마침내 정의, 평등한 인권, 개인의 존엄성에 헌신하는 능력이 발달한다. 최소한 이론적으로라도 이렇게 한다. 자녀가 이런 식으로 행동하는 모습을 실제로 볼 때, 즉 아이가 고집이 세거나 뻔뻔해서가 아니라 확신에 따라 도덕적 용기를 갑자기 표현하는 모습을 보게 될 때 그 결과는 놀랍고 가끔 혼란스럽기도 하다. 앨이 학교에서 호출을 받고 가서 배운 점이 바로 이것이었다.

앨은 나에게 편지를 보냈다.

"제 아들 댄은 마리화나를 소지했다고 의심받는 서너 명 중에 끼어 있었어요. 학교에서는 아이들의 사물함과 주머니 속을 뒤지려고 했습니다. 제 아들은 자기 몸을 뒤지는 것을 허락하려 하지 않았고, 학교에서는 저에게 전화를 했습니다."

앨이 학교에 도착했을 때, 행정실장이 댄에게 주머니 속을 보여 달라고 하고 있었다. 교장이 이렇게 말했다. "알몸 수색 같은 건 아닙니다."

"저는 댄을 쳐다보았어요. 저는 댄이 마음을 정했다는 걸 알 수 있었어요. 저는 이렇게 물었어요. '주머니에 마리화나가 있니, 댄?' '아니오.' '그럼 그냥 주머니 속을 보여주면 되잖아.' 그러자 댄이 말했어요. '이건 원칙의 문제예요. 이 사람들은 나한테 주머니 속을 보여줘야 한다고 말했지만 그건 강제 수색이에요.' 저는 당황했지만, 댄이 그렇게 확고하게 생각한다면 주머니에 든 물건을 꺼내 보라는 말을 하지 말아야겠다고 생각했어요. 저는 교장 선생님께 돌아서서 이런 식으로 말했어요. '죄송하지만 이 애가 확고하게 생각하는 문제에 대해서 이래라 저래라 하지 않겠습니다.'라고요. 그러고 나서 덧붙였어요. '아마 선생님이 정중하게 부탁해보시면……' 그러자 교장 선생님은 이렇게 말했습니다. '댄, 주머니에 든 걸 보여줄 수 있겠니?' 댄은 미소를 짓고 말했어요. '당연하죠.' 댄의 주머니에는 마리화나가 없었어요."

간단한 이야기지만 부모들은 여기서 중요한 점 네 가지를 살펴볼 수 있다.

- ♥ 아이들은 학교에서 이런저런 것들을 배운다. 댄은 권리장전에 대해 공부하면서, 부당한 수색과 압수를 당하지 않을 자유에 대해 들었다. 댄이 그 개념을 자신에게 직접 적용하는 법을 알아낸 것은 놀라운 일이 아니다.

- ♥ 아이들은 추상적 개념을 도덕적 명령으로 해석한다. 알다시피 아이들은 한계를 시험한다. 따라서 아이들이 원칙을 시험할 때 놀랄 이유가 없다. 댄의 진짜 의문은 이것이었다. "원칙은 그냥 이론일 뿐일까, 아니면 어른들 세계에서도 효력이 있을까?"

- ♥ 아이들은 우리 생각보다 빨리 도덕적 용기를 배운다. 댄은 가치를 위해 자신을 위험에 몰아넣었다. 아이들에게 갑자

기 양심적인 면이 행동으로 나타날 때 놀라지 말고 존중해
주라.

♥ 부모들은 가끔 당황하기도 한다. 언제나 곧바로 답을 생각
해내지 못했다고 해서 놀라지 말라. 그렇게 할 수 있는 사
람은 아무도 없으니 자신을 너무 몰아붙이지도 말라. 여러
분의 직관을 신뢰하고 최상위의 원칙을 존중하는 방식을
선택하라.

15~18세

4

**복잡한 세상과
만나는 아이들**

양육도 가끔
내려놓을 때가 필요하다.

아이와 내 의견이 좁혀지지 않을 때

아이들이 10대 중반으로 접어들면서 부모의 역할은 일방적으로 가르치고 지도하는 입장에서 대화하고 토론하는 방식으로 미묘하게 변화한다. 하지만 변하지 않는 점은, 상황이 어떻게 되든 언제나 곁에 있어주는 부모의 헌신적인 마음이다. 아이들이 이 시기에 겪는 문제들과 외관상의 변화를 고려하면 부모들도 이런 변화를 유연하게 받아들이고 더 단호해질 필요가 있다. 토머스 제퍼슨Thomas Jefferson은 이런 상황을 빗대어 "유행의 문제에서는 흐름 속에서 헤엄치고, 원칙의 문제에서는 바위처럼 버텨라."라고 말했다.

『아이들은 가치가 있다! Kids Are Worth It!』의 저자 바바라 컬러로소Barbara Coloroso는 자신의 저서 제목에 대해 다음과 같이 설명한다.

아이들은 아이들이라는 이유만으로 존엄하고 가치 있다. 그들은 한 인간으로서 자신의 가치를 입증할 필요가 없고, 우리에게 가치 있음을 증명할 필요도 없으며, 우리에게 애정을 억지로 갈구할 필요도 없다. 아이들에 대한 우리의 사랑은 무조건적이다. 아이들의 해괴한 헤어스타일이나 특이한 유행을 좋아할 필요는 없다. 하지만 항상 아이들을 믿고 그들이 곤경에 빠졌을 때 함께 있어 주지 못한다 해도 우리의 사랑은 항상 곁에 있다고 그들이 생각할 수 있도록 안심시켜야 한다.

아이들이 우리 품 안에서 편안히 쉬면서 처음으로 웃어줄 때 곁에 있어주기는 쉽지만, 이가 나고 배앓이를 하며 밤새 울어댈 때 함께 하기란 쉽지 않다. 아이들이 두발 자전거 타는 법을 배울 때는 곁에 있어주기 쉽지만, 내 차를 몰래 타고나가 사고냈을 때는 쉽지 않다. 학교 연극 무대에서 연기하고 있을 때는 곁에 있어주기 쉽지만, 경찰서에서 전화할 때는 쉽지 않다.

하지만 유치원생인 아이의 '곁에 있어주는 것'은 10대 중반인 아이의 '곁에 있어 주는 것'과 엄밀히 다른 문제다. 특히 도덕의 영역에서는 더욱 그러하다. 나이가 더 어린 아이들의 경우 양육은 좀 더 무조건적이고 행동지향적일 수 있다. 즉 설명보다 예를 드는 것에 가까운 양상이다. 하지만 아이들이 성숙해가면서, 항상 던지던 "왜?"라는 질문은 옳고 그름을 따지는 질문으로 변하기 시작한다. 일곱 살짜리는 무언가가 옳다는 사실을 알면 그냥 납득하지만 10대 아이들은 그것이 왜 옳은지, 그리고 그것을 보는 다른 시각은 없는지 궁금해한다. 맞고 틀린 것이 분명한 초등학교 시절의 명확성이 점차 10대들 특유의 미묘한 의미 차이와 복잡성에 자리를 내주면서, 도덕적 양육이라는 과업은 훨씬 더 탐구적인 것이 되어간다. 그렇다고 해서 양육할 때 복잡한 분석이 필요해진다든지 말이 장황해져야 된다는 의미는 아니다. 오히려 그 반대다. 아이들이 성장하면서 필요한 것은 여러 단계로 이루어진 합리성이 아니라 확실한 틀과 체계다. 이 나이대에 아이들에게는 무엇을 해야 하는지에 대해 조언하기보다 어떻게 생각해야 하는지에 대한 지도가 필요하다.

이 점을 놓친 부모라면 복잡한 10대 아이들 세계를 이해하고 고심하며 그 복잡한 세계를 설명하려 하는 자신을 발견할지도 모른다. 그렇게 함으로써 양육이 훨씬 더 어렵게 느껴진다. 여러분이 말을 능숙하게 한다면 더욱 그렇다. 이와 반대로 좋은 양육이란 10대 세계의 거대하고 혼란스러운 폭풍을, 특별한 권한으로 인지하게 하는 한편 단순한 몇 가지 생각의 지배 아래 두는 것이다. 정밀한 양육은 많은 부모들이 수수께끼 속에서 일정한 패턴을 찾고 혼돈에 질서를 부여할 수 있도록 하는 데에 도움을 준다.

우리는 지금까지 윤리적 딜레마에 대해 이야기하면서 마치 윤리적 딜레마가 본질적으로 단순하고 양면적인 구조로 되어 있는 것처럼 취급했다. 마치 윤리적 딜레마에는 두 개의 양립할 수 없는 선택만이 있고 이 선택들은 배타적이라는 듯이 생각했다. 어원을 살펴보면 타당한 말이다. 딜레마라는 단어는 둘이라는 뜻의 그리스어 '디di'와 본질적인 태도, 당연시되는 가정이라는 뜻의 '레마lemma'에서 유래했기 때문이다. 따라서 딜레마에는 의미상 두 가지 측면이 있다.

하지만 아이들이 성숙해가면서 뚜렷한 양 극단 말고도 다른 것들이 있으리라고 생각하기 시작한다. 딜레마에 직면하면서 아이들은 도덕철학에서 가장 중요한 질문을 던지기 시작한다. 제3의 방법이 있다면 어떨까? 이쪽이나 저쪽에 완전히 치우치지 않는 것이 최고의 선택이라면 어떨까? '트릴레마trilemma'라는 말은 그런 해결책을 제시한다.

제3의 레마lemma는 존재하지 않으므로 이 말은 그저 비유일 뿐이다. 하지만 이 트릴레마라는 말은 문제에서 제3의 길을 찾을 때 최고의 해결책이 나오리라는 점을 우리에게 일깨워준다. 이러한 해결책은 중간 지대에서 발생한다. 그 중간 지대에서 우리는 딜레마의 양쪽 편에서 가장 좋은 면을 뽑아내고 가장 나쁜 점을 버림으로써, 둘 중 하나를 골라야 한다는 가혹한 요구를 넘어서 대안적인 해결책을 빚어낸다.

● 훈육에도 스토리텔링이 필수다

찰리가 열여덟 살인 딸 사라와 세 명의 대학교 친구들이 함께 봄방학 동안 논의를 통해 문제를 해결해나갔던 사례가 바로 이런 방식이었다. 찰리와 그의 아내는 캐롤라이나 해변에 콘도를 하나 빌렸고, 사라와 친구들은 사라의 차를 타고 대학교에서부터 열 시간을 달려 오후 늦게 그곳에 도착했다. 아이들이 짐을 풀자 찰리의 아내는 그에게 우유를 사다달라고 부탁했다. 사라의 차가 찰리의 차를 가로막고 있었기 때문에 사라는 아빠에게 열쇠를 던져주었다. 사라의 차에 올라탄 찰리는 계기판에서 속도 제한 무인카메라 감지기를 발견했다.

찰리는 이렇게 설명했다. "제가 속도위반을 했던 적이 한번도 없었다는 건 아니에요." 하지만 시민의식과 진실성을 염려하는 한 개인으로서, 윤리를 가르쳤던 교육자의 입장에서 찰리는 무인카메라 감지기와 그것이 상징하는 것들에 신경이 쓰였다. 찰리가 아는 한, 이 무인카메라 감지기는 법을 어기도록 도와준다는 한 가지 목적으로 미국 시장에서 합법적이고 공개적으로 팔리고 있는 유일한 장치였다. 찰리가 생각하기에, 불법적인 행동을 하려고 미리 생각해둔 사람이 아니라면 누가 그걸 사겠는가 싶었다. 찰리는 딸이 자신이 이 문제에

내 아이에게 가르쳐주는 첫 정의 수업

대해 어떻게 생각하는지 알 거라고 확신했다. 또한 그는 그 장치가 사라 친구의 물건은 아닌지, 내리면서 숨겨두는 것을 깜빡한 것인지 의구심이 들기 시작했다.

어떻게 해야 하나? 찰리는 사라가 다시 차를 탔을 때 아버지가 그 장치를 보았으리라는 사실을 깨달을 거라고 생각했다. 찰리가 그 문제를 완전히 못 본 척하더라도 사라가 알려줄 것이었다. 하지만 이것 때문에 요란스럽게 집으로 들어가서 사온 물건을 내던지고 아이들의 잘못을 들먹이며 법을 위반한 아이들을 야단치는 일이 옳다고 느껴지지는 않았다. 찰리에게 필요했던 것은 제3의 방안, 트릴레마에서의 선택지였다. 아무 일도 아니라는 듯이 행동하지 않으면서 아이들의 독립성을 짓밟고 느닷없이 방학을 망치지도 않는 방안이 필요했다.

찰리는 사라에게 따로 이야기하는 방식을 생각해보았다. 그렇게 하면 적어도 부모로서의 의무는 다한 셈이 될 것이었다. 하지만 교사로서의 의무를 피하는 행동이 아닐까? 저녁을 먹으면서 점잖게 이야기해 보는 방법도 생각해보았다. 하지만 그러면 대번에 설교의 느낌이 들어 아이들이 불편하게 음식만 멀뚱멀뚱 쳐다보고 자신을 윤리적 결함에 대해 질책하는 까다로운 사람으로 보이지는 않을까? 어떻게 하면 그 이야기를 언급하지 않고 자연스럽게 말이 나오도록 할 수 있을까?

그날 저녁식사를 하던 중, 활발하게 진행되던 대화의 주제가 뉴스에 나오는 사회적 쟁점으로 옮겨갔다. 사라처럼 친구들도 모두 열렬한 환경 운동가로서 세계 환경 개선에 관심이 많았고 환경을 파괴하는 일을 쉽게 용인하는 사회에 혐오를 느꼈다. 찰리에게 한 가지 해결책이 떠오르기 시작한 것이 이때였다. 찰리는 그것을 일종의 우화라고 했는데, 나중에 그는 그 우화가 완전히 거짓말로 시작했다는 사실을 시인했다. 찰리는 아이들에게 방금 본 뉴스 이야기를 해주었다. 물론 허구의 이야기였다. 북쪽 뉴잉글랜드의 숲속 깊숙한 곳에 제지 공장이 하나 있는데, 가장 가까운 도시와도 멀리 떨어져 있고 외부인이 거의 접근할 수 없다. 몇 년 동안이나 이 공장에서 나온 폐수는 오래된 하수관을 따라 막힘없이 흘렀고, 눈에 보일 정도로 심하게 오염된 채 물과 섞이는 바람에 지역 하천을 오염시키고 있었다. 공장주는 최근 주(州)의 규제 담당자에게 폐수를 유출하지 말라는 명령을 받았다. 하지만 공장주는 폐수를 막는 대신 하수관 끝에 전기로 작동하는 물 멈춤 꼭지를 달았다. 그 장치는 가까운 나무에 장치해놓은 동작 감지기와 연결되어 있었다. 이런 식으로 주 조사관이 하수관에서 일정 범위 안에 들어오면 폐수가 나오는 하수관이 자동으로 잠겼다. 침입자가 떠나면 마개가 다시 열려 평소처럼 오염물질을 쏟아냈다. 회사에서는 폐수를 멈추기 위해 아무런 노력도 하지 않았다. 그저 적발만 피할 뿐이었다.

찰리가 이야기를 하면 할수록, 사라와 친구들은 점점 더 분노에 사로잡혔다. 규제 담당자를 속임으로써 대중에게 피해를 주고 평소처럼 계속 사업을 운영하는 식으로 법의 감시를 빠져나간다는 생각은 아이들을 분노하게 만들었다. 대체 누가 최첨단 기술을 그런 비열한 목적에 사용한단 말인가? 몇 분 동안 대화는 맹렬히 계속되었지만 아버지를 흘낏 본 사라는 사태를 파악하기 시작했다.

"얘들아, 잠깐만! 아빠가 우릴 속이는 것 같아!" 찰리가 회상하기를, 이후에도 아이들은 무인카메라 탐지기에 대해 아주 유익한 대화를 나누었다고 한다. 지속적이고 고의적으로 법이나 속도위반을 탐지하는 일에 혁신적인 기술이 동원되면서 실제로 유용한 기술이 비윤리적인 일을 감추기 위해 쓰일 수 있다는 무서운 사실 등에 대해서였다.

다른 부모들처럼 찰리도 젊은이들의 윤리적 토론에 끼기가 망설여졌다. 구닥다리나 독선적인 사람으로 보이고 싶지 않았고, 주 경계를 넘나드는 긴 여행과 학생들의 일정이 어떤지 잘 모르는 순진한 사람처럼 보이고 싶지 않았기 때문에, 찰리가 이 대화를 그저 흘러가게 놔두었던 것도 무리가 아니었다. 하지만 찰리는 진실성의 기준에 대해 확고한 의견이 있었고 딸 세대 아이들이 높은 수준의 인식을 할 수 있도록 도와주고 싶어 했으므로, 자신의 입장을 단호하게 주장했어도 괜찮았을 것이다. 하지만 마침내 해답을 얻어낸 그 대화에서는 찰리의 입장에서 설교할 필요가 없었고, 저항하는 사람들에게 그의 윤리적 원칙을 강요할 필요도 없었고, 정직성에 대해 설교하듯 주장할 필요도 없었고, 자기가 옳다고 의기양양할 필요도 없었다. 왜일까? 대화가 본격적으로 시작되었을 때 논의의 주제가 된 가치들은 찰리가 제공한 것이 아니라 아이들 스스로가 상정한 것이었기 때문이다. 찰리의 입장에서는 상황의 묘사에서 시작한 이야기를 의무의 인식에 대한 이야기로 논의를 옮기기 위해서 애쓸 필요가 없었다. 그는 그저 아이들이 이야기를 회피하지 않을 만큼 적절한 비유를 생각해냈을 뿐이다. 찰리는 큰 갈등없이 아이들이 스스로 법을 위반하는 일이나 규정의 편의와 관련된 자신들의 도덕적 태도에서 논리적 모순을 발견하도록 만들었다.

전형적인 트릴레마의 방식으로, 찰리는 '말해야 하나 말아야 하나'라는 딜레마의 양쪽 끝에서 좋은 점만을 뽑아 한데 모았다. 찰리는 그 일을 모른 척하지도 않았고 스스로 쟁점을 끄집어낼 필요도 없었다. 그리고 짚고 넘어가야 할 요점을 말했을 때에도 성인군자인 체하는 사람으로 치부되지 않고 이야기를 진행할 수 있었다.

● 세 개의 노란 깃발 – 경고 신호기

제3의 해결책을 찾아내는 것은 아주 가치 있는 일을 찾는 작업이며 이는 거의 최선의 해결책이다. 이 해결책은 감정을 통제하며 모든 사람이 이겼다는 기분이 들게 한다. 하지만 제3의 해결책을 찾을 때는 주의해야 할 세 가지가 있다.

—— 제3의 해결책 찾기는 항상 쉽지만은 않다. 딜레마를 트릴레마로 만드는 제3의 선택지는 손가락 한 번 움직인다고 생겨나는 것이 아니다. 윤리적 딜레마와 처음 맞닥뜨렸을 때, 우리는 반대되는 두 입장에 강하게 집중한다. 복잡성을 풀어내고, 완강한 입장을 분석하고, 도덕적 근거를 자신에게 유리하게 해석한다. 그런 사고방식에서, 우리는 논리의 양 극단과 서로 반대되는 입장에 너무 집중한 나머지 중간 지대에는 거의 주의를 기울이지 않는다. 하지만 윤리적 의사결정 체계를 통과하면서, 특히 집단적으로 문제를 해결하는 상황에서 우리의 사고방식은 더 복잡하고 섬세한 해결책에 손을 뻗기 시작한다.

가치에 대해 열심히 생각하고, 옳고 그름의 문제에 대해 곰곰이 생각하며, 가장 만족스러운 해결 원칙을 찾아볼 때 제3의 해결책이 떠오르기 마련이다. 다시 말해 어려운 딜레마를 풀기 위해 진정한 해결책을 찾아볼 때 제3의 해결책이 떠오른다는 말이다. 이 순간은 문제 해결 중인 참여자의 창의성이 번뜩이는 순간이

내 아이에게 가르쳐주는 첫 정의 수업

다. 잠시 조용했던 참여자가 다시 대화에 끼어들면서 "이렇게 해 보면 어때?", "이런 건 어떨까?"라는 말을 던질 때가 바로 이때다. 찰리가 주제를 다룰 효과적인 방식을 생각해내는 데 얼마간 시간이 걸렸다는 점에 주의하라. 찰리가 사라의 차에 타자마자 "아, 제3의 해결책이 필요해!"라고 생각하지는 않았다. 실질적인 선택지, 즉 찰리가 말한 우화는 저녁식사 시간의 논의에서 의견을 주고받으면서야 비로소 떠오른 것이다.

— 제3의 해결책이라도 모두 고수할 만한 가치가 있는 것은 아니다. 척 봐도 말이 안 되고, 상황과 동떨어진 의견이 있다. 한편 겉으로 볼 때는 매력적이지만 변명이나 책임 회피, 단순한 달래기에 불과하거나 핵심 가치를 다루지 않는 의견도 있을 수 있다. 그런가 하면 정말 공평한 방안인 것처럼 위장했지만 어느 한쪽에 미묘하게 유리한 사항을 제시하는 의견도 있다. 효과적인 해결책을 찾으려면 당면한 현실의 딜레마를 철저히 고찰하는 과정이 중요하다는 사실을 상기하라.

찰리의 딜레마는 단순히 무인카메라 탐지기에 대한 찬반 의견을 선택하는 문제가 아니었다. 찰리는 자신이 옳다고 생각하는 바와 옳지 않다고 생각하는 바를 섞어서 제3의 해결책을 찾는 데는 전혀 관심이 없었다. 찰리에게 탐지기가 옳지 못한 물건이라는 점은 논의의 여지 없이 이미 결정된 사항이었다. 그가 부딪힌 난제는 격한 감정을 느끼는 자신의 상태를 딸에게 언급하느냐 마느냐에 대한 문제였고, 만일 언급한다면 어떻게 해야 하는지에 대한 문제였다. 그의 딜레마는 진실 대 충실성(생각하는 바를 말하느냐, 가정의 평화를 지키느냐), 단기 대 장기(지금 말하느냐, 나중에 말하느냐)의 문제였다. 찰리의 과제는 단순히 이야기 들려주기가 아니라 특히 적절한 비유를 생각해내는 일이었다.

— 딜레마 중에는 제3의 해결책이 없는 것도 있다. 만약 그렇게 생각하지 않는다면 그 사람은 비양심적으로 타협하는 사람이나, 태도를 확실히 해야 할 문제에서 망설이는 사람, 또는 아무 주장이나 묵인해서 핵심 가치에 대한 자신의 헌신을 위험에 몰아넣는 사람이 될 가능성이 있다. 진정한 제3의 해결책이 없는 경우, 어느 한쪽이 불편하게 생각할 수도 있는 태도를 유지하기 위해 용기를 내야 할 때도 있다. 하지만 뚜렷한 제3의 해결책이 나타나지 않더라도 방안을 찾아보는 과정은, 타협이라는 단어에 새로운 타당성을 부여하는 데 도움이 된다. 어떤 사람들은 타협이 쉽게 굴복한다거나 용기가 없는 행동이라 생각하며 무슨 일이 있어도 피해야 하는 대상이라고 생각한다. 또 어떤 사람들은 타협이 일종의 교묘한 협상이라고 생각하기도 한다. 당면한 상황에서 가장 나쁜 측면은 억제하고 좋은 측면은 빛을 보게 한다는 것이다. 그러나 누군가 창의적이고 만족스러우며 모두에게 유리한 해결책을 내놓는다면 타협이 곧 제3의 해결책이 될 수도 있다. 제3의 해결책이 단 하나만 있으리라고 단언하지 말고 해결방안을 계속해서 모색해야 한다.

찰리의 우화는 효과가 있었을까? 찰리는 이렇게 회상한다. "아이들은 핵심을 확실히 이해했습니다. 그리고 그 이야기 덕분에 자신들의 추론 과정을 더 깊이 들여다보게 된 것 같아요." 게다가 그 우화는 토론하면서 불편하고 반갑지 않을 수도 있었던 시간을 활기차고 분위

내 아이에게 가르쳐주는 첫 정의 수업

기 좋은 저녁식사 시간으로 바꾸어놓았다. 하지만 찰리는 윤리적 주장을 펼치기 위해 허구의 이야기를 지어내서 진실을 밝히는 전략으로 이용했다는 사실을 고백해야 했다. 이런 모순은 가끔 훌륭한 이야깃거리가 되기도 한다.

훈육에도 스토리텔링이 필수다

- 양육도 가끔 내려놓을 때가 필요하다. 10대 아이들이 이성적, 합리적인 능력을 계발한다고 해서 여러분도 말을 잘하려고 열을 올릴 필요는 없다.

- 10대 아이들은 자신이 다룰 수 있는 복잡한 문제들과 체계를 환영한다. 부모들은 아이들이 트릴레마와 제3의 해결책을 이해하도록 도와주고 딜레마에 중간 지대의 해결책이 존재할 때 트릴레마가 됨을 이해할 수 있도록 도와준다.

- 허구든 진실이든 간단한 우화나 이야기는 10대들 사이에 진정한 의견 교환이 일어나도록 할 수 있고, 여러분이 지켜보는 가운데 아이들이 핵심을 밝혀내도록 할 수도 있다.

- 아이들이 직접 핵심 가치를 이야깃거리로 꺼내도록 하면 여러분이 직접 나서지 않아도 된다. 아이들은 자기가 정말 중요하다고 말했던 그 문제에 대해 스스로 어떤 방법을 구할 가능성이 더 커진다.

생각보다 빠른 아이들의 성(性) 고민

찰리가 직면했던 제3의 해결책은 그가 아이들의 감정을 상하게 하지 않으면서 이야기할 방법을 찾으려고 고심할 때 떠올랐다. 하지만 일단 주장을 밝히는 법을 알고 나니 한 걸음 더 나아가는 데는 특별한 도덕적 용기가 필요하지 않았다.

하지만 무엇을 해야 할지는 명백하지만 막상 실행할 때 용기를 발휘해야 한다면 어떤 일이 일어날까? 이 상황은 콜트의 딸 탄이 남자친구와 밤을 보내지 않기로 선택한 다음에 콜트가 겪었던 일이다.

고등학교 2학년이었던 탄은 졸업파티가 있는 달에 졸업반인 조와 만나고 있었다. 콜트와 아내 멜리사는 이 관계가 다소 걱정스러웠다. 조는 착한 아이였지만 보통 사람과 가치관이 많이 달라 보였다. 콜트는 이렇게 회상한다. "사실 그 애에게 가치관이랄 게 아예 없었죠." 콜트와 멜리사가 둘 다 교사로 있는 지방 고등학교에는 일명 '프레피preppie(미국 명문 사립대학에 입학하려는 예비 과정 학생을 가리키는 말로, 부유함과 지성적 이미지를 풍기는 상류층 학생을 의미하기도 함—옮긴이)'라고도 불리는 아이들과 빈민가의 아이들 사이에 사회적 분리 현상이 뚜렷하게 나타났다. 확실히 그들의 탄은 전형적인 프레피는 아니었다. 탄은 엄마 아빠와 함께 농장에서 자랐고, 일부러 TV를 없앤 농장에서 집안일을 하거나 책을 읽으면서 오랜 시간을 보냈다. 반면에 조는 엄마만 있는 가정에서 자랐고, 조의 엄마는 알코올 중독에 시달리고 있었고 금전적으로도 불안정했다. 콜트는 조가 아주 낙천적이고 태평한 아이였다고 했다. 제대로 돌아가지 않는 가정에서 어렵게 자라면서도 본질적으로는 순수한 아이였다. 교사였던 콜트와 멜리사는 딸과 조의 관계가 점점 깊어지고 있다는 사실을 알게 되었다. 그런 상황이 별로 맘에 들지는 않았지만 딸에게 조를 강제로 만나는 것을 반대하면 반발심에 아이들이 더 가까워질 수도 있다는 사실을 알았다. 그래서 부부는 되도록 많은 말을 자제하고 가까이에서 지켜보기로 의견을 모았다.

내 아이에게 가르쳐주는 첫 정의 수업

졸업 파티가 있던 주말에, 콜트와 멜리사는 집을 떠나 학회에 참석했다. 당시 함께 살고 있던 아시아에서 온 교환학생과 탄에게는 해도 되는 일과 하지 말아야 할 일을 명확히 일러주었다. 학회가 진행되던 중, 그 교환학생은 콜트 부부가 묵던 호텔에 전화를 걸어서 놀라운 사실을 알렸다. 그날 탄이 집에서 조와 함께 밤을 보내기로 했다는 이야기였다. 그런데 마침 딸에게 연락이 잘 되지 않았다. 탄은 이미 졸업 파티와 관련된 행사준비에 푹 빠져 있었고, 콜트와 멜리사는 학회에 참가하는 중이었고 둘 다 휴대전화도 없었다. 만약 쉽게 연락이 되었다 해도, 뭐라고 말했겠는가? 콜트의 말에 따르면 당시 그들이 할 수 있는 일은 탄의 판단을 믿는 것뿐이었다고 한다.

● 어려운 이야기

결국 탄은 그날 밤을 조와 함께 보내지 않기로 했다. 많은 부모들에게 이런 결과는 반갑고 다행스러운 일이었을 수 있고, 보통의 경우라면 그대로 일이 잘 마무리되었을 것이다. 하지만 콜트에게는 그렇게 쉽게 마무리되는 일이 아니었다. 그는 탄과 함께 이 문제를 다루었다고 말하지만 직접 그 사실을 기억하지는 못한다. 콜트가 기억하는 것은 조와 이야기를 나눠야 했다는 점뿐이다. 그래서 콜트는 그 주 토요일에 조의 집에 직접 찾아 가서 그를 만나보았다. 졸업파티가 끝나고도 일주일이 지난 데다 탄의 아빠가 자신과 껄끄러운 문제에 대해 이야기하러 온다는 사실을 조가 알고 있었기 때문에 콜트는 약간의 두려움과 떨림을 느꼈다. 어찌 됐든, 부모로서 이런 논의를 할 일이 얼마나 자주 있을까? 콜트는 이렇게 말한다. "이런 대화는 지금까지 누구와도 나눠본 일이 없었어요!"

콜트는 이렇게 회상한다. "그 왜, 부엌에서 수다 떠는 것처럼 말이에요. 저는 앉아 있고, 조는 그 주변을 걸어다니거나 했어요." 대화는 조가 먼저 '본질적으로 제일 중요한 건 호르몬이에요'라는 설명을 하면서 다소 이상한 분위기로 시작되었다. 하지만 이야기를 나눌수록 콜트는 조가 자신을 경계하거나 사실을 숨기지 않고 개방적이고 친절하다고 느꼈다. 콜트는 또한 조가 자라면서 도덕적 문제에 대해 부모의 지도를 받아본 적이 없다는 사실도 깨달았다. "우리는 사람이 친구들과 맺는 관계에 대해 얘기했어요. 존중이 무슨 의미고, 우정이 진짜로 무엇을 의미하는지, 그리고 주고받기에 대해서도 이야기했고, 어떻게 우정이 서로를 도와주고 성장시킬 수 있는지에 대해서도 이야기했어요." 콜트는 조가 성적인 관계 외에도 다른 성숙한 선택을 할 수 있다는 점, 또 누군가를 사랑한다고 해도 예전에 선택했던 방식과 다르게 행동할 수 있는 방식들이 있다는 점을 보여주려고 애썼다고 한다.

콜트는 이것이 조에게 새롭고 낯선 대화라는 생각이 들었다고 한다. 조는 콜트에게 말했다. "전 이런 이야기를 이런 식으로 해본 적이 없어요." 조는 섹스를 '고등학교 졸업반이 되면 누구든지 하는 일' 정도로 여겼다고 한다. 콜트는 그날의 대화가 아주 화기애애했고 그곳을 떠날 때에는 이 친구에게 따뜻한 마음을 가지게 되었다고 한다.

조는 그 후 몇 달 안에 군대에 갔고, 탄은 조와 헤어졌다. 그들의 연인관계는 끝을 맺었지만 조는 계속해서 콜트와 그의 아내에게 전화를 했다. 콜트는 이렇게 말한다. "가끔은 길게 통화할 때도 있었어요. 자기가 무슨 일을 하고 있는지, 자신에 대해서 무엇을 알게 되었는지 종종 말해주었죠." 조는 다른 짝을 만나 결혼해서 자녀를 두고 잘 살았다.

● 불편한 주제일수록 터놓고 말하라

이 이야기는 정말로 번뜩이는 도덕적 용기로 짜여 있다. 우리는 탄이 어떤 생각을 하고 있었는지 알 수 없지만, 탄은 다른 사람에 대한 책임과 자신에 대한 존중에 강경한 태도를 취할 필요가 있었기 때문에 조와 밤을 보내겠다는 당초의 계획을 바꾸었는지도 모른다. 도덕적 용기가 더욱 명확하게 나타난 곳은 탄의 집에 와 있던 교환학생의 행동이다. 친구의 일을 고자질하거나 다른 사람의 비밀을 발설했을 때 또래 집단에게 받을 심한 비난을 고려하면, 그 교환학생은 진실이냐 충실성이냐의 딜레마에 빠져 있었다. 이 교환학생은 침묵을 지킬 만한 강력한 이유도 있었고, 주인집 가족과 진실을 공유해야 할 만한 이유도 있었다. 어찌됐든 그녀가 전화를 걸었다는 사실은, 자신의 기준이 도전을 받았을 때 자발적으로 행동을 취하고자 하는 태도에 대해 우리에게 중요한 교훈을 남긴다.

하지만 누구보다 여기서 용기 있게 행동한 사람은 바로 콜트다. 우리는 이 이야기가 어떻게 흘러갔는지 이미 알기 때문에 이 점을 간과할 위험이 있다. 10대와 솔직하게 터놓고 이야기하는 데 얼마나 용기를 내야 하는가? 이 질문의 답은 안타깝게도 그리 명백하지 않다.

양육이라는 풍경을 들여다보면, 한때 가까웠던 부모와 자녀의 관계가 껍데기만 남아 뒹굴고 있는 경우가 많다. 부모와 자녀의 관계가 빈 껍데기만 남는 이유는 서로 솔직하게, 또 애정을 담아서 자유롭게 의견을 주고받지 못하기 때문이다. 이 사례가 도덕적 용기에 관한 이야기인 까닭은 삶이 위험에 빠져서도 아니고, 재산이 손실될 위험에 빠져서도 아니고, 명성이 위태로워져서도 아니다. 사실 콜트도 명예를 걸고 수행해야 하는 불가피한 의무에 맞닥뜨린 것은 아니지 않은

가. 이런 상황에서 많은 부모들은 조가 앞으로 더 훌륭한 젊은이가 되도록 특별히 애를 쓰기보다는 딸을 가진 부모로서의 가벼운 분노만 느끼지 않았을까? 그냥 내버려두는 편이 훨씬 편하지 않았을까?

하지만 콜트의 이야기가 말해주듯, 도덕적 용기가 우리에게 조치를 취하도록 촉구할 때는 우리의 가치가 시험대에 올랐을 때다. 도덕적 용기의 표출은 항상 어떤 위험이나 위협과 맞서는 상황을 수반한다. 이때 우리가 취한 행동은 지속적이고 뿌리 깊은 난제를 남기거나 반감을 야기할 수도 있다. 콜트가 조에게 이야기를 해야 할지를 숙고했을 때에도 분명히 그럴 가능성이 있었다. 하지만 양심을 지키는 행동은 그러기로 결정한 사람뿐만 아니라 전체 상황을 바꿔놓을 수도 있다. 또 존경할 만한 본보기와 영웅을 기대하는 집단적인 갈망을 고려하면, 도덕적 용기의 표출은 개인의 경험을 넘어 오래 지속되는 유산을 만들어낼지도 모른다. 조에게 일어났던 일처럼 말이다.

● 스스로 자제하고 생각하도록 가르쳐라

이러한 훈훈한 결과에도 불구하고 직접적인 문제는 여전히 남아 있다. 원칙을 위해서 위험이나 불편을 견뎌낼 수 있는 내면의 신뢰나 자신감을 불러일으킬 수 있는가 하는 문제다. 젊은이들에게서 흔히 나타나는 또래 집단의 성향이나 공동체의 가치를 따라가려는 행동에서 발생하는 갈등을 고려할 때, 도덕적 용기를 지키게 하는 세 번째 렌즈는 부모들이 예전보다 훨씬 중요한 대화를 나누게끔 한다. 우리는 콜트의 사례가 조의 용기를 북돋아주고 깊이를 더하는 데 도움이 되었는지 알지 못하지만, '학습과 교육의 세 가지 방식' 중 하나가 콜

트의 행동에 반영되었다는 사실은 알 수 있다. 학습과 교육의 세 가지 방식은 도덕적 용기에 관해 예전에 쓴 책에 언급했던 내용으로, 도덕적 용기를 다음 세대에 심어주는 가장 흔한 방식이다.

1. **대화와 토론**: 합리적인 탐구와 질문을 통해 도덕적 용기에 해당하는 생각을 명확히 밝히고, 상황에 적절하고 설득력이 있는 형태로 다듬는다.
2. **모델링과 멘토링**(또는 모범 보이기와 일대일 지도): 실생활에서 나타나는 이야기들은 도덕적 용기가 작용하는 양상을 직접 보여주고 다른 사람들이 따를 수 있는 방법을 보여준다.
3. **연습과 끈기**: 도덕적 용기의 적용 능력을 높이는 기술을 직접 계발함으로써 스스로 수양할 수 있다.

이것들 중에서 가장 중요한 것은 콜트의 사례에서 이용되기도 한 두 번째 방식이다. 사실 대화(1번)도 중요했다. 콜트는 자신이 딸을 존중해줄 때 발휘했던 자제력이라는 가치를 조가 알 수 있도록 도와주어야 했다. 그리고 졸업파티 이후 조와 대화하기 전까지의 일주일 동안 콜트가 조를 찾아내는 데는 끈기(3번)가 필요했다. 그때 콜트가 조와 대화할지 말지에 대해 망설이거나, 그대로 물러나 그냥 잊어버리고 싶은 유혹을 물리치는 데도 끈기가 필요했다. 하지만 그 순간의 진정한 가르침은 용기의 모범이 무엇인지 보여준 콜트의 행동이었다. 콜트는 조를 찾아갈 수 있게 해준 용기를 직접 행위로 옮김으로써 본보기가 된 셈이었다. 여기에 더해, 그는 도움과 지도를 받지 못한 상태로 사회적 상호작용의 세계를 헤쳐나가야 하는 조에게 일대

일로 조언을 해주고 싶은 충동을 느꼈다. 콜트가 보여준 용기의 모범은 교훈으로 조의 마음속에 남은 듯하다. 오늘날 조를 찾아내서 그날의 대화를 기억하느냐고 물으면 조는 어떻게 대답할까? 조는 콜트가 실제로 했던 이야기를 조금이라도 기억할 수 있을까? 아마 그렇지 않을 것이다. 하지만 콜트가 찾아왔던 일 자체가 조에게 미친 영향이나 콜트가 보여준 존중과 관심, 누군가 자신을 보살펴준다는 느낌에 대해서는 또렷하게 기억할 것으로 생각된다. 또한 조는 콜트가 자신에게 이렇게 하기까지 진정한 도덕적 용기가 필요했음을 알았을 것이며, 마음속 어딘가에 남은 양심의 목소리는 때때로 이렇게 말했을 것이다. "나중에 우리 아이들이 그 나이가 되면 나도 콜트 아저씨처럼 해야지!"

물론, 결국 일이 잘 풀렸기 때문에 콜트의 행동이 좋게 보이는 것 아니냐고 생각하는 사람이 있을지도 모른다. 결과가 좋지 않았다면 어땠을까? 만약 조가 콜트를 만나주지 않고, 탄과 그날 밤에 멀리 도망가서 살다가 아이를 몇 명 낳은 후에 탄을 떠나버렸다면 어떨까? 그래도 콜트의 행동이 도덕적 용기의 모범적 사례라는 평가를 받았을까? 아니면, 자신이 세상을 구할 수 있다고 생각한 백마 탄 기사의 만용으로 보였을까?

그래도 나는 그것이 도덕적 용기라고 생각한다. 조가 형편없는 자기 본위의 성향으로 기울어졌다 해도 그날 콜트가 조의 집에 나타났기 때문에 조의 인생이 어떤 식으로 변했을지 예측하기는 어렵다. 분명 콜트는 직관적으로 조의 이해력을 감지했고, 이는 매우 보람 있는 일이었다. 하지만 콜트는 자신이 마주한 위험에 대처하고 그 위험을 능숙하게 다루리라는 보장이 없었다. 도덕적 용기가 항상 위험을 누그러뜨리고 무력화한다면 견뎌내야 할 실질적 위험이 없어지므로 도덕적 용기를 발휘할 필요도 없다. 도덕적 용기를 정의하는 것은 결과의 성공이나 실패가 아니라, 노력과 시도하려는 의지, 결코 편안하지 않은 상황에서 위험을 무릅쓰고 행동할 수 있는 능력에 있다. 짐작건대 이것이야말로, 집으로 찾아와 인격 형성에 영향을 주었던 콜트에게서 조가 얻은 교훈이며 그가 콜트와 멜리사 부부에게 몇 년 동안이나 계속 연락하며 지냈던 이유가 아닐까 한다.

생각보다 빠른 아이들의 성 고민

JUSTICE
배 울 점

- 부모의 역할이 자녀가 요구하는 것보다 능숙해야 할 때도 종종 있다. 10대 자녀가 이성 친구를 소개해주었을 때, 그 아이가 여러분의 자녀보다 도움이 많이 필요하다 해도 놀라지 말라.

- 차분하게 도덕적 용기를 발휘하는 것이 가장 훌륭한 양육 방식 중 하나일 때가 많다. 강하게 의견을 주장하지 않았다고 해서 콜트를 나무랄 사람은 없을 것이다. 그는 그렇게 해야 한다고 생각했고, 한 사람의 인생을 바꾸었다.

- 용기는 토론, 모델링(모범 보이기), 연습을 통해 배울 수 있다. 여러분이 용기를 보여주는 방식은 결코 그동안 생각하지 못했던 놀라운 효과를 낼 수도 있다.

다른 환경의 친구들 이해하기

기억하겠지만 조는 빈민가 출신이었다. 하지만 부모역할을 해준 어른과 단 한 번 만남으로 조의 삶은 이전과는 다른 궤도에 접어들었다.

리오의 환경은 조의 삶보다 더 어려웠고, 그에게는 훨씬 더 큰 변화가 찾아왔다. 하지만 앨리가 떠올리는 결정적인 순간은 그녀의 집 부엌에서 음식을 훔치는 리오를 붙잡았던 날이었다.

초등학교 때부터 앨리의 아들 젭과 친한 친구였던 리오는 학교 수업이 끝나고 자주 집에 놀러왔었고 가끔 자고 가기도 했다. 특히 집안 사정이 안 좋아졌던 시기에 추수감사절을 함께 보낸 적도 있다. 리오는 식사 예절이 형편없었고 상대방에게 감사하다는 인사도 제대로 못했다고 한다. 하지만 리오는 활기차고 총명한 아이였다. 고등학교에 다니기 시작한 당시에는 그 어느 때보다도 할 일이 없어 보였다. 그래서 방과 후 리오와 젭이 집에서 자주 함께 있는 모습을 보여도 앨리는 놀라지 않았다. 오후가 되자 그들은 여느 때처럼 곧장 부엌에 가서 초콜릿으로 덮인 그래놀라 바를 꺼내 땅콩버터를 듬뿍 발라서 간식거리를 만들었다.

하지만 그날 오후 무슨 일이었는지—아마 전화가 왔었던 것 같다—젭은 부엌에 리오를 혼자 남겨두고 다른 방으로 들어갔다. 앨리가 모퉁이를 돌아왔을 때, 부엌에 혼자 있던 리오는 그래놀라 바가 가득 든 상자에서 내용물을 꺼내 자기 주머니에 쑤셔넣고 있었다.

● 도덕적 직관 따르기

이야기는 계속된다. 하지만 잠시 하던 이야기를 멈춰 앨리의 입장이 되어보자. 그녀는 어떻게 행동할까? 앨리에게는 다양한 선택권이 있다. 수많은 도덕적 대응 중에서 한쪽 끝을 선택하면, 앨리는 리오를 못 본 체할 수 있었다. 그랬다면 그녀는 리오가 무슨 짓을 하고 있었는지 모르는 것이었다. 순간적으로 진실 대 충실성을 저울질해 본 앨리는 리오가 그녀의 그래놀라 바를 훔치고 있었다는 사실에도 불구하고, 굳이 리오를 당황하게 만들어 서로에게 품고 있는 충실성을 해칠 필요까지는 없다고 마음을 정했을지도 모른다. 추론을 해 본 결과, 껄끄러운 문제를 일으키느니 평화를 지키는 편이 낫다고 생각했을 수도 있다. 어쩌면 젭이 집에 없어서 리오에게 따로 조용히 이야기할 수 있을 적절한 기회에 이 상황을 해결하리라고 다짐했을지도 모른다. 그것은 윤리적 행동일까, 미루기일까? 3장에 나온 지렁이 미끼 이야기의 테리처럼, 분명히 말하지 않는다면 도덕적 입장을 밝힐 기회를 피했다는 이유로 몇 년 동안 자책할지도 모른다. 하지만 바로 전에 살펴본 콜트의 사례에서처럼, 며칠간 적절한 기회를 기다린다면 한 청년의 삶을 변화시키는 데에 안성맞춤인 때가 올지도 몰랐다. 다시 말해 아무 말 없이 부엌을 지나쳐가는 행동은 앨리가 고상한 도덕적 태도를 취하고 있다는 표시일지도 모른다.

이번에는 선택지의 다른 쪽 끝을 보자. 모퉁이를 돌았을 때 본 광경에 놀란 앨리가 격하게 대응한다면 어떨까? 신뢰를 저버린 이 행동을 보고, 가족처럼 생각했던 아이가 내면에 숨기고 있던 이기적이고 음흉한 모습을 보고 앨리가 마음의 스위치를 능동적인 상태로 바꾼다면? 나쁜 행실을 완전히 바로잡고자 하는 깊은 바람에서 앨리가 단호하고 권위적인 태도로 리오와 대치하게 된다면? 이런 방식을 택한다면 아마도 무슨 일이 일어났는지 잘 모르는 젭이 지켜보는 가운데, 그 자리에서 엄하게 이야기하게 될지도 모른다. 리오를 쫓아낼 수도 있다. 리오를 집으로 보내서 자신이 누구인지, 그리고 앨리의 가족들과 어떤 관계를 맺고자 했는지 생각하게 하는 것이다. 물론 여기서 더 심해지면 비윤리적인 태도에 가까워진다. 엄청난 감정의 폭발에 사로잡힌 앨리가 홧김에 리오를 영원히 집에 들이지 않을 수도 있다. 하지만 그때 리오가 자신의 인격이 아닌 행동에 대해 따끔하게 질책해줄 어른이 필요했다면, 앨리가 그냥 지나치지 않고 리오의 생각에 중요한 변화를 줄 수 있을까? 많은 사람들은 이렇게 말할 것이다. 마음은 불편할지 몰라도, 엄격한 애정은 윤리를 완성하는 숭고한 방법이라고 말이다.

그렇다면 실제로는 어떤 일이 일어났을까? 앨리는 이 두 가지 입장의 극단으로 가지 않고 제3의 해결책을 만들어냈다. 돌이켜 생각해보면 그때 앨리가 취한 행동은 리오를 질책하는 동시에 위로하는 행동이었던 듯하다.

"리오!" 앨리는 생각할 틈도 없이 부엌 조리대를 돌아오면서 소리쳤다. "그렇게 몰래 가져갈 필요 없어! 가져가고 싶은 만큼 가져가도 돼."

리오는 어색하게 행동을 멈추더니 그래놀라 바를 도로 꺼내놓으면서 말했다. "네네, 알았어요, 아줌마."

이런 상황에서 흔히 그렇듯이, 앨리는 어떻게 해야 할지 생각할 시간이 없었다. 그저 도덕적 직관을 발휘했을 뿐이었다. 앨리의 도덕적 직관은 가족을 지키고 어려운 사람을 돌보고자 하는 모성 본능이 튀어나오게 했다. 하지만 앨리가 나중에 설명한 바에 따르면, 그녀가 한 말에는 그때 리오의 세계에 있던 본질적인 문제를 건드렸다는 사실을 감지했다고 한다. 리오는 원하는 만큼 가질 수 없는 문제를 가진 아이였다. 집에 가면 아무것도 없었다. 리오가 갖고 싶고, 필요로 했던 어떤 것도 충분치 않았다.

"리오는 집에 대한 이야기를 물어보려고 했을 때 우리에게 솔직하지 못할 때가 많았던 것 같아요. 자기 집안 사정이 어땠는지 리오가

내 아이에게 가르쳐주는 첫 정의 수업

사실대로 말하지 않았다고 생각해요."

● 우리집 문화는 어떻게 만들어지는가?

리오가 왜 젭의 가족에게 끌렸는지 사회학적으로 설명할 수 있는
이유는 많이 있다. 리오는 친절한 느낌, 너그러움, 대화할 때의 적절
한 말투, 수용적인 태도, 자연스러운 애정 표현 등의 가족 분위기에
매료되었을 것이다. 이 모든 것들이 하나의 문화를 형성했다. 리오는
이런 분위기나 느낌, 환경을 뭐라 규정할 수는 없었지만 젭의 가족
안에서 이런 것들을 느끼지 않을 수도 없었다. 어떤 의미에서는 이런
분위기 덕분에 앨리는 굳이 세 번째 렌즈를 활용할 필요가 없었다.

—— 앨리는 어떤 특정한 핵심 가치도 분명히 밝혀내지 않았다. 젭의
　　가족이 리오에게 갖는 의미와 리오의 의리에 대해 논의한다면
　　분명 책임감과 존중을 들 수 있겠지만 앨리는 그런 가치에 대해
　　서 논의하지 않았다.
—— 앨리는 해결책이 필요한 옳음 대 옳음의 딜레마에 빠졌다고 생
　　각하지 않았다. 진실 대 충실성의 논리에 따라 그냥 지나칠지
　　말지를 생각할 수 있었지만 앨리는 그런 생각을 하지 않은 듯하
　　다. 앨리의 도덕적 직관은 추론할 기회를 잡기 전에 효력을 발
　　휘했다.
—— 아마도 앨리는 자신이 눈에 띄는 도덕적 용기를 발휘했다고 생각
　　하지 않았을 것이다. 본래 소심하거나 10대 아이들과의 관계에
　　자신이 없는 사람들은 앨리의 즉각적이고 단호한 대응을 용기 있
　　는 행위로 묘사할지도 모른다. 하지만 앨리 본인은 눈앞에 닥친

위험을 발견하지도 않았고 원칙을 위해 위험을 감내해야 할 필요도 느끼지 못했다. 아마 이 사건을 보고 앨리의 대담함이 찬사를 받았어야 하는 상황으로 꼽는 이는 별로 없으리라 생각한다.

그렇다면 여러분은 앨리가 겪은 도덕적 상황을 어떻게 묘사하겠는가? 이 일은 가치, 딜레마, 용기 있는 행동 등 이 책의 기반이 되는 것들을 들여다보는 렌즈와 아무런 관계가 없었을까? 사실 이 사건은 위에 열거한 모든 것들과 관련이 있었다.

앨리와 가족들이 만들어낸 분위기를 가장 잘 나타낸 말은 '진실성의 문화', 즉 진실성이 배어 있는 집안 분위기일 것이다. 이는 드러내놓고 가르치려 드는 분위기가 아니었다. 앨리와 남편은 자녀에게든, 외부인에게든 일부러 도덕에 대해 가르치거나 설명했던 순간을 많이 떠올리지 못한다. 그러는 대신 그들은 '무엇을 하는지'보다 '어떻게 하는지'가 중요한 분위기를 만들어냈다. 이것은 그런 문화 속에서 살고 있지 않은 사람에게 엄청나게 호소력이 있었다. 리오에게 "그렇게 몰래 가져갈 필요 없어"라고 말했을 때, 앨리의 말에는 실제로 더 큰 의미가 있었다. '우리 집에서는 그렇게 행동하지 않아'라는 의미였다. 리오가 도망쳐버리거나 화를 내거나 울음을 터뜨리지 않고 물건을 다시 꺼내놓는 식으로 반응했을 때, 그는 자기도 그 문화에 속하고 싶다는 사실을 인정한 듯했다.

문화라는 복합적인 의미가 있는 단어를 일상적인 단어로 쉽게 표현하자면, 문화란 '이 동네에서 우리가 행동하는 방식'에 대한 것이다. 가정에서, 더 정확히는 어떤 가정에 배어 있어 그 가정을 특징짓는 부모와 자녀 간의 분위기에서, 문화는 '우리가 이 가족 내에서 서로 어떻게 행동하는지, 그리고 당면한 상황에서 외부인에게 어떻게 행동하는지'에 달려 있다. '어떻게'는 다시 부모가 '가혹하게', '소심하게', '기만적으로', 또는 '윤리적으로', '적절하게', '올바르게' 행동할 수 있다는 여러 의미의 확장이 가능하다. 이 차이는 아주 중요하다. 문화는 우리가 하는 행동이 아니라 우리가 행동하는 방식에 따라 정의된다. 윤리적이고 도덕적으로 행동하는 것이 어떤 가족의 정해진 관습이라면 그 가정의 문화는 진실성의 문화라 할 수 있다. 이런 경우 의사결정과 행동의 기본적인 상태는 핵심 가치를 옹호하는 쪽이 될 것이다. 따라서 이 가족의 경우 '어떻게'는 '정직하게', '책임감 있게', '정중하게', '공정하게', '자비롭게'로 정의된다. 또한 위에 내린 문화의 정의에서 주목할 점은 '우리'라는 단어다. '내'가 이 동네에서 행동하는 방식은 개인의 취향이지만 '우리'가 행동하는 방식은 문화다. 문화를 개인의 취향으로만 대체하려다가 좌초된 사업체, 학교, 정부 기관은 수도 없이 많다. 조직 경영에서와 마찬가지로 양육에서도 '내 방식대로 하지 않으려면 떠나라'라는 어구는 불행하게도 '나'라는 단수 대명사로 시작한다. 이와 대조적으로, 문화는 집단적인 노력이기 때문에 '우리 방식……'으로 시작하는 어구는 '떠나라'라는 말로 끝맺을 필요가 없다.

이런 점들을 염두에 두면, 리오의 절도 미수행위에 대한 앨리의 반응은 단순히 리오의 방식과 앨리의 방식의 대립이 아님이 분명하다. 이 반응은 '우리의' 방식, 즉 앨리 자신보다 광범위한 진실성의 문화에서 나온 일종의 집단적 대응이었다. 우리가 주의해서 보았듯, 앨리의 행동은 핵심 가치나 의사결정 패러다임, 도덕적 용기 중 어느 하나에 특별히 초점을 맞춘 결과가 아니었다. 이 세 가지가 전부 한곳에 모였기 때문이었다.

궤도의 중심에 진실성의 문화를 넣고 그 주변에서 가치, 결정, 용기가 둘러싸고 있는 모습을 그림 4처럼 그려보라. 그리고 핵심 가치는 직관에 뿌리를 두고, 의사 결정은 합리성에 뒷받침되고, 도덕적 용기는 가치와 결정을 행동으로 옮기기를 요구한다는 사실을 생각해 보자. 화목한 많은 가족들의 경우처럼 진실성의 문화가 제대로 표출될 때, 직관, 추론, 행동은 그 중 어느 하나가 없거나 특별히 압도적이지 않은 상태로 균형을 이룬다. 그런 가정에서 진실성의 문화는 거의 보이지 않지만 바로 느낄 수 있으며 알아채기는 어렵지만 그 영향에서 절대로 벗어날 수 없다.

　　진실성의 문화에서 자란 자녀들이 더 윤리적으로 행동하는 사람이 될 뿐만 아니라 여러분 자신의 양육 방식도 더 진실하고 안정적이며 자연스러워진다. 또한 진실성의 문화는 그 안에서 사는 사람들에게 보이지 않는 방식으로 한 가족의 영향권을 확대하면서 이 세상의 리오와 같은 수많은 사람들에게 지표가 된다.

그림 4. **진실성의 문화**

　내　아이에게　가르쳐주는　첫　정의　수업

● 이야기로 보여주는 우리집

진실성의 문화를 만들어내는 많은 요인 중 가장 중요하다고 할 수 있는 것은 '이야기하기'이다. 여기서 말하는 이야기는 자기 전에 해주는 옛날이야기나 책에서 보는 이야기가 아니라 가족들이 실제로 겪었던 일에 대한 이야기를 의미한다. 부모들은 자신이 누구이며 어디서 왔는지를 규정하는 이야기를 스스로 끊임없이 만들어내고 있다는 점을 어느 정도 본능적으로 인지할 때가 많다. 찰리에게 무인카메라 탐지기에 대한 대화의 영향에 대해 묻는다면, 찰리는 그 일이 가족끼리 전하는 이야기가 되었다고 말할 것이다. 그가 말하기를, 어쩌다 한 번씩 가족들은 그 일을 떠올리고 다시 이야기함으로써 서로의 생각과 관심에 대해 상기한다고 한다. 만족스러운 가정생활을 하는 사람에게 자신의 가족에 대해 어떻게 생각하는지 물어볼 수 있다. 이 질문은 가족 문화에 대해 물어볼 때 실제로 사용하는 수단이다. 아마 여러분은 그 질문에 대한 답으로 친절하고, 너그럽고, 엉뚱하고, 활기차다는 등의 속성을 제일 먼저 듣게 될 것이다. 더 캐물어봤을 때 자연스럽게 나오는 것은 바로 이야기다. "한 번은 우리가……." 이것은 전혀 새로운 일이 아니다. 문화는 우리가 말하는 이야기 속에 살아 있다. 다시 말해 부모와 자녀가 지금 하는 행동은 이야기를 만들어내는 데 잠재적으로 중요한 요소이며 그 이야기가 앞으로의 집안 분위기를 결정한다는 것이다. 한 가정에서 문제가 해결되는 방식은 일정한 이야기로 만들어지고, 그 이야기는 시간이 흐르는 동안 문화를 형성한다. 여러 해 동안 가족들은 그 이야기를 다시 끄집어내서 나누며, "이건 우리가 정말로 어떤 사람인지를 보여주는 이야기야"라거나 "이건 우리가 앞으로 피해야 하는 일이야"라는 뜻을 나타내는 수단으로 삼는다.

위의 내용이 일반적인 문화에 적용되는 점이라면, 도덕적 문화에도 적용될 수 있다. 부모와 자녀는 도덕적 문제에 직면하고 그것을 해결하는 과정에서 자신들의 가족생활이 어떤지 정의하는 이야기들을 차곡차곡 쌓아올린다. 가족사진이 그토록 중요한 이유도 부분적으로 여기서 찾을 수 있다. 사진 하나하나에는 짧은 이야기가 압축되어 들어 있다. 이 이야기들은 특정한 시간과 장소에서 인물들이 상호작용했던 방식에 대한 기억이다. 어떤 사진은 한 줄로 요약되는 이야기를 담고 있기도 하고, 또 어떤 사진은 마치 연극에서처럼 기승전결에 따라 감정과 행동, 의도에 대한 기억이 빽빽이 담긴 이야기를 떠오르게 하기도 한다. 많은 것을 말해주는 사진이나 가장 깊은 반향을 일으키는 이야기는, 가족들이 "이 이야기의 교훈은 말야……"라고 말할 만큼 가장 강력한 도덕적 내용을 담고 있다.

앨리와 그녀의 가족들에게 '리오와 그래놀라 바 사건'은 이러한 이야기로 굳어졌다. 리오 사건에 대한 이야기는 파머스 집안의 끊임없는 포용과 꾸준한 관용의 분위기에 대해 말해준다. 궁핍하고 도덕적으로 공백 상태인 리오의 가혹한 집안 문화와는 대조적이다. 이 이야기는 포용과 지원, 따뜻함을 전달한다. 또한 이 이야기는 파머스 집안의 문화와 리오네 집의 문화를 '이 동네', 바로 부엌이라는 한 장소에 같이 두는 것의 위험성과 더불어, 한편으로는 그렇게 함으로써 얻을 수 있는 보람에 대해서도 다룬다.

이 문화는 리오에게 어떤 영향을 미쳤을까? 몇 년 전 리오가 낙제를 할 위험에 처하자, 앨리의 남편은 리오에게 만약 시험에 떨어진다면 절친한 친구들이 학교를 졸업하고 앞으로 나아갈 동안 혼자서 학교에 남아 있으리라는 사실을 깨닫도록 도와주었다. 앨리의 남편은 이렇게 말했다. "리오는 그런 생각을 해보지 않았어요. 그 애는 낙오의 결과가 뭔지 전혀 모르더군요."

리오와 젭은 고등학교 시절 동안 가깝게 지냈고, 앨리는 리오를 육상 경기대회에 종종 태워다 주기도 했다. 앨리의 말에 따르면 리오는 운동 신경이 아주 뛰어났다고 한다. 하지만 그의 가족들이 리오를 대회장에 데려다주는 것 따위에는 관심도 없었고 리오가 스스로 참가 신청서를 작성하려고도 하지 않았기 때문에 앨리는 리오를 종종 도와주어야 했다. 하지만 그래놀라 바를 훔치는 리오와 맞닥뜨렸던 바로 그때, 그대로 자기 가족의 문화에 따라 행동하던 앨리에게 중요한 의문이 계속해서 떠올랐다. 내가 리오에게 너무 필요 이상으로 많은 일을 해주는 것이 오히려 이 아이의 성장을 방해하는 것은 아닐까? 아니면 어려운 시절을 지나는 동안 성공하도록 돕고 있는 걸까?

● 아이들은 이기심을 이겨낸다

이 질문의 뒤에는 더 깊은 질문이 있다. 리오는 도덕적 영향력에 도움을 받을 능력이 있었을까? 리오의 지성과 직관은 한 가족 문화의 따뜻함과 애정에 반응할 수 있었을까? 아니면 뭔가가 제대로 발휘되지 못하는 바람에 도덕적 분별력이 없는 유전적 계통의 최종 산물일까? 유전적, 생물학적으로 잘못된 상태로 태어났을까? 옳고 그름에 대한 이해를 규칙보다 가치에, 법적 통제보다 도덕적 감각에 기반을 두고 행동하게 해주는 방식으로 적용할 능력이 선천적으로 결여된 것은 아니었을까? 앨리는 아무리 최선을 다해 노력해도 그 노력을 무의미하게 만드는 요지부동의 힘에 맞섰던 것일까?

이런 질문들은 이 사례에서 처음 나온 것이 아니다. 역사를 통틀어

이 질문의 답은 광범위하고도 다양했다. 인간은 어느 정도 타고난 도덕적 존재다. 토머스 제퍼슨은 옳고 그름을 인지하는 인간의 감각은 신체의 오감만큼이나 중요한 본성의 일부라고 생각했다. "도덕적 감각이나 양심은 팔다리와 마찬가지로 인간의 일부다. 정도의 차이가 있지만 모든 인간은 도덕적 감각이나 양심을 타고난다. 세든 약하든 팔다리에 똑같이 힘이 있는 것과 마찬가지다. 팔이나 다리를 단련하면 힘이 세지는 것처럼, 연습하면 도덕적 감각이나 양심도 강해진다. 사실 이 도덕적 감각이란 이성의 인도에 어느 정도 굴복하지만, 반드시 지력(智力)에만 의존하지는 않는다. 도덕적 문제에 대해 막일을 하는 노동자와 교수에게 이야기해보라. 노동자는 교수에 못지않게 의사를 제대로 결정할 수 있을 것이고, 때로는 교수보다 나을 수도 있다. 그 남자는 인위적인 규칙에 잘못 인도받지 않았기 때문이다."

이와 반대쪽 끝에 있는 의견은 유전자설의 주장이다. 리처드 도킨스Richard Dawkins는 논리정연하게 쓰인 고전 『이기적 유전자The Selfish Gene』에 이렇게 적었다. "우리를 비롯한 모든 동물은 유전자가 만들어낸 기계와도 같다. 성공한 폭력배처럼 우리의 유전자는 치열한 경쟁 세계에서 살아남았으며 일부는 몇 백만 년이나 살아왔다. 성공적인 유전자에서 두드러질 것으로 예상되는 특질은 잔인할 정도로 이기적이라는 점이다. 유전자의 이러한 이기주의는 개체가 이기적으로 행동하도록 만든다. 그렇지 않으리라고 믿고 싶은 사람이 많겠지만, 보편적인 사랑과 종 전체의 번영이라는 개념은 진화적 감각에서 볼 때 말이 안 되는 일에 불과하다."

이 두 관점 사이에서 앨리는 어떻게 해야 할까? 한쪽은 우리의 도덕적 감각을, 다른 한쪽은 잔인한 이기주의를 언급한다. 제퍼슨이 한

쪽 귀에 속삭인다면 앨리는 리오의 도덕적 감각이 연습을 통해 강해지도록 계속해서 리오를 도와주기로 할 것이다. 하지만 도킨스가 속삭인다면, 앨리 자신이나 리오에게 실질적인 통제권이 전혀 없는데다 원시 시대부터 존재했던 '이기적인 개체 행동'에 맞서고 있는지 의구심이 드는 것이 당연하다.

하지만 도킨스는 앨리에게 나아갈 길을 하나 제공한다. 그는 책의 서두에 짧게 개인적인 고백을 적고 있다. "내 생각에는, 인간 사회가 단순히 유전자의 보편적 법칙인 잔인한 이기주의에 기초한다면 아주 끔찍한 사회가 될 것이다. (중략) 하지만 내 생각처럼 사람들이 저마다 공공의 이익을 위해 이기심을 버리고 너그럽게 협력하는 사회를 건설하기 바란다면 생물학적 본성에서 도움을 기대하기는 어렵다. 우리는 이기적으로 태어났으니 서로 관대함과 이타심을 가르쳐보자. 우리에게 있는 이기적 유전자의 목적을 이해해보자. 그러면 적어도 유전자의 목적을 뒤엎을 수 있는, 다른 어떤 종도 염원하지 않았던 기회를 얻을지도 모른다."

이런 관점에서 보면 앨리의 노력에는 새로운 가능성이 생긴다. 앨리는 유전자와 대면하고 그것의 목적을 뒤집으려고 애쓰고 있는 것이다. 리오와 앨리 자신의 가족 사이의 사회적 차이를 생각해보면, 앨리는 가장 절실히 뒤엎어야 하는 목적이 리오의 유전자에 있다고 생각할지도 모른다. 사실 앨리가 하려는 일의 진짜 초점은 앨리 자신의 가족에게 있다. 그녀의 과업은, 자기 가족의 도덕적 문화에 분명하게 드러난 보편적 사랑과 종 전체의 번영이라는 관념이 인간의 진보와 관련이 없다고 주장하는 유전적 결정론을 뒤집는 일이다. 이 사랑과 번영이라는 감각은 도킨스가 '진화적 감각'이라고 부르는 것과 통하지 않을지도 모른다. 하지만 제퍼슨이 말한 '도덕적 감각'과는 완벽하게 통한다. 그리고 진실성의 문화가 잘 형성된 앨리 자신의 가족은 이미 리오에게 영향을 미쳤다. 앨리가 나에게 자기 이야기를 해주었을 때 리오는 스물두 살이었고, 번듯한 직장에 결혼까지 해서 어린 아들도 있었다.

시내에서 우연히 리오를 만난 앨리는 이렇게 물었다.

"리오, 좋은 아빠가 되어줄 거지?"

"아, 아줌마. 그렇게 되도록 노력해야죠!"

리오가 노력했지만 실패했다고 가정해보자. 즉, 유전자가 결국엔 이겼다고 가정해 보자. 앨리의 노력은 헛된 것이었을까? 제퍼슨이 주장했듯이 도덕적 연습이 도덕적 감각을 강화한다면, 분명 앨리의 가족 문화가 강해진 이유는 리오와 상호작용했기 때문이다. 이 이야기는 앨리의 가족이 자신들의 이익을 위해 리오를 이용했을 뿐이라는 본질적 이기주의에 대한 주장이 아니다. 앨리의 가족과 리오가 상호작용했던 과정 내내, 도덕적 목적은 늘 리오가 성공해서 올바른 삶을 살도록 도와주려는 의도였다. 이 일을 통해 그 가족이 동정심, 책임감, 존중에 대한 교훈을 얻었다면 최종적인 결과가 무엇이든 그 교훈들은 남아 있을 것이다. 달리 주장한다면 그것은 윤리적 진취성 전체를 불확실한 상태로 만들어 버리는 셈이다. 아무것도 끝나지 않은 곳에서는 아무런 도덕적 진보도 측정될 수 없기 때문이다.

앞에 언급했던 내용 중 제퍼슨이 썼다고 알려진 인용문에 나온 비유는 적절하다. 강해진 팔다리나 도덕적 감각은 운동이나 연습을 하지 않으면 다시 약해질지도 모르지만 지금 당장은 바로 며칠 전보다 분명히 더 강하다. 도덕적 발달은 이러한 점진적 성공으로 이루어진다.

내 아이에게 가르쳐주는 첫 정의 수업

다른 환경의 친구들 이해하기

- 자녀가 나쁜 행동을 하는 상황을 발견했을 때, 부모들은 즉시 분명하게 말하거나 말하기에 적절한 기회를 찾을 수 있다. 어느 쪽이든 애정 어린 질책은 곤란한 상황에서 벗어나게 해준다.

- 가족들은 가치, 의사 결정, 도덕적 용기를 들여다보는 세 가지 렌즈의 균형을 맞춤으로써 진실성의 문화, 즉 선한 분위기를 형성한다.

- 진실성의 문화는 그 안에서 살아가는 가족들에게 잘 보이지 않을 때가 있더라도 가족 외부에 있는 사람에게 엄청난 호소력이 있다.

- 아이들에게 '이기적 유전자'가 있는 것 같다 해도 부모들은 그 유전자의 의도를 뒤집고 내면의 도덕적 감각을 키워주며 아이들이 윤리적 한계를 극복하도록 도와줄 수 있다.

부모의 나약함과 직면하기

지금까지 '양육parenting'이라는 말의 기본적 정의를 친자녀나 의붓자녀와 관련된 가족관계에서 써왔다.

하지만 앞의 두 이야기는 양육이라는 범위를 더 크게 만들었다. 조는 콜트의 가족이 아니었고 리오도 앨리의 가족이 아니었다. 두 사례에서 콜트와 앨리는 마치 진공청소기에 빨려 들어가듯 양육의 역할에 휘말렸다. 조도, 리오도 살아가면서 그리 효과적인 양육을 받지 못했다. 콜트의 딸과 앨리의 아들이 이 사건에서 중심인물이었지만 양육은 가족관계 너머로 확장되어야 했다. 하지만 다음에 등장할 인물이 톡톡히 교훈을 얻어 갔듯이 유사 양육과 관련된 문제는 친자녀가 관련되지 않은 경우에도 발생할 수 있으며, 제대로 된 관심과 양육을 받지 못한 경우가 아니라 옳지 않은 양육을 많이 받은 경우에도 발생할 수 있다.

중서부의 한 도시에서 보이 스카우트 대장으로 살아온 30년을 되새기면서, 쳇은 보이 스카우트 단원이 획득할 수 있는 최고의 등급이며 상당한 영예인 이글 스카우트 상Eagle Scout Award을 한 젊은이에게 줄 수 없었던 유일한 때를 떠올렸다. 이 일은 쳇의 분대 단원이었던 스키퍼와 관련된 일이었다. 스키퍼는 쳇의 활동 구역을 관할하는 보이 스카우트 지부 훈육위원의 아들이었다. 지역 주민인 스키퍼의 아버지는 영향력이 대단한 사람으로, 아들에게 본인과 관련된 일에도 선택권을 주지 않았고 이런 식의 태도를 취했다. '스키퍼는 이글 스카우트가 될 거야, 이상.'

스키퍼는 분대에 들어와서 아주 활발하게 활동하기 시작했다. 지도를 잘 따랐고 훌륭한 지도자가 되었으며 이글eagle의 바로 아래 등급인 라이프life까지 올라갔다. 하지만 당시 스키퍼는 인생에서 자동차와 여자 친구가 더 중요하게 느껴졌다. 게다가 그는 교회 청년회에서 활발히 활동했고, 아르바이트까지 하고 있었다. 쳇은 이렇게 말했다. "다 좋은 일이죠. 하지만 가끔 스카우트 단원이 그 나이가 되었을 때, 스카우트 조직으로서는 할 일을 다 했고 기능도 끝났다고 할 만한 때가 있습니다. 그 젊은이는 어딘가로 옮겨가야겠지요."

스키퍼의 아버지는 그런 식으로 생각하지 않았다. 그래서 다음해에도 스키퍼는 충실하게 회의에 나타났다. 하지만 그는 프로그램에 참여하는 대신 숙제를 하면서, 그 시간을 점점 자습시간으로 활용하기 시작했다. 쳇이 기억하는 한 스키퍼는 그해의 야외 활동과 기획

내 아이에게 가르쳐주는 첫 정의 수업

회의에 단 한 번도 참여하지 않았다. 한 술 더 떠서 스카우트 복장도 입지 않았다. 이 와중에 스키퍼의 동료 단원들은 그를 조장으로 선출했고, 스키퍼는 이름만 걸어놓고 있었다.

"문제는 전혀 일으키지 않았어요." 쳇은 서둘러 언급했다. "스키퍼는 선량하고 건전한 젊은이였어요. 하지만 몸만 거기에 있고, 영혼은 없었지요. 스키퍼는 다른 곳으로 옮겨가고 싶었지만 그 아이에겐 선택권이 없었어요."

● 유리한 위치

어느 날 밤 회의하던 중에, 쳇과 같은 분대의 부대장은 스키퍼가 친구에게 설명하는 이야기를 우연히 들었다. 스키퍼는 아버지가 훈육위원이기 때문에 이글 스카우트가 되는 일에 대해 걱정하지 않는다고 했고, 필요하다면 대장들의 책임자보다 더 높은 직급으로도 올라갈 수 있다고 말했다. 부대장은 문맥상 이 이야기가 자랑이 아니라 사실을 말하는 것이라고 생각했다. 그 후, 쳇은 분대 안에서 스키퍼가 활동한 내용을 신중하게 기록해두기 시작했다. 또한 쳇은 스키퍼에게 정식으로 두 번에 걸쳐 조언을 하기도 했다. 그는 스키퍼에게 회의에 참석하고, 제복을 입고, 그 탐나는 이글 스카우트 등급이 되기 위한 의사결정 과정이 모두 반영된 스카우트 정신을 보이라고 말했다. 그때마다 스키퍼는 쳇에게 앞으로는 좀 나아질 거라고 장담했지만 아무것도 달라지지 않았다. 쳇의 눈에 스키퍼의 이글 스카우트 프로젝트, 즉 이글 스카우트의 요건을 따르기 위한 활동은, 진지한 노력이 없었기 때문에 그저 하루 놀러 오는 것처럼 보였다.

드디어 이 청년이 이글 스카우트 신청서에 스카우트 대장의 서명을 받으려고 나타났을 때, 쳇은 스키퍼를 앉히고 왜 그를 추천해줄 수 없는지 설명했다. 그는 이야기를 듣고 알겠다고 말한 뒤, 자기는 그 결정을 받아들인다고 언급했다.

스키퍼는 이렇게 덧붙였다. "그런데 아시겠지만, 우리 아빠가 싸움을 걸어올 거예요."

그 말대로였다. 며칠 안에 쳇은 편지를 받았다. 이글 스카우트를 승인하기 위해 통상적으로 모이던 지역 심의 위원회 대신 지부 특별임명위원회가 선정되는 중이며, 보이 스카우트 문제를 다루는 지역 순회재판소의 판사가 선정을 주재하고 있다고 알리는 내용이었다. 쳇과 스키퍼, 양쪽 모두 증거 제시를 요청받았다.

● 복잡성 풀어내기

쳇은 어떻게 해야 할까? 강력하고 정치적으로 닳고 닳은 데다 자신의 상사이기도 한 상대에게 맞서야 할까? 아니면 승인 거절을 재고하고 대장의 자리를 지켜야 할까? 만약 싸워서 진다면 십중팔구 그 지위를 잃음은 물론이고 앞으로 다른 스카우트 조직에서도 일할 기회를 잃을 것이었다. 패배는 거의 확실해보였다. "정면으로 맞선다는 것이 어렵다는 걸 알고 있었어요. 저를 바닥 끝으로 내몰 테니까요." 하지만 스키퍼가 몇 년에 걸쳐 나아지고 그 등급에 맞는 위엄을 갖추게 되기를 바라면서 모르는 척하고 넘어간다면, 쳇 자신이 말했듯이 이글의 명예와 보이 스카우트 활동이 상징하는 모든 것을 지키지 못하게 된다.

이 시점에서 쳇은 갑자기, 이 책에서 지금까지 이야기했던 세 개의 틀이 떠올랐다. 무엇이 옳은지 알게 하는 가치, 딜레마 해결 과정에

필요했던 어려운 결정 내리기, 양심을 지키기 위해 필요했던 도덕적 용기가 그것이었다.

●

무엇이 옳은지 알기

쳇이 윤리를 이해할 때 그저 다섯 개의 공유된 가치를 아는 데에만 그쳤더라도, 자신의 상황을 분석하기 시작할 단단한 기반을 갖고 있는 셈이었다. 정직성은 쳇이 스키퍼의 수행에 대해 개인을 떠나 있는 그대로의 평가를 내릴 수 있게 해주었을 것이고, 책임감은 굴복하라는 압력에도 불구하고 그 평가를 고수하게 해주었을 것이다. 공정성은 이 둘보다 약간 덜 명확했을지도 모른다. 공통의 기준을 지키는 일은 모든 스카우트 단원에게 확실히 공정했겠지만, 스키퍼의 서류에 서명해주지 않으려고 했던 일도 공정했을까? 좀 더 애를 썼어야 할까? 다시 말해 스키퍼에게 이글 프로젝트를 다시 할 기회를 주거나 분대 회의에 좀 더 참여하도록 했어야 할까? 동정심은 모르는 척하고 넘어가자는 주장을 뒷받침했을 수 있다. 존중에 대해 말하자면, 쳇은 규정에 따름으로써 보이 스카우트의 제복과 등급의 위엄을 살려주는 일의 중요성을 알고 있었다. 따라서 이러한 가치들은 쳇이 선택지를 두고 고심할 때 확실히 도움이 되기는 했지만 확실한 소리를 내지는 못했다. 만약 쳇의 친구가 '네 가치관대로 해라'라고 조언했다면 쳇은 확실한 방향을 잡지 못했을 것이다. 간단한 가치 분석은 옳은 일과 그릇된 유혹의 문제를 풀기에 적절한 반면, 옳음 대 옳음의 문제에서 발생하는 지적이고 도덕적인 요구를 만족시키지는 못하기 때문이다.

●

어려운 선택을 하기

챗이 직면했던 딜레마에서는 자신의 입장을 지키느냐, 훈육위원의 의견을 따르느냐 하는 두 가지 선택지가 각각 반대 방향으로 챗을 끌어당겼다. 단기 대 장기의 딜레마로서, 이 문제는 수긍할 수 없는 두 가지 선택지를 챗에게 제시했다. 만일 챗이 자신의 입장을 지킴으로써 이글 스카우트라는 지위의 장기적 가치를 보호했다면, 챗과 그가 통솔하는 분대가 단기적으로 외압에 시달릴 것이 분명했다. 하지만 챗이 그 순간 분대와 자신의 지위를 보호했다면 이글 스카우트의 장기적 가치를 훼손할 뿐만 아니라 남아 있는 분대원들에게 어른들의 타협이라는 지저분한 세계를 보여 주었을 것이다. 또한 전체 보이 스카우트 공동체의 이익과 한 부자(父子)를 만족시키는 일의 중요성이 대립할 뿐만 아니라 진실 말하기("스키퍼는 자격이 없어.")와 충실성(지휘계통에 복종)이 대립함으로써 발생하는 갈등도 명백히 드러났다. 챗이 가치를 꼼꼼히 검토함으로써 이를 좀 더 명확하게 했을 것이므로, 여기에는 정당성 대 자비의 요소도 있었다. 챗은 원칙에 기반을 둔 공정성을 옹호해야 한다는 점을 알고 있었지만, 그럼에도 불구하고 이 젊은이가 목표에 도달하는 것을 도와주기 위해 자신이 할 수 있는 일을 다 했는지도 궁금했다.

이 갈등을 어떻게 해결해야 할까? 챗은 결과 기반 원칙을 통해, 최대 다수의 최대 행복이란 오랫동안 스카우트 대장을 맡아 온 사람이 계속해서 그 자리를 지키면서 대원들이 받는 혜택을 유지하는 것이라고 생각할 수 있었다. 다시 말해 챗은 대원들이 자기 머리 위에서 맹렬하게 벌어지는 진흙탕 싸움에서 자신도 모르게 노리개가 되는

내 아이에게 가르쳐주는 첫 정의 수업

것보다는 자신이 계속해서 대장을 맡는 편이 최대 다수의 최대 행복에 가깝다고 생각했다. 하지만 규칙 기반 원칙을 통해서는 또 다른 생각을 하게 되었다. 쳇은 만약 지금부터 모든 분대의 대장들이 이글 스카우트 지원자의 부당한 수행을 인정해준다면 그 결과 보이 스카우트의 전체적인 미래에 부정적인 영향이 미치리라는 것을 알 수 있었다. 배려 기반 원칙에 대해 말하자면, 쳇은 황금률이 두 가지 중 하나를 선택하게 한다는 사실을 알 수 있었다. 쳇은 스키퍼가 원한다고 말했던 것(서류에 서명하기) 또는 자신이 정말로 원했을지 모르는 것(아버지의 압력에서 벗어나기) 중 하나를 선택할 수 있었다. 이 내용에 대해서는 더 이야기해보겠다.

●

양심을 옹호하기

결국 쳇은 무엇이 옳았는지 알았다. 스키퍼는 자격이 없었고, 그가 이글 스카우트 등급을 얻지 못하도록 막는 일은 적절했다. 하지만 무엇이 옳은지 아는 것과 옳다고 생각한 일을 행동으로 옮길 도덕적 용기를 낸다는 것은 아주 달랐다. 옳음 대 옳음의 딜레마에서 흔히 그렇듯 한쪽 입장에 서려면 다른 쪽보다 더욱 많은 도덕적 용기가 필요하다. 쳇이 스키퍼 일을 그냥 넘겨 버려야겠다고 결론 내렸다면 용기는 더 이상 필요하지 않았을 것이다. 쳇은 한 차례 밀려드는 후회와 자기비난에 직면했을 수도 있지만 도덕적 선택에 대한 공적 입장을 밝힐 필요가 없었을 것이다. 하지만 다른 쪽을 선택하면 상당한 도덕적 용기, 즉 원칙을 위해서 상당한 위험을 기꺼이 감내하려는 의지가 필요했다. 쳇은 어떤 위험을 예상할 수 있었을까? 자신이 자리에서 쫓겨났을 때 대원들에게 미칠 해로움과 관련된 외부적 위험을 분명히 알았을 것이다. 도덕적으로 용기 있는 행동을 했을 때 으레 그러하듯이, 쳇은 좀 더 미묘한 주장에 마주치게 되었다.

첫째, 쳇은 의사를 결정하고 순회재판소의 판사와 맞서 자신의 입장을 옹호할 만큼 이 문제에 대해 많이 알고 있었을까? "내가 전부 다 알고 있는 건 아닐 거야. 확실해질 때까지 기다려야지." 이와 같이 모호함에 대한 두려움은 도덕적으로 용기 있는 행위들을 좌절시킬 것이다. 둘째, 쳇은 정말로 이 문제 앞에 기꺼이 나서서 자기의 명성이 공격받는 것을 깨닫고, 영악하고 영향력 있는 유명인사와 대립한다는 이유로 공개적인 비난을 받으려고 했을까? 셋째, 그는 중요한 개인적 손실을 자초하고 있었을까? 쳇은 자원봉사자였기 때문에 개인적인 손실이라면 급료나 경력이 아니라 보이 스카우트에 대한 애정, 함께 활동했던 젊은이에게 헌신했던 일, 그만두고 싶었던 상황에서도 계속해서 그 일을 하게 했던 동기를 말할 것이다. 이것들은 따져보는 것은 간단한 계산이 아니다. 어떤 것이든 쳇이 궤도를 벗어나게 할 수 있었다. 그렇다면 쳇의 도덕적 용기는 이 상황에서 객관적이고 명백한 위험에 저항할 뿐만 아니라 계속해서 고개를 드는 의심을 억제하는 방식으로 발휘되어야 했다.

● 떠나버리고 싶은 유혹을 이겨내기

결국 쳇은 자신의 입장을 지켰다. 쳇에게는 다른 부모들에게 없는 선택권이 있었다. 사직서만 내면 당장 이 유사 양육행위를 그만두고 떠날 수 있었지만 쳇은 끝까지 싸우기를 선택했다. 심의 위원회는 논의를 거듭한 끝에 쳇이 지위를 유지하는 데 동의했고 스키퍼의 아버지는 텍사스에 있는 국립 위원회에 호소했다. 위원회가 지부의 결정을 지지하자 스키퍼의 아버지는 법적 조치를 취하겠다면서 위협했다. 하지만 결국 스키퍼의 아버지는 자기 말대로 실행하지 못했고, 그 위협은 실패로 돌아갔다. 스키퍼는 지금까지도 이글 스카우트였던 적이 없다.

몇 년이 지난 어느 오후, 쳇은 시내에서 스키퍼를 먼발치에서 보았다. 그를 발견한 스키퍼는 곧장 다가와서 따뜻하게 인사를 하고, 자기 근황에 대해 편안하고 자연스럽게 이야기했다. 쳇에 대한 반감이나 이글 스카우트에 대한 언급은 전혀 없었다. 쳇은 이 만남을 통해 자신이 몇 년 전의 소동을 겪으면서 무엇을 의심하기 시작했는지 확실히 알게 되었다. 스키퍼는 아버지의 편을 들고 이글 스카우트에 지원할 수밖에 없었지만, 항상 쳇의 결정과 더불어 결정을 옹호하려는 적극적 의지를 존중했었다.

그럼 다시 황금률로 돌아가보자. 쳇의 이야기가 우리에게 상기하게 하듯, 배려 기반 원칙은 이렇게 해석하면 쉽다. "남이 어떻게 해달라고 말하는 것 같으면 항상 그대로 대해주라." 하지만 배려 기반 원칙에서 요구하는 대로 진심으로 남의 입장이 되어서 그 사람의 눈으로 세상을 바라보고 그 사람이 느끼는 대로 느낀다면, 그 당사자가 나였다면 마찬가지로 누군가 자신의 잘못된 행동을 멈춰주길 바라고, 규칙에 얽매이게 해주기를 바라고, 무언가를 더 이상 계속하고 싶지 않다는 마음이 들기 시작하면 자신을 다잡아 주기를 바랐을 것이다.

스키퍼가 이글 스카우트라는 지위에 그다지 관심이 없었던 것은 분명했다. 사실은 이글 스카우트에 아예 관심이 없었다기보다는 권위적인 부모에게 붙잡혀 있는 자신을 발견했기 때문일 것이다. 우리는 쳇의 이야기를 보고 황금률을 유용하게 다듬을 수 있다. "당신이 자신에게 가장 좋은 것을 받고 싶듯이, 상대에게 가장 좋은 일을 해주라."

부모의 나약함과 직면하기

- 여러분이 부모가 아닌 경우라면, 그리고 여러분의 자녀와 관련이 없는 경우라면 그 문제를 놓고 떠나버리기 쉽다. 하지만 세상이 여러분의 양육 기술을 가장 필요로 할 때가 바로 그때일 수도 있다.

- 문제가 얽히고 두려움이 크게 다가올 때, 우리가 사용하는 절차를 신뢰하라. 세 가지 렌즈를 통해 상황을 보고, 그 노력이 어떻게 문제를 명확하게 만드는지 주목하라.

- 황금률은 다른 사람이 원하는 것을 해주는 문제가 아니다. 가끔 황금률은 그 사람에게 가장 좋은 일을 해주는 것이다. 그것이 바로 내가 받고 싶은 대우이기 때문이다.

- 윤리관을 세워주는 일은 장기적인 노력이다. 여러분이 옹호했던 가치나 태도가 다른 사람의 삶에 진정한 변화를 주었다는 사실을 알게 될 때까지는 몇 년이 걸릴 수도 있다.

아이에게 이혼에 대해 설명하기

쳇이 마주친 난제에서 갑작스러운 일은 없었다. 쳇은 이글 스카우트 문제가 언젠가 벌어질 것이라는 사실을 예감할 수 있었고, 사건이 코앞에 다가오기까지는 1년이 넘게 걸렸다.

다음에 나오는 이야기는 내 동료가 이혼에 대해 쓴 편지다. 사랑하는 사람이 난데없이 던진 악의 없는 질문이 즉각적인 대답을 요구해 여러분을 도덕적인 곤경에 처하게 할 때 어떻게 하는가?

밥의 딸 니키가 세 살이었을 때, 그의 아내는 니키가 태어나기 전부터 알고 지냈던 오랜 친구와 바람을 피웠다. 밥은 나에게 보낸 편지에 이렇게 적었다.

"그 사건 때문에 이혼하게 됐어. 딸애의 양육권은 전 부인에게 있어. 결국 아내는 그 남자랑 결혼했지. 나와 딸애는 아주 가깝게 지냈지만 그 애한테 가족은 엄마와 엄마의 남편이었고, 일상적으로 니키를 기르는 건 그 사람들이었어. 10대가 되었을 때, 니키는 여자애들이 엄마와 겪는 전형적인 사춘기의 갈등을 겪었어. 엄마라는 역할이 모든 측면에서 다 어렵겠지만 아이 엄마도 자꾸 경계를 벗어나려고 하는 애를 다루기는 쉽지 않았을 거야. 난 우리 딸아이를 잘 키워준 것에 대해 그저 고마워할 수밖에 없어. 나는 아빠로서 딸애가 엄마한테 맞서서 자기 편만 들어줄 거라고 생각을 못갖게 하려고 신경을 많이 썼어. 반면에 딸아이와 나누기 어려운, 이를테면 섹스, 약물, 10대의 우정, 돈, 그리고 아이가 씨름하는 문제는 뭐든 솔직하게 이야기하려고 노력했어."

니키가 열다섯 살 정도 되었던 어느 해 여름, 니키는 여느 때처럼 오래 머물다 가려고 아빠를 찾아왔다. 어떻게 지냈는지 자유롭게 이야기하면서, 밥은 니키의 엄마와 의붓아빠, 니키의 가정에 대한 시시콜콜한 이야기들이나 힘든 일에 대해 들었다. 하지만 어느 날 니키의 돌발 질문에 밥은 당황한 기색을 감출 수 없었다. 니키는 전에 한 적이 없는 질문을 불쑥 꺼냈다.

"아빠, 엄마랑 왜 이혼했어?"

밥은 니키의 엄마가 이혼 문제에 대해 딸아이에게 얘기를 해본 적이 없음을 확신했다고 한다. 밥은 어떻게 말할까? 안 그래도 이미 엄마와 사이가 틀어진 딸에게 엄마의 불륜에 대해 자세히 이야기해줄까? 아니면 조금 각색해 설명할까? 그의 추론은 잠시 후에 살펴보도록 하고, 먼저 이 일의 배경을 살펴보자.

● 미국에서 이혼이란

밥의 결혼생활이 끝난 1990년대 초반까지, 미국의 이혼율은 이미 아찔할 정도로 급격하게 높아졌다. 1940년에는 이혼한 사람이 1,000명 중 2.0명이었으나 1977년에는 1,000명 중 5.3명이었다. 미국 보건통계센터 National Center for Health Statistics, NCHS에 보고된 수치를 수집한 최근의 자료에서는 4.0명이라는 상당한 수치를 보인다.

하지만 이혼은 예전처럼 사회적으로 심각한 문제의 원천이 아니다. 2008년 갤럽 Gallup의 조사에 따르면 미국인의 70퍼센트가 이혼이 도덕적으로 수용할 수 있는 일이라고 대답했다. 2001년의 59퍼센트보다 오른 셈이다. 매년 실시하는 가치와 신념 조사를 위해 자료를 수집할 때, 갤럽에서는 열여섯 개의 다른 문제들 사이에 넣고 응답자들에게 '도덕적으로 수용할 수 있는 일'과 '도덕적으로 잘못된 일'을 평가하게 했다. 이혼을 받아들이는 경향은 매우 강해서 현재 갤럽에서 만든 '도덕적으로 수용할 수 있는 문제' 목록의 최상위층에 올라가 있다. 갤럽의 편집자 리디아 사드 Lydia Saad에 따르면 2008년 조사에서 '지난해 현저하게 여론이 변화한 문제'로서 유일했던 것이 이혼의 수용 문제라고 하며, 이혼을 수용할 수 있다는 응답은 계속 늘어나고 있다고 한다.

하지만 이 경향에는 어딘가 약간 모순적인 데가 있다. 갤럽의 목록

내 아이에게 가르쳐주는 첫 정의 수업

에 올라 있는 다른 문제를 묘사하면서 사드는 이렇게 알려준다. "이혼의 도덕적 수용 수준은 도박, 사형, 배아줄기세포 연구, 혼전 성관계에 대한 대중의 용인 수준과 통계적으로 가까이 있습니다. 하지만 인지된 도덕적 용인 수준에서 간통은 일부다처제와 함께 최하위에 있고, 그 바로 위에 인간 복제와 자살이 있죠." 모순의 이유는 여기에 있다. 이혼은 괜찮지만 이혼의 주된 원인인 간통은 혐오스럽다고 하기 때문이다. 사드는 계속해서 말한다. "특히 많은 부부가 이혼하려고 하는 주요 원인 중 하나, 그러니까 어느 한쪽 배우자가 혼외정사를 한 경우는 목록의 맨 밑에 있습니다."

밥은 니키가 불쑥 질문했을 때 갤럽의 통계를 본 적이 없었고, 니키도 자신이 결국 간통에 대한 질문을 하고 있었다는 사실을 몰랐다. 하지만 니키가 살고 있는 세상의 시대정신은 여전히 변하지 않았다. 만약 2008년에 대중의 90퍼센트 이상이 간통을 도덕적으로 잘못되었다고 생각했다 해도 그들은 밥이 아내의 부정을 발견했을 때 도덕적 모멸감이 심했으리라고 짐작만 할 수 있었을 것이다.

밥의 문제를 악화시키는 것은 갤럽에서 2003년에 조사한 또 다른 사안이다. 갤럽에서 미국 10대 청소년에게 "우리나라에서 이혼이 너무 쉽다고 생각하는가, 쉽지 않다고 생각하는가?"라고 묻자, 77퍼센트는 이혼이 너무 쉽다고 대답했다. 10대들은 주변에서 이혼을 많이 접해 왔고, 앞으로는 이혼률이 많이 줄었으면 좋겠다고 생각하는 듯하다. 사실 이혼을 수용하는 경향이 최고조에 올랐을 때, 10대들의 우려도 마찬가지로 올라갔다. 갤럽에서 10대에게 처음으로 이 질문을 던진 1977년에는 55퍼센트만이 '너무 쉽다'라고 답했다.

그렇다면 니키가 질문을 했을 때 밥이 방심하지 않고 있었던 것은 놀라운 일이 아니다. 밥은 대부분의 미국인과 다르다. 매체 연구 분야의 교수로서, 이러한 조사 자료를 수준 높게 사용하고 해석할 수 있다. 하지만 이런 질문에 대해서는 아마도 다른 조사응답자들을 쫓아갔을 것이다. 딸과 더불어 학생들과 함께 지내면서, 밥은 이혼이라는 행동 양식이 젊은이들의 삶 뒤편에서 사회적, 도덕적 배경으로 커다란 부분을 형성했다는 사실을 알게 되었다. 자기 친구들과 비슷했다면 니키도 여기저기에 이혼하는 부모님들이 너무 많다고 생각했을 것이다. 니키가 이혼에 대해 생각하는 것처럼 혼외정사에 대해 생각한다면 아마도 간통하는 유부녀에 대한 용인 수준은 분명히 낮을 것이었다. 엄마와의 끊임없는 싸움을 고려했을 때, 밥은 니키 엄마의 행동을 자세히 말해줌으로써 모녀간의 마찰을 악화시키고 싶었을까?

● 진짜로 알고 싶은 게 뭐야?

어떤 관점에서 보면 니키가 던지는 질문은 직설적이었다. '무엇 때문에 헤어졌는가?' 하지만 부모로서 밥은 방심하지 말아야 했다. 가끔은 원래의 질문 뒤에 진짜 알고 싶은 질문이 감춰져 있기도 하고, 특히 아이가 사춘기를 겪을 때 그렇기 때문이다. 밥의 경우, 뒤에 숨어 있는 질문은 여러 가지 형태를 예상할 수 있었다.

—— 이혼한 것이 누구 탓인가?
—— 아빠가 엄마에게 나쁜 짓을 했는가?
—— 엄마가 아빠에게 나쁜 짓을 했는가?
—— 나 때문에 헤어졌는가?
—— 나는 의붓아버지를 어떻게 받아들여야 하는가?

내 아이에게 가르쳐주는 첫 정의 수업

—— 엄마 아빠의 이혼 때문에 내가 더 힘들게 살게 된 것은 아닌가?

마지막 질문에 대해 많은 학문적 연구가 이루어졌다. 기존 연구에 대한 보고서를 작성하면서 폴 아마토Paul Amato와 브루스 키스Bruce Keith는 13,000명의 아동과 관련된 92개의 연구를 조사했다. 검토 후 1991년에 나온 결과에서는 평균적으로 이혼가정의 아동이 이혼을 겪지 않은 가정의 아이들보다 학교와 생활면에서 더 열등했다고 결론을 내렸다.

이 연구를 2009년에 평가하면서, 일리노이 대학교의 연구자 로버트 휴즈 주니어Robert Hughes Jr.는 이혼가정의 아이들이 학교생활에 더욱 어려움을 겪고, 행동에 문제가 많으며, 자아 개념이 부정적이고, 또래와 갈등이 많고, 부모와 잘 지내기를 어려워한다는 사실을 발견했다. 이 발견들은 2001년에 발표된 검토 결과를 계속해서 뒷받침하는 내용이었다. 하지만 휴즈는 평균적인 차이라는 말이 이혼가정에서 자란 모든 아이들이 이혼을 겪지 않은 가정에서 자란 모든 아이들보다 떨어진다는 의미가 아니라고 경고했다. 사실 휴즈는 폴 아마토가 이혼가정에서 자란 청소년의 40퍼센트가 이혼가정에서 자라지 않은 청소년보다 더 우수했던 것으로 추정했다고 언급했다.

그렇다면 니키는 어디쯤에 있을까? 가족 연구자들은 니키가 '평균'의 범위에 든다면 그녀에게 위협이 될 수 있는 여섯 가지 위험을 든다.

1. 부모의 상실이나 어느 한 쪽과의 접촉 상실.
2. 경제적 손실이나 재정 자원의 감소.
3. 학교, 유치원, 가정 등의 변화에서 더 많이 발생하는 생활 스트레스.

4. 부모의 정신적 건강을 반영하는 조정, 해결의 결여.

5. 아이를 도와줄 양육기술 면에서 능력 부족.

6. 이혼 전후 부모 사이의 갈등에 노출.

사실 니키는 각각의 위험과는 거리가 있는 상황에 있었다. 니키는 아빠와 가까이 있었고, 재정적으로 어려움을 겪지도 않았다. 바뀐 생활 환경에 본인의 삶이 크게 뒤흔들리지 않았고, 정신적으로 안정된 가정에 살았다. 능숙한 부모로부터 양육 받았고, 친부모 사이의 갈등이 없었고 있다 해도 거의 경험하지 못했다. 하지만 그렇다고 해서 니키가 이혼의 혼란스러움에 영향을 받지 않았다는 의미는 아니었다. 2000년에 수행된 연구에서 로먼-빌링즈Laumann-Billings와 에머리Emery는 부모의 이혼을 겪은 20대 초반의 청년들이 이혼 후 10년이 지난 후에도 여전히 고통과 괴로움을 느낀다고 했다. 또한 연구자들은 이혼을 겪은 아이들이 자신의 삶에 통제권을 상실한 것처럼 느끼며, 특히 논의에 끼어본 적이 없을 때 더욱 그러했다. 예를 들어, 한 연구에서는 이혼이 임박했음을 부모에게 직접들은 경우는 20퍼센트도 되지 않았고 변화에 대해 설명을 들었거나 질문을 할 수 있었던 경우는 5퍼센트뿐이었다고 한다.

다시 니키의 질문으로 돌아가보자. 밥은 뭐라고 말해야 할까?

밥의 편지는 계속 이어진다. "이혼한 부모들이 맞닥뜨리는 딜레마에 마주친 것 같았어." 밥이 인지했듯, 그 딜레마는 네 개의 패러다임 중에서 전형적인 진실과 충실성 사이의 갈등이었다. "나는 이 질문에 솔직하게 답하고 싶어. 특히 내가 옳은 일을 했다고 느끼기 때문이야. 또 나는 딸애가 이모나 삼촌에게 결국 이 이야기를 들어서 알게 될지도 모른다고 생각했고, 내가 지금 다르게 설명하면 나중에 어려운 주제에 대해 얘기할 때도 나를 의심할지 모른다고 생각했어. 또 나는 전 부인의 사생활과 존엄성을 지켜줘야 한다는 의무를 느꼈어. 전 부인의 남편에게 특별히 따뜻한 느낌을 못 받았지만, 딸아이의 눈앞에서 그를 깎아내리는 일은 현명하지 못하다고 느꼈으니깐. 난 특히 지금 같은 삶의 단계에 있는 딸아이에게 엄마와 싸울 때 엄마를 무시할 수 있는 정보, 그리고 그 아이의 가정에 있는 어른들의 도덕적 권위를 깎아내리는 정보를 주는 일에 조금의 이점이 없다는 사실을 알 수 있었어."

● 진짜 질문에 답하기

강력하지만 서로 반대되는 두 개의 도덕적 입장에 직면한 밥은 자신이 일종의 트릴레마로 옮겨간다는 사실을 깨달았다. 그는 이렇게 회상한다. "딸아이에게 한 이야기의 핵심은 이런 거였어. 내가 그애의 엄마를 떠났던 이유는 우리가 결혼에 대해, 또 결혼이 우리에게 약속했던 것에 대해 같은 생각을 공유하지 않는다는 사실을 알았기 때문이라고 말이야. 계속해서 나는 이 기본적인 상황을 딸아이가 남자 친구와 맺고 있던 관계와 비교했어. 남자 친구는 딸애가 줄 수 있는 것보다 더 많이 헌신하길 바랐고 관심을 보여 달라고 요구했거든. 또 그 상황을 서클이나 10대 여자 친구들끼리의 변덕스러운 충성과도 비교해 봤어. 이렇게 설명하면서, 나는 니키가 사춘기에 겪고 있는 것들이 더 나이 들었을 때 분명히 마주치게 될 지속적인 문제의 축소판이라고, 교훈이 되는 방식으로 설명하려고 노력했어. 적어도 나이가 들 때까지 그런 문제와는 마주치지 않기를 바랐지만." 이런 비유는 잘 와 닿지 않을 수도 있고 니키가 심각한 질문을 하면 쉽게 부서져

버릴지도 모르지만, 그 결과는 밥이 바라던 대로였다. "이런 대화를 나눈 덕분에 니키는 엄마와 나에 대해 더 자세하게 말해달라고 조르지 않고 자기의 경험 쪽으로 초점을 맞추게 됐어."

그리하여 결국 밥은 불편한 진실을 털어 놓지 않고 대답을 해줄 수 있었다. "말 그대로 집에서 나온 건 나였어. 그리고 딸애가 그 이야기를 듣고 내가 자기와 엄마를 버렸다고 해석하고 싶어 했다면 나는 최선을 다해서 해명했을 거야." 사실 그런 일은 일어나지 않았다. 그 대화가 계속되지 않았기 때문이다.

이 점은 심오한 도덕적 핵심을 불러일으킨다. 밥은 완전히 정직했을까? 논리학에서는 증거의 규칙을 준수해야 한다. 증거는 정확하고 완전하고 타당해야 한다. 법정에서 관리원이 증인에게 '진실을, 모든 진실을, 오직 진실만을 말할 것을' 선서하라고 할 때, 그는 증언이 정확한지에 대해 묻는 것 뿐만 아니라 완전한지(모든 진실을)에 대해서도 묻는다. 이에 더해 그는 결정적으로 증언이 정확하고 완전하더라도 혼란을 일으키고 쟁점의 핵심에서 벗어난 관계없는 진술이 되지 않도록, 당면한 사례에 완전히 타당한지(오직 진실만을 말할 것을) 묻고 있다.

밥의 대답은 정직했다. 하지만 완전했을까? 더욱 완전함을 요구받는다면 더 구체적으로 이야기할 준비가 되어 있었겠지만, 아마도 어느 정도는 완전했을 것이다. 하지만 밥의 대답은 타당했는가? 밥은 부모에게 있었던 일 대신 자신의 삶에 대한 논의를 하게 되었던 열다섯 살짜리 소녀가 난리를 쳐대면서 새로운 질문을 던지는 것도 무리가 아니라는 사실을 알 만큼 충분히 예리했다. 공정성에 따라, 이번에는 밥이 니키에게 근본적인 질문을 던졌을 수도 있다. "해결해야 하는 깊은 문제가 있어서 지금 이 대화를 하고 싶은 거니, 아니면 그냥 심심해서 물어본 거니?" 후속 조치를 들어보지도 않고 밥이 문제를 그냥 내버려뒀다고 비난받을 수 있을까?

이런 문제는 결코 쉽지 않다. 가장 순수한 형태의 정직성은 솔직하고 직설적이기를 요구한다. 하지만 이 사례에서 밥의 충실성의 동력이 되는 동정심은 말이 오히려 무기가 되어 사람을 죽이기도 살리기도 한다는 사실을 상기하게 한다. 철학적으로, 형이상학적으로 우리는 모든 문제에 대해 알고 있는 모든 사실을 언제 누가 물어보든 누설해야 하는 의무가 전혀 없다. 이 점은 변호사-의뢰인 특권(변호인과 의사를 교환할 때 의뢰인이 공개를 거부할 수 있는 권리—옮긴이), 기자들의 정보원 보호, 인간관계를 다루는 직종에서 고용인의 건강기록을 기밀서류로 남겨야 하는 것, 고해성사를 들은 신부 등 보편적으로 이해할 수 있는 점이다. 만약 우리가 정보를 내놓지 않고 있다는 의혹을 피하기 위해 눈치 보는 법을 연습하고 말을 신중히 선택한다면, 정직하지 못한 것일까?

이 질문은 아마도 대답할 수 없는 질문이다. 정직성은 인간관계에서 발생하고, 인간 관계 하나하나는 셰익스피어의 말대로 저마다의 '위치와 이름a local habitation and a name'을 갖게 된다. 하지만 여기에도 서로 다른 윤리적 전통이 있다. 결과에 기반을 두고 생각하는 사람들은 밥에게 죄가 없음을 쉽게 판정내릴 것이다. 반면 보편적 원칙을 주장하는 칸트학파는 밥의 노력에 이의를 제기할지도 모른다. 이 모두를 통해, 솔직한 분위기에서 나에게 말했던 현명한 여인이 떠오른다. "난 거짓말을 할 필요가 없어요. 어휘가 무척 풍부하거든요."

밥은 조금도 의심 없이 자신이 옳은 일을 했다고 믿는다. 그는 적당한 때가 오면 니키와 대화를 나눌 것이고, 그 아이가 알고 싶어 하는 것은 무엇이든 알려주리라고 생각한다. 아마도 그때는 니키가 엄마와 갈등을 덜 빚거나 더 이상 그 집에 살지 않을 때가 될 것이다. 하지만 당시 밥은 누구를 탓하거나 니키의 엄마가 사실과 직면하게 하지 않도록 조심했다.

밥의 결론은 뭘까? 그는 골똘히 생각에 잠긴다. "이전 배우자에 대한 충실성은 실행하기 가장 어려운 가치 중 하나인지도 몰라. 하지만 난 그 상황에서, 또 딸애와 나의 이익을 비교 검토해보았던 몇몇 상황에서 어려운 선택을 내린 걸 결코 후회하지 않아."

아이에게 이혼에 대해 설명하기

- 여러분이 이혼 경험이 있든 없든 아이를 키우다 보면 이혼한 부모의 자녀를 많이 만나게 된다. 이 아이들은 다양한 위험에 직면할 수도 있고 여러분의 관심이 필요할 수도 있다.

- 아이들은 가끔 부모에게 당황스러운 질문을 불쑥 하기도 한다. 바로 대답하기보다는 질문 뒤에 다른 질문이 숨어 있지 않은지 살펴보는 시간을 가져보라.

- 가끔 아이들은 필요 이상으로 알고 싶어 할 때가 있다. 완전히 설명해줄 준비를 하되, 다른 사람이나 아이들 자신에게 상처를 주는 무기로 무장하는 일이 없도록 주의하라.

- 전 배우자에 대한 충실성은 느끼기도 힘들고 유지하기도 어려울 수 있다. 하지만 그것은 강력한 형태의 용서가 될 수도 있다. 여러분 자신의 균형은 아이들에게 자신의 균형을 찾는 법을 보여준다.

5

19~23세

아직도 어린
'어른 아이'

"옳다고 느껴지면 아마 옳은 일일 거야.
좋은 것과는 달라.
좋은 것과 옳은 것에는 차이가 있지.
만약 뭔가 잘못되었다고 느낀다면
그건 옳지 않은 거야."

그악스러운 엄마에서 우아한 엄마로

부모에게 어려운 일은 한두 가지가 아니다. 특히 자녀가 완전한 성인이 되는 과정이라면 더욱 그렇다. 20대로 성장함에 따라 아이들의 독립심은 우리가 생각하는 이상으로 커진다. 운전면허도 발급받고, 이성과 깊은 관계를 형성하고, 투표할 나이가 되고, 법적으로 클럽에 드나들 수 있는 허가를 받는다. 아이들 중 대개는 규칙이 엄격한 고등학교에서 다소 자유로운 대학교로 옮겨간다. 한편 어떤 아이들은 시간제 근무를 하다가 바로 사회인이 되기도 한다. 경제 사정이 좋지 않아 부모와 함께 사는 아이들도 있고, 집을 떠나 아파트나 자취방으로 옮겨가기도 한다. 부모들은 이 모든 것이 갑작스럽게 일어나는 것처럼 느껴진다.

부모는 아이들의 성장 속도로 움직이지 않는다. 많은 부모들에게 아이들은 나이에 상관없이 아직도 보살펴줘야 할 영원한 '아이'일 뿐

이다. 몇 년 전에 효과가 있었던 양육 방식은 오늘날에도 계속 효과
가 있어야 한다. 이런 태도에 놀랄 필요는 없다.

40세인 엄마에게 4년은 인생 경험의 10퍼센에 불과하다. 한편 16
세에게 4년은 영원과도 같은 시간이며, 인생의 4분의 1이다. 게다가
막내가 고등학교를 졸업하게 되면 양육은 그 빛을 잃는다. 그때쯤이
면 마지막으로 읽었던 자녀양육서는 몇 년이나 펴 보지도 않은 상태
로 꽂혀 있을 것이고, 새로운 책이 책장에 더해지는 일도 없을 것이
다. 이런 상황에서 양육은 공격적이라기보다는 방어적이 된다

주의 깊은 부모들은 자신의 이런 감정 변화에 촉각을 곤두세운다.
아이들이 자라게 되면 윤리적 양육의 기술에도 대대적인 정비가 필
요하다는 사실을 인지하게 된다. 사회적 관점에서 보면 이들은 수고
스럽지 않은 접근법을 택하는 자신을 발견하게 된다. 요청받을 때만
안내해주면서, 자신의 해결 방법을 버리기보다는 아이들이 문제에
틀을 적용해보도록 돕고자 한다.

부모는 우월하고, 수직적이었던 부모자식 관계에서 동등하고 공평
하며 수평적인 시각으로 점차 옮겨감을 느낀다. 도덕적 영역에서는
명령적인 부분이 줄어들고, 다방면에 걸쳐 있으며, 결과를 정하기보
다는 자신의 지혜를 기꺼이 나누고자 한다. 이 책의 앞에서 알아본,
옳고 그름을 알게 하고 어려운 결정을 내리게 하며 양심을 지키게 하
는 세 가지 렌즈 다루는 법을 스스로 연습한 사람은 앞으로 마주하게
될 이런 새로운 국면의 양육방식에 적응할 준비가 되어 있을 것이다.

이런 부모들은 세 가지 렌즈의 맥락으로 자녀가 성숙해가는 것을
지켜봄으로써 새로운 단계에 적응할 준비를 해왔다. 그들은 아이가
세 살이었을 때 흐릿했던 도덕적 형체가, 아이가 여덟 살이 되자 가

치에 따라 움직이는 마음이 이제는 습관이 되어 있음을 이미 발견했다. 아홉 살이었을 때 흑과 백으로, 옳고 그름으로 보았던 것이 열다섯 살이 되자 갑자기 옳음 대 옳음의 도덕적 딜레마를 고민하게 되었다. 열여섯 살이었을 때는 감히 생각도 못할 정도로 무서웠던 일이 대학교 새내기가 되었을 때는 도덕적 용기를 발휘할 필요성으로 보였다. 부모들은 그동안 축적된 지혜로 아이가 다 자라 떠나기 전 마지막 몇 년 동안의 도덕적 발달 과정에서 중심 역할을 맡기 위해 준비를 해왔다. 이제 이들은 아이들이 좋아하기 힘든 가치 이야기에 열을 올리지 않고 청소년들이 가치의 세계를 인지하고 그 안에서 살도록 도와줄 수 있다. 명령이나 지시를 강요하지 않고 다루기 어려운 상황을 옳음 대 옳음의 딜레마로 표현할 수도 있다. 또한 아이들이 창피함을 느껴서 준비되지 않은 채로 도덕적 입장을 밝히게 하지 않고 자기 존중과 이타심이라는 숭고한 감정에 호소함으로써 도덕적 용기를 길러줄 수도 있다.

다른 말로 하면, 이들은 그동안 적극적이었던 양육을 조금씩 우아하게 놓아버리면서 현명하고 사려 깊은 엄마 아빠라는 새로운 역할로 다시 시작할 수 있다.

적어도 부모들은 위의 내용과 같아지기를 바란다. 신시아가 발견했듯, 교과서의 내용처럼 양육에서 우아하게 물러서기란 쉽지 않았다. 신시아는 아이들이 10대가 되자 가르칠 수 있는 건 이미 다 가르친 상태가 되었다고 한다. 그 시점에서, 신시아는 아이들에게 이래라저래라 하지 않고 풍부한 정보를 통해 결정을 내리도록 도와줌으로써 경험에서 얻은 지혜를 나누는 것이 자신의 할 일이라고 생각했다.

하지만 열아홉 살인 아들 데이비드가 아주 진력나는 딜레마를 가지고 왔을 때 그녀가 보인 반응은 저런 이상적인 행동과 완전히 반대였다는 사실이다. 신시아는 아이가 상황을 채 설명하기도 전에 자기의 입장을 드러내버리고 말았다. 결국 그 일은 잘 마무리되었지만 아직도 그녀를 괴롭히는 것은 간단한 의문이었다. "결정을 내린 것은 데이비드였을까, 나였을까?"

● 물러서기

데이비드가 학교 수구 팀의 지도를 도와달라는 요청을 받은 것은 고등학교를 막 졸업했을 때였다. 그는 팀의 소년들과 나이차가 많이 나지 않았고, 선수 중 한 명과 잘 아는 사이였다. 시즌이 진행되는 동안, 데이비드는 자기보다 나이가 그리 많지 않은 한 등급 위의 보조 코치가 팀 선수들에게 마리화나를 유통시키고 함께 피운다는 사실을 알게 되었다. 데이비드는 마리화나에 대한 논쟁을 알고 있었다. 마리화나의 지지자들은 그것을 싸고 구하기 쉬운 하나의 기호식품으로 보았다. 그들에게 마리화나가 합법화되는 일은 시간문제일 뿐이었다. 반대하는 사람들은 마리화나가 더 강한 마약으로 가는 입구이며 그것이 아직 불법으로 남아 있는 것을 다행으로 생각했다. 데이비드는 전혀 고민되지 않았다. 그는 마리화나 사용이 잘못된 행동이라고 생각했고, 특히 담배나 알코올을 엄격하게 금하는 운동선수들의 환경에서는 더욱 그러하다고 생각했다.

데이비드는 이 일에 대해 수석 코치가 전혀 모르고 있다고 확신했지만, 그럼에도 자신이 목격하는 일을 못 본 체하고 있는 것은 아닌가하는 의구심도 들었다. 문제의 보조 코치는 일을 잘했고 경기에서

팀을 승리로 이끌었으며, 여러 해 동안 팀에 있었고 수석 코치에게 큰 관심을 받았다. 데이비드는 이제 막 시작한 신참이었다. 미래를 위해서는 그 보조 코치의 신망에 이의를 제기하고 싶었지만 기댈 만한 지도 실적이 없는 상태였으므로 데이비드는 선뜻 용기가 나지 않았다. 게다가 취미나 직업적인 운동에 좋지 않다고 입증된 강력한 코카인의 일종인 크랙도 아니고, 스테로이드도 아니었다. 데이비드의 친구가 말하던 그저 '팟pot(마리화나를 간단하게 부르는 속어-옮긴이)'일 뿐이었다.

그렇다면 데이비드의 역할은 무엇이었을까? 그는 어떻게 해야 하는가?

고민 끝에 데이비드는 신시아에게 의지했다. 신시아는 아이가 열아홉 살인데도 아들과 비교적 탄탄한 관계를 형성해왔고 그는 거리낌 없이 신시아에게 조언과 상담을 받았다. 데이비드가 이야기를 털어놓았을 때, 신시아는 경청하는 자세가 필요하다는 사실을 알았다. 하지만 그런 생각을 하기도 전에, 그녀는 큰소리부터 먼저 질렀다. 신시아는 데이비드가 수석 코치에게 당장 달려가서 무슨 일이 일어나고 있는지 말하는 수밖에 없다고 말했다. "이런 게 인생이야. 옳은 일을 하면서 살아야 돼. 그러지 않으면 자기한테 진실하지 못하고, 이상에 따라 사는 것도 아니지."

여기서 잠깐 신시아의 반응을 살펴보자. 데이비드가 마음속으로 비윤리적이라고 생각하는 상황에 처한 것은 확실하다. 데이비드가 목격한 상황은 옳고 그름의 영역에서 후자, 직접적인 도덕적 유혹이었다. 그럼에도 불구하고 데이비드는 옳음 대 옳음의 딜레마에 맞닥뜨렸다. 이 딜레마는 마리화나가 아니라 그 일에 대한 데이비드의 반응이었다. 데이비드가 신시아에게 와서 한 얘기는 딜레마에 대한 이야기였지만 신시아는 유혹에 관한 문제로 받아들이고 그 문제를 다루었다. 우리는 그녀의 행동을 나무랄 수 있었다. 지나고 나서는 신시아 자신도 자신을 탓했다. 하지만 우리가 신시아를 나무라는 것은 옳은 일일까? 아니면 도덕적 우위를 확실히 표현함으로써, 즉 유혹을 강하게 거부함으로써 실제로 의사결정자가 올바른 걸음을 내딛도록 격려하는 상황이 있는가? 옳음 대 옳음의 딜레마와 마주칠 때마다, 핵심 가치가 옳다거나 반대 가치가 잘못되었다고 말하지 말아야 할까? 논의를 옳음 대 옳음으로 바꾸어야 할 필요가 있을 때, 도덕적 원칙을 확실히 말함으로써 원칙의 적절한 자리를 찾을 수 있는가?

● 유혹에 빠지려는 그 순간에 기억하기

앞에서 논의했던 가짜 선글라스 실험의 공동연구자인 듀크 대학의 행동경제학자 댄 애리얼리는 최근에 수행한 흥미로운 연구에서 가치를 명확히 표현하는 일이 안전할 뿐만 아니라 긍정적으로 도움이 된다는 점을 제시했다. 여기서는 단순히 핵심 가치를 떠올리게 하는 것이 의사결정과정에 미치는 영향에 대해 연구했다. 하지만 특성상 그의 실험은 옆쪽에서 이런 의문에 접근하게 된다. 참가자들은 기본적인 수학 실력을 검사받는다고 생각한다. 애리얼리는 참가자에게 다음과 같이 말한다. "시계를 보고 시간을 재면서, 표 안에 있는 숫자 중에 두 개를 더해서 정확히 10이 나오는 것을 찾기 시작하세요. 시간이 얼마나 걸렸나요?"

4.81과 5.19를 찾기 전에 잠깐 표를 들여다보았다면 여러분도 한 번 해 보라. 머리를 몇 번 긁적이지 않고서는 답이 쉽게 나오지 않는

다. 하지만 몇 년 전 UCLA의 실험실로 학생들을 데리고 왔을 때, 애리얼리와 동료들은 이런 문제 하나에 만족하지 못했다. 그들은 20문제를 제시했다. 참가자에게는 5분이 주어졌고, 그 시간 안에 문제를 최대한 많이 풀어야 했다. 참가자들은 문제를 다 풀면 참가자들 중에서 추첨을 하여 뽑힌 사람에게 정답 하나당 10달러를 주겠다는 말을 듣게 된다.

1.69	1.82	2.91
4.67	4.81	3.05
5.82	5.06	4.28
6.36	5.19	4.57

표 2. **평가지 샘플**

이미 눈치챘을지도 모르지만, 이 실험의 핵심은 수학 능력 검사가 아니었다. 사실 참가자들은 두 개의 집단으로 나뉜다. 한 집단은 평가지를 바로 실험자에게 주어야 했던 반면, 다른 집단은 문제를 몇 개 풀었는지 써서 그 종이만 따로 제출했다. 애리얼리는 이렇게 적는다. "이 참가자들은 부정행위를 할 기회가 있었다." 안타깝게도 많은 참가자가 부정행위를 했다. 부정행위를 할 기회가 없었던 사람들은 평균 3.1문제를 정확히 풀어냈다. 부정행위를 할 수 있었던 사람들은 평균 4.1문제를 푼 것으로 나타났다. 그들은 부정행위를 그렇게 많이 하지는 않았다. 그 집단의 점수는 평균보다 33퍼센트 높을 뿐이었다. 이 사실은 앞서 다루었던 빅토리아 탤워의 실험에서 자신의 흔적을 덮고 거짓말이 드러나는 것을 피할 수 있는 '능숙한 거짓말쟁이'를 떠올리게 한다.

하지만 그것도 이 실험의 핵심은 아니었다. 검사를 시작하기 전에, 참가자들은 또 다른 방식으로 나누어진다. 참가자 중 절반에게는 고등학교 때 읽었던 책의 제목을 열 개 적어 보라고 하고, 나머지 반에게는 십계명 중에서 생각나는 대로 적어 보라고 했다. 결과는 어땠을까? 부정행위를 할 기회가 없었던 사람들은 검사 시작 전에 무엇을 써냈든 3.1문제를 푼 것으로 나타났다. 부정행위 기회가 있었고 고등학교 시절 읽은 책을 써냈던 사람들은 부정행위를 저질렀다. 그럼 나머지는? 애리얼리는 이렇게 적는다. "결과에 우리도 놀랐다. 십계명을 쓰라는 지시를 받은 학생들은 전혀 부정행위를 하지 않았다. 평균 세 개의 문제를 정확히 풀었다. 이것은 부정행위를 하지 않은 집단의 기본 점수와 같다."

이 결과는 십계명이 수학 능력을 키워 주는 데 도움이 된다는 의미인가? 후속 연구들은 이 가정이 틀렸음을 입증했다. 부정행위를 할 기회가 없었을 때는 십계명을 적어야 했던 사람들의 점수와 그렇지 않았던 사람들의 점수가 같았다. 최초 연구에 따르면, 십계명을 몇 개나 기억할 수 있었는지도 중요하지 않았다. "십계명 중에서 한 개나 두 개밖에 생각해내지 못했던 학생들도 거의 열 개 가까이 기억한 학생과 똑같은 영향을 받았다." 이 효과를 설명하기 위해, 애리얼리는 "정직성을 고취했던 것은 십계명 자체가 아니라 일종의 도덕적 기준점을 생각해보는 행위에 있었다"라고 가정했다.

이 가정을 검증해보기 위해 애리얼리는 마지막 실험을 준비했는데, 이번에는 MIT에서 실시했다. 여기서도 예전 실험에서처럼 몇몇

내 아이에게 가르쳐주는 첫 정의 수업

참가자들은 부정행위를 할 기회가 있었고 나머지는 기회가 없었다. 하지만 '부정행위를 할 수 있었던' 사람들 중에서 일부는 실험에 참가하기 전에 이러한 진술에 서명을 해야 했다. "나는 이 연구가 MIT의 무감독 시험 제도에 따라 실시됨을 이해합니다." 다른 사람들은 서명을 하지 않았다. 결과는 어땠을까? 서명을 하지 않았던 사람들은 부정행위를 한 반면 서명을 했던 사람들은 부정행위를 하지 않았다. 애리얼리는 이렇게 결론을 내린다. "윤리적 사고의 기준점이 없어지면 우리는 정직하지 못한 방향으로 들어서는 성향이 있다. 하지만 유혹에 빠지려는 그 순간 도덕성을 상기하면 더 정직한 성향을 나타내기 쉽다." 흥미롭게도 도덕성을 상기하게 하는 것은 도덕적 기준점을 인지할 수만 있으면 된다. 이 사례에서 애리얼리가 묘한 표정으로 언급하듯, MIT에는 아예 명예 규범이 없다.

이것이 데이비드와 마약 파는 코치와 무슨 관련이 있을까? 신시아의 주장으로 돌아가보자. "이런 게 인생이야. 옳은 일을 하면서 살아야 돼. 그러지 않으면 자기한테 진실하지 못하고, 이상에 따라 사는 것도 아니지." 신시아의 말은 십계명과 정확히 일치하지는 않지만 명예규범으로서 인식할 수 있기는 하다. 이 말은 우리가 '정직하지 못한 방향으로' 들어서기 어렵도록 하는 '윤리적 사고의 기준점'이라 불리는 것을 데이비드에게 제공했다. 우리는 신시아와 데이비드의 관계가 어떻게 형성되고 유지되어 왔는지 모르지만, 신시아가 이런 도덕적 명령을 처음으로 표현하지는 않았으리라는 생각이 든다. 아마도 신시아는 데이비드와의 대화에서 자주 이런 대답을 했을 것이다. 어쩌면 10대들에게 신시아는 쓸데없는 말을 반복하는 지독한 설교쟁이로 보일 수도 있다. 하지만 이런 말들은 데이비드에게 그가 필요로 했던 안정과 확신을 주고, 이 세상에 도덕적 질서가 있기 때문에 진실성의 기준에 따라 행동하면 문제가 없다는 점을 상기하게 해주는 역할을 했는지도 모른다.

● 올바른 선택을 위한 몇 가지 시나리오

데이비드가 이러한 도덕적 대화를 피하지 않고 오히려 적극적으로 하려했다는 사실은 윤리적 사안에 대해 분명히 말하기를 두려워하는 부모들에게 확신을 줄 것이다. 부모들은 도덕적 상대주의에 겁을 먹고 모든 도덕적 논의를 훈계나 잔소리인 것처럼 생각하는 경우가 너무 많다. 또한 몸소 실행하지 않고 설교만 하는 사람에게 환멸을 느낀 나머지, 올바른 것에 대한 주장이 모두 위선에 불과하다고 믿는 경우도 너무 많다. 애리얼리의 발견은 뭔가 다른 것을 말해준다. 도덕적 기준점을 상기하게 해주는 적절한 자신만의 방식이 있다면 윤리적 행동에 상당히 긍정적인 효과를 미칠 수 있다는 점이다. 옳음 대 옳음의 딜레마가 있는 상황에서라도, 무엇이 옳은지를 강력하게 밝혀 말한다면 때로 우리 생각보다 훨씬 고무적인 효과를 볼 수 있을 것이다.

그렇다면 데이비드는 딜레마를 어떻게 해결했을까? 신시아는 데이비드에게 자신의 방식처럼 가능성이 있는 다양한 시나리오를 생각해보게 했다. 해야 할 일이 확실할 때에도(이 경우에는 수석 코치에게 가서 상황을 보고하는 일), 신시아는 가능한 결과를 제시하고 검토함으로써 어떤 결과가 발생하느냐에 상관없이 아이들이 자신이 한 결정의 결과를 인식하게 도와준다는 사실을 알고 있다. 또한 신시아는 아이들의 행동 결과를, 특히 올바른 행동의 결과를 다른 사람들이 이해하거나 고마워하지 않을지도 모른다는 사실을 받아들이는 데 시나리오

검토가 유용하다는 점도 알고 있다.

첫 번째 가능한 시나리오는 마리화나를 유통시키는 보조 코치에게 바로 찾아가는 방법이다. 데이비드는 그 사람에게 지도를 받은 적도 있고 그 사람을 좋아했기 때문에, 조용히 앉아서 그가 행동을 바꾸도록 설득하려는 것이 당연했다. 하지만 그 대화가 정말로 변화를 가져올 수 있을까? 데이비드는 약물을 습관적으로 복용하는 사람과 효과적으로 이야기할 수 있을까? 만약 그렇게 되어서 마리화나를 없앴다면, 보조 코치는 데이비드가 그 일에 대해 안다는 사실이 두려워 자기 평판을 보호하기 위해 데이비드를 그 자리에서 쫓아내려고 하지 않을까? 분명하게 말한다면 현재 상황이 변하지 않는다는 약속 하에 그들의 관계도 영원히 변하지 않을 것인가?

두 번째 시나리오에서는 데이비드가 어린 수영선수들에게 접근할 수 있다. 데이비드는 학생들에게 권유해서 보조 코치에게 더 이상 같이 마리화나를 피우고 싶지 않다고 말하게 할 수 있다. 하지만 아이들이 전폭적으로 동의하지 않고 집단 행동을 한다면 어려움이 예상된다. 보조 코치가 마리화나를 거부하는 아이는 처벌하려 하고, 아직 자기편에 있는 아이에게 특혜를 준다면 어떨까? 그때 데이비드는 아이들이 마리화나 사용을 인정하고 그 이야기가 새어나간다면 결국 팀에서 쫓겨날 수도 있음을 깨달았고, 더 쉬쉬하고 보조 코치에게 맞서 이야기하지 못하는 분위기가 되리라고 생각했다.

세 번째 시나리오에서는 이 이야기를 뉴스 매체에 제보할 수 있다. 이 경우에는 팀에서 약물 사용이 확실히 근절될지는 몰라도, 팀 자체가 와해될 수 있다. 그 결과 팀이 해체되고, 보조 코치와 마찬가지로 수석 코치도 해고되고, 데이비드의 자리 자체가 없어질 수도 있다. 데이비드는 학교에 돈을 갈취하는 폭력배가 들끓는 경우나 학교측에서 운동선수의 자격을 부당하게 부풀려서 이득을 취했다든가 하는 경우에 미디어 보도로 어떤 파급력을 불러일으킬지는 예상가능했다. 하지만 더 섬세한 해결책이 나올지도 모르는 이 상황에서 기자를 불러 모은다면 지나친 행동이 될 수 있었다.

남은 시나리오는 수석 코치에게 찾아가는 일이었다. 데이비드는 수석 코치가 정직하고 다정한 사람이라는 점을 알았다. 하지만 데이비드는 보조 코치들의 수석에게 찾아가면 자신이 맡은 아이들이 데이비드와 함께 지내기를 거부할 것이고 그에게 다시는 말을 하지 않을지도 모른다.

엄마의 영향이 얼마나 컸든, 데이비드는 수석 코치에게 찾아가 이야기할 용기를 최대한 모아 보았다. 달리 말하면 그는 원칙을 위해서 상당한 위험을 기꺼이 참아내려고 했다. 이것은 도덕적 용기의 정의다. 코치는 데이비드가 말해준 이야기를 확인하기 위해 통화를 몇 번한 후, 데이비드에게 한 발짝 나와줘서 고맙다고 했다. 보조 코치는 해고되었다. 그리고 다행스러운 것은 팀의 아이들을 비롯하여 마리화나 사건에 연루되었던 아이들도 데이비드에게 감사를 표했다. 데이비드는 친구를 잃기는커녕 존경을 받게 되었다.

그악스러운 엄마에서 우아한 엄마로

- 아이들은 엄청난 속도로 성장하는 것 같지만 양육은 판에 박힌 듯 그대로일 수 있다. 훌륭한 도덕적 양육 방식은 아이들이 성숙함에 따라 도덕적인 영역에서 다방면에 걸치게 되고 지시하는 면은 적어진다.

- 절대 침묵을 지키지 말라. 부모들이 도덕적 기준점을 명확히 표현하여 아이들에게 윤리적 기준을 상기시킬 때, 도덕적 기준점을 잠깐만이라도 떠올리게 되면 즉시 긍정적인 영향력을 발휘할 수 있다.

- 10대 아이들은 자신이 의도하지 않았던 곤란한 사건을 볼 때가 종종 있다. 부모들은 코치처럼 상담하고 조언해줄 수 있다. 하지만 스스로 경기에 나가 헤엄치는 것은 10대 아이들 본인이다.

- 여러분의 10대 자녀가 양심에 대해 확고한 견해를 세울 때, 다른 아이들이 고마워하더라도 놀라지 마라. 10대 아이들은 규범을 소중하게 여기고 그 규범을 소중히 여기는 사람을 존경한다.

딸을 구할 것인가, 손녀를 구할 것인가

신시아가 10대인 아들에게 지나치게 지시적이었을까봐 두려워했다면, 프랜은 미혼인 딸에게 지나치게 관대하게 대했음을 후회했다. 문제가 시작된 것은, 앨리스가 열아홉 살 되던 생일날에 부모님에게 임신 사실을 밝혔을 때였다. 그때부터 이 문제는 점점 커져서 프랜과 그녀의 남편이 여지껏 겪어 본 일 중에서 가장 어려운 윤리적 문제가 되었다.

● 부모들의 악몽, 딸의 임신

훌륭한 집안 분위기에서 자란 앨리스와 세 명의 형제자매는 큰 말썽없이 자라주었다. 초등학교 교사였던 프랜은 남부 시내에 있는 교회에서 목사로 18년의 세월을 보냈다. 프랜과 남편은 자녀 양육에 대한 의견이 대부분 일치했고 둘 다 공동체 활동에도 깊이 관여했다. 프랜은 이렇게 회상한다.

"우리는 교회에서 완벽한 부모이자 청년회의 고문이었고, 아이들은 전부 우리를 좋아했죠. 아이들이 자라는 동안 우리 애들이나 이웃 애들이나 구분하지 않고 아무 집에든 가서 어울리고 그랬어요. 클리버 가족하고 똑같지는 않았지만 말이죠."

프랜은 교외에 사는 1950년대의 이상적인 가족 시트콤인 '비버는 해결사Leave It to Beaver'를 떠올리게 하면서 싱긋 웃었다.

"사람들은 다들 실제 자기 가정의 좋은 면만 말하려고 하죠. 전부 다 가진 것 같아 보이지만 실제로 그렇지는 않거든요."

이야기를 시작하면서 프랜은 이렇게 말했다. "맏딸 앨리스는 착한 아이였고 훌륭한 딸이었어요. 반에서 가장 인기 있는 아이도 아니고, 명문 대학에 입학예정인 것도 아니었지만 공부도 그럭저럭 잘했고요. 또 통금시간을 어기거나 그 나이 때 가선 안 될 곳에 가는 문제를 일으킨 적이 없었어요. 적어도 우리가 아는 한에는 말이죠."

이 마지막 말은 프랜의 목소리에 드리운 그림자에 대한 힌트였다. "제가 너무 아이를 믿었나 봐요. 우리는 앨리스를 절대적으로 신뢰했어요."

문제가 시작된 것은 앨리스가 열여덟 살에 고등학교를 졸업한 후 여자 친구와 함께 아파트로 이사 가고 나서부터였다. 모든 일이 순조롭게 흘러가는 듯 보였다. "앨리스는 좋은 직장을 다녔고, 직장에서도 인정받는 것처럼 보였어요." 하지만 동거인은 '별 볼 일 없는 남자'였던 것으로 밝혀졌고, 앨리스는 다시 집으로 이사를 왔다. 딸이 임신했다고 말했을 때는 집에 들어와서 살고 있을 때였다.

"저는 너무나 놀랐어요. 하지만 우린 그 애 옆에 있었어요. 우린 모두 생명을 소중하게 여겼고, 그 아기를 키우든 입양 보내든 그 애가 결정하는 대로 도와주겠다고 말했죠." 아기의 아빠는 아기를 부정하는 상태였지만 앨리스는 아기를 낳겠다고 주장했다. 그렇게 해서 티나는 프랜의 식구가 되었다.

얼마 동안은 분업이 잘 되었다. 앨리스는 직장을 찾고, 프랜과 그녀의 남편은 아기 보는 일을 나눠서 했다. 항상 아기 엄마에게 결정을 맡기고, 자신들은 그저 할머니 할아버지일 뿐이라는 점을 분명히 했다. 하지만 티나가 유치원에 입학하자 앨리스는 당시 만나던 남자의 집으로 이사를 가기로 결정했고, 그곳에 티나를 데리고 갔다. 앨리스는 다시 임신을 했지만 18개월 후 그 남자와 헤어지고서 두 아이를 데리고 다시 집에 들어왔다.

앨리스가 계속 일을 하고 있기는 했지만, 프랜과 그녀의 남편은 변화를 감지했다. "잠을 많이 잤고, 낮잠도 잤어요. 부모 노릇은 우리한테 넘겨주고요. 앨리스는 우리가 모르는 병을 몇 번 앓았고, 처방 진통제에 중독이 된 거였어요."

여전히 그들은 그 생활을 계속해나갔다. 이제 일곱 살과 두 살 반인 아이들을 데리고 앨리스는 퇴근해서 집에 오고, 저녁을 먹고, 아이들과 숙제를 하고, 아이들을 재우고, 자기도 잠자리에 들었다. 프랜은 모든 것이 잘 돌아가고 있다고 생각했다. 그러던 어느 날 밤, 새벽 네시 반에 일어난 프랜은 외박을 하고 그때 집에 돌아오던 딸과 마주쳤다. 레스토랑에서 일하던 앨리스는 밤에 집에서 몰래 빠져나가서, 직장에서 알게 된 친구들과 일을 마친 후에 함께 파티를 즐겼다.

"앨리스는 우리가 항상 옆에 있어준다는 사실을 알았어요. 그 애는 자기가 아이를 유기하는 게 아니라고 생각했어요." 여전히 그 일은 할머니 할아버지에게 충격으로 다가왔고, 아이를 돌보는 일은 점점 더 그들 손으로 넘어왔다. 프랜과 그녀의 남편이 앨리스의 행동에 대해 이야기해보려고 할 때마다 앨리스는 뉘우치고 미안해하면서, 자신의 행동을 바꾸겠다고 맹세했다. 하지만 약물 복용량이 점점 늘어나는 것이 명백해졌다. 그 사실을 프랜 부부에게 귀띔해준 사람은 티나였다. 학교에서 약물에 대해 교육을 받은 티나는 할머니 할아버지에게 엄마가 크랙 코카인을 피운다고 말했다.

프랜은 이렇게 말한다. "그 후 앨리스와 대면한 우리 부부는 앨리스에게 분명하게 말했어요. 그 짓을 그만두라고요. 그리고 이 집에서 마약을 하는 건 절대로 허락할 수 없다고요. 만약 그 애가 체포되면 우리도 체포되기 때문이에요. 그런 일은 일어나지 않았죠."

하지만 수없이 사과하고 다짐했음에도 불구하고 문제는 개선되지 않았다. 앨리스는 몸이 아파서 일을 빠지기 시작했고, 결국에는 일자리를 잃었다. 하지만 앨리스는 약물 재활 치료를 생각해보려고 하지 않았다. 프랜의 말에 따르면 그 시기는 어떻게 해서든 약물에 대한 욕구를 채워줄 사람을 찾는 시기라고 한다. 이 경우에 그런 사람은 범죄가 잦은 위험한 동네에 살고 있었고, 프랜은 앨리스가 그 사람을 찾아가도록 내버려두었다고 한다.

프랜과 남편에게는 첫 번째 가혹한 시련이 닥쳐왔다. 법적 양육권을 가져오느냐 마느냐 하는 문제였다. 그들 부부는 거의 딸처럼 기른 아이들과 아주 친밀한 사이였다. 그 부부는 주말에, 앨리스가 아이들을 부모님에게 맡겨두고 일요일 오후에 약을 사러 갔을 때 이미 양육권과 관련된 일을 시작했다.

"수요일 아침까지도 우리는 앨리스가 어디 있는지 몰랐어요. 연락도 없고, 전화도 안 받았어요." 마침내 앨리스가 나타났을 때는 임시 양육권을 얻는 방법이 가장 좋다는 사실이 명백해진 상태였다. 앨리스는 동의했고, 판사는 승인했고, 앨리스는 아이들을 남겨두고 다시 집을 나갔다.

"앨리스는 한 번 돌아왔어요. 우리는 돌아온 탕자(성경에 나오는 비유로, 부모에게 재산을 요구해서 받아들고 집을 뛰쳐나가 재산을 모두 탕진한 후에 면목 없이 돌아오는 아들을 후하게 대접하고 반갑게 맞이한다는 내용－옮긴이)를 대하는 것 같이 그 애를 맞이했어요. 남편과 저는 이렇게 해줄 수밖에 없지 않느냐고 서로 이야기했죠. 그래서 우리는 앨리스를 받아주었어요."

그 후 4주 정도가 지나, 그들 부부는 집안에서 처방 진통제와 더불어 크랙의 증거물을 찾아냈다. 그 시점에 그들은 몇 년 동안 이루어온 모든 것을 걸고, 딸과 손녀들 사이에서 가혹한 선택에 마주쳤다. 엄마의 영향에서 손녀딸들을 보호하기 위해 앨리스가 돌아올 유일한 집에서 앨리스를 쫓아내야 할까? 아니면 이제 아홉 살 된 티나와 여동생이 해를 입을 위험을 무릅쓰고 계속해서 딸을 키우고 돌봐주어야 하는가?

프랜은 이렇게 말했다. "부모의 역할은 아이들을 위해서 해줄 수 있는 모든 일을 해 주는 거라고 저는 늘 믿을래요. 그중에는 우리 딸에게 집을 제공해주고, 욕구를 채워주고, 해야 하는 일이라면 뭐든지 하도록 도와주는 것도 있었어요. 반면에 티나는 아홉 살이었고 두 살 반까지를 제외하면 평생을 우리와 같이 살아왔어요. 티나는 사실상 제 다섯 번째 아이였어요."

● 엄마가 된 아이

프랜이 이 선택에서 맞닥뜨린 갈등은 무엇인가? 잠깐 훑어보면, 네 개의 패러다임이 모두 해당한다. 앨리스에 대한 충실성은 수많은 방식으로 존재한다. 그것은 앨리스의 사례가 앨리스의 두 딸에게 갖는 진실성과 똑바로 부딪친다. 앨리스의 엄청난 욕구와 필요도 존재하지만 조화와 일관성을 위한 가족 집단의 필요와 직접적으로 어긋난다. 크랙 코카인을 사용하므로 정당성은 법적 강제가 필요한 한편 자비는 한때 착한 아이였고 훌륭한 딸이었던 젊은 여자가 좀 더 관대한 방식으로 개선되기를 추구한다. 마지막으로 프랜과 남편은 단기적으로 옳은 일이 앨리스와 접촉하지 않고 서너 주 기다리는 일이라고 쉽게 결론 내릴 수 있었다. 그렇게 함으로써 갑작스러운 사건의 변화가 큰 재앙과도 같은 장기적 결과를 가져올 위험이 있다 해도 마찬가지였다. 또 그들은 돌이킬 수 없는 행동으로 딸과의 관계를 차단하는 희생을 치르고 손녀들의 장기적 안전을 택할 수도 있다.

그들은 어떻게 했을까? "우린 앨리스가 떠나야 한다고 말했어요. 앨리스의 짐을 싸고 데려다주길 원하는 곳으로 데려다주었어요."

이들은 선택을 어떻게 설명할까? 프랜은 이렇게 회상한다. "얼마나 마음이 아플지는 상관이 없었어요. 뒷받침해줄 데라고는 우리밖에 없는 이 어린아이들에게 내 책임감이 너무 컸기 때문이었죠. 설사 내 딸에게 제발 '저리 가버려!'와 같은 말을 해야 한다고 해도 말이에요."

프랜의 근거는 세 개의 해결 원칙에 함축되어 있다.

—— **결과 기반 원칙:** 프랜의 말에 암시된 의미는 결과에 초점을 맞춘다는 것이다. '최대 다수의 최대 행복'은 결국 가장 적은 사람에게

해를 끼치고 가장 많은 것을 보존하는 방법을 찾는 것이다. 손녀 딸이 보호받아야 하는 이유는 그들이 마주친 결과가 가정이 아 니고 실제이며, 즉 집 안에 크랙이 있었다는 점이다. 아이들 편을 들어줘야만 이들을 위협에서 보호할 수가 있었다.

— **규칙 기반 원칙**: 하지만 프랜은 칸트주의자처럼 생각하기도 한다. 보편적인 법률, 즉 비슷한 상황에서 모든 사람들이 채택하기를 바라는 수칙은 책임감과 관련된 규칙이었다. 프랜의 의무는 결 과가 마음 아프더라도 딸에게 책임감을 요구하고 그 요구를 단 호하게 강화하는 것이었다. 이것은 모든 사람이 책임감을 주장 하는 세상에 사느냐, 아니면 모든 사람이 다른 사람에게 또 다른 기회를 주는 세상에 사느냐 중에서 하나를 골라야 하는 문제다. 이 문제는 부모들에게 복잡하고 어려운 선택이다. 책임감을 주 장한 프랜은 결과가 어찌되든 소신대로 행동했을 것이다. 딸에 게 '저리 가버려!'와 같이 말하는 것을 의미한다 해도 그러하다.

— **배려 기반 원칙**: 하지만 프랜이 앨리스의 입장이 되어본다면 어떨 까? 앨리스는 엄마가 자신에게 어떻게 대해주기를 바랄까? 이 점에서는 본인도 혼란스러워 하는 것 같다. 돌아온 자신을 엄마 가 받아주기를 바라지만, 적극적으로 재활원에 들어간다거나 어 울려다니는 사람들과의 이별은 거부한다. 프랜은 앨리스를 통해 서 아이들을 황금률에서 말하는 '다른 사람'으로 보고 있는 듯하 다. 아이들은 엄마의 마약 중독을 할머니가 그냥 놔두기 바랄까? 아니면 이런 상황에서 보호 받고 싶을까?

이 경우, 세 가지 해결 원칙은 모두 같은 방향을 가리킨다. 앨리스를 멀리 보내는 것이다. 그리고 그런 행동은 흔치 않다. 우리 세미나에서 저마다 딜레마로 고심하는 사람들을 보면, 그들은 결과 기반 논리가 어느 한쪽을 지지하는 반면 규칙 기반 추론이 다른 쪽을 지지하며, 배려 기반 원칙이 둘 다 지지하기도 하는 경우를 자주 본다. 여기에는 그런 차이가 없다. 프랜이 어떤 방법을 택하든 결정은 명백하다.

명백하기는 하지만, 쉽지는 않다. "부모가 된다는 것이 이렇게도 힘들 줄은 몰랐어요." 프랜은 나에게 말했다. 그녀가 "음, 조금만 더 기다려보지"라고 말한다면 딸을 멀리 보내기보다 용기가 얼마나 덜 들지 생각해보라. 하지만 그렇게 하는 대신 프랜과 그녀의 남편은 도덕적 용기를 드러냈다. 우리는 도덕적 용기를, 원칙을 위해서 상당한 위험을 기꺼이 감내하려는 의지라고 정의했다. 이들 부부는 책임감과 손녀들에 대한 애정과 관련된 원칙을 위해 행동했다. 딸의 짐을 싸서 멀리 떠나보내면서 위기의 순간을 감내하기도 했다. 이들은 딸의 안정, 건강, 심지어 생명의 손실 못지않게, 딸과의 관계에서 발생할 수 있는 손실이라는 아주 현실적인 위험에 마주쳤다. 하지만 프랜과 그녀의 남편이 문제를 이 단계까지 오도록 만든 것이 단지 그들이 사람을 너무 신뢰해서, 너무 순진해서였을까? 그렇지 않다. 신뢰란 가능성 있는 모든 결과를 검토하고 가장 신중하게 계산된 위험만을 취한다는 의미가 아니다. 남녀평등주의적 도덕 철학자인 아네트 C. 베이어 Annette C. Baier는 이렇게 적었다. "신뢰란 계산되지 않은 위험을 무릅쓰는 것이다. 계산되지 않은 위험이란 잘못 계산된 위험과 다르다. 믿는다는 것은 가능성이 있는 배신에 대해서 너무 많이 생각하지 않는 것이다. 그것들은 신뢰를 불신으로 만든다."

● 자신마저도 의심스러울 때

이야기가 계속된다. 이후 몇 년 동안, 티나는 학교를 잘 다녔다. 그러는 동안 티나의 엄마인 앨리스는, 마약 살 돈을 마련하기 위해 위조지폐를 만들고 카지노에서 신용카드 정보를 빼내는 무리에 걸려들어 결국 교도소에서 7년을 보냈다. 프랜은 최선을 다해 앨리스와 연락했고, 앨리스는 간간이 집에 돌아가도록 허락해달라고 애원했다.

"약물중독 치료 프로그램에 들어갈래?"

"그건 싫어요."

"우리 옆에서 살지 않을 거니?"

"그것도 싫어요."

프랜은 이 시기가 너무나 고통스러웠던 시기라고 회상했다.

마침내 티나가 대학교에 지원했을 때 돌파구가 생기는 듯했다. 티나의 임시 양육권이 영구적으로 확실해져야 하는 때가 온 것이다. 대학교들은 조부모와 근근이 살아왔다고 주장해서 점점 늘어나는 장학금을 받으려고 하는 부유한 집안의 학생들을 경계하고 있었다. 티나는 확실히 이런 경우에 해당하지 않았지만 '임시'라는 말은 입학 심사관들에게 빨간 깃발처럼 경고 신호로 받아들여질 것 같았다. 프랜이 이 사정을 앨리스에게 설명하자 앨리스는 이 변화를 받아들이는 데 동의했다.

"엄마, 난 영원히 그 애들 엄마겠지만 아이들이 다시는 나와 함께하지 않을 거란 걸 알아요. 뭘 해야 되든지 티나에게 좋을 대로 해주세요."

프랜은 이렇게 말한다. "전 그 말이 진심에서 나왔다고 믿어요. 그리고 그건 제가 정말로 오랜만에 보게 된, 정직하고 진실한 희망의 첫 번째 신호예요. 이 서른여섯 살짜리 여자애가 드디어 어른이 됐나 봐요."

프랜의 이야기는 이 책에 나오는 많은 주제를 포괄한다. 프랜은 자신이 다른 사람의 옳고 그름의 문제 때문에 자신이 옳음 대 옳음의 딜레마에 부딪혔음을 깨달았다. 다이애나 바움린드의 용어를 빌리면, 프랜이 마주친 것은 방임적 양육 유형과 권위주의적 유형 사이의 갈등이다. 그리고 프랜이 걱정했던 것은 자신이 무슨 말을 듣고 싶어 하는지 앨리스가 알 수 있을 정도로 핵심을 언급했고, 앨리스가 그런 말을 했을 때 밀어내지 않았던 것이었다. 그리고 프랜은 도덕적 용기를 발휘해서 도덕적 입장을 밝히고 어려운 대화를 하게 되었다. 그녀는 그것이 "했어야만 했던" 대화라고 말한다. 프랜의 이야기는 양육이 결코 끝나지 않는다는 사실도 상기하게 해준다. 제이슨 로바즈Jason Robards는 영화 「우리 아빠 야호 Parenthood」에서 이런 말을 한다. "아이를 키우는 데는 골라인goal line도 없고 엔드 존end zone(미식축구의 득점지역 – 옮긴이)도 없어. 공을 내리꽂는다고 끝나는 게 아니거든."

이 모든 과정을 지나면서, 프랜은 이 책을 쓰기 위해 인터뷰했던 많은 부모들의 마음을 잠식하고 있는 질문과 화해했다. 그 질문은 바로 "난 좋은 부모인가?"라는 질문이다. 프랜은 이렇게 말한다. "전 이렇게 생각할 때가 있어요. '아, 정말 난 최악의 엄마야. 우리 애들 이렇게 된 것 좀 봐!'라고요." 그녀는 앨리스의 세 형제자매가 잘 자랐다는 사실에 얼마간 위안을 얻지만 앨리스가 형제자매에게, 부모에게, 딸들에게 했던 일을 생각하면 심히 속이 상한다. 앨리스의 경우에 대해 프랜은 이렇게 말한다. "제가 전혀 통제할 수 없었던 요인들이 많이 있었어요. 전 부모들이 엄청난 책임감을 갖고 있다고 생각해요. 하지만 '이건 저 애 잘못이 아니라 내 잘못이야'라고 죄책감을 느끼지는

내 아이에게 가르쳐주는 첫 정의 수업

말았으면 해요."

프랜은 이렇게 결론을 짓는다. "윤리적 사고에는 아이들이 자기의 책임감을 이해하도록 도와주는 것도 포함돼요. 그리고 우리가 할 일은 그것뿐이라는 걸 부모들이 이해하도록 도와주는 일도요."

딸을 구할 것인가, 손녀를 구할 것인가

● 내 자식의 욕구와 손주의 안전 중 하나를 선택해야 할 때처럼 가장 어려운 도덕적 선택에서도 이 책에서 언급한 세 개의 렌즈를 적용하면 문제가 명확해진다.

● 부모들은 경고 신호를 놓치기도 하지만, 그렇다고 해서 그들이 순진하다거나 너무 쉽게 상대방을 믿는다는 의미는 아니다. 양육에 필수적인 가치인 신뢰는 자녀가 아무리 나이 먹더라도 여러분에게 도움이 될 수 있다.

● 대결의 상황이 왔을 때, 도덕적 용기는 꾸준하고 일관성 있고 흔들리지 말아야 한다. 올바른 원칙을 고수하는 일은 장기적인 약속이다.

● 죄책감은 도움이 되지 않는다. 세 명의 훌륭한 아이들과 두 명의 손녀는, 훌륭한 양육이란 최선을 다해 다른 사람이 책임감을 갖도록 도와주는 일이라는 사실을 일깨워주는 역할을 한다.

용기와 고집의 차이

가끔 프랜의 사례에서처럼 딜레마는 몇 년 동안 만들어지는 것처럼 보일 때도 있고, 최종적인 단계까지 풀어내는 데에도 마찬가지로 긴 시간이 걸리는 것처럼 보일 때도 있다. 하지만 전후 과정이 아무리 길다 해도 결정의 순간이 오면 결정 자체는 빠르고 예리하다. 프 랜은 마약을 발견하는 데서 앨리스를 내보내는 마지막 순간까지 시 간이 얼마나 걸렸는지 말하지 않았지만 그리 긴 시간이었을 리 없다.

아만다에게도 결정의 시점은 갑자기, 강력하게 찾아왔다. 이 사례에 서도 문제는 몇 년 동안이나 곪아 터질 듯한 상태였다. 일하는 엄마로 종일 근무를 해야 하는 아만다는 세 아이를 키우는 데 전념해 왔다. 한 명은 자기 아이고 두 명은 재혼한 남편이 데려온 아이들이었다. 아만 다는 이 상황을 불편하지만 흔한 일로 보았다. 아만다는 이렇게 말한 다. "이 세상은 분열된 상태예요. 별로 많지도 않은 사람들이 서로 아 이가 있으면서도 또 결혼을 해요. 거의 다 의붓자녀, 의붓부모예요."

인구조사 수치는 아만다의 인식을 뒷받침해준다. 미국 인구조사국 이 결혼, 이혼, 재혼에 대한 추정치의 제공을 그만두기 전 마지막 수 치인 1990년 자료는 다음과 같은 사실을 보여준다.

—— 초혼의 절반 이상이 이혼으로 끝난다.
—— 총 결혼의 43퍼센트가 적어도 한 명 이상 성인과의 재혼이다.
—— 재혼의 거의 70퍼센트 가량이 전 배우자의 자녀를 포함해서 이 루어진다.

이런 자료에 기반을 두고, 인구조사국이 2000년까지 추산한 결과, 미국 내에 의붓가족이 혈연가족보다 더 많을 것으로 추정했다.

이런 상황을 고려할 때 자신이 의붓부모라면 첫 번째로 해야 할 일 은 의붓step이라는 말을 빼고 온전한 '부모'가 되는 것이다. 아만다는 자신의 경험에서 우러나오는 주장을 한다. "의붓부모라는 건 없어요.

부모면 부모고, 아니면 아니죠.”

아만다에게 양육은 언제나 핵심 가치, 특히 정직성에 대한 것이었다. 그녀의 집에서 윤리는 일반적으로 직관의 인도에 따라 조정되는, 고정된 규칙과 기준의 집합으로 이해된다. 아만다는 아이들이 도덕적 직관에 행동이 인도받기를 바란다. 아만다는 아이들에게 이렇게 말한다. “옳다고 느껴지면 아마 옳은 일일 거야. 좋은 것과는 달라. 좋은 것과 옳은 것에는 차이가 있지. 만약 뭔가 잘못되었다고 느낀다면 그건 옳지 않은 거야. 그리고 계속 질문만 하고 있다면, 그건 아직 준비가 안 된 거야. 아직 때가 아니야.”

이런 기준은 아만다가 엄마에게서 배운 것이다. 그녀의 엄마는 아주 간단한 원칙들을 전해주었다. “엄마는 항상 ‘그저 정직해라’라고 말했어요. 그리고 전 결코 엄마를 실망시키고 싶지 않았어요. 특히 저한테는 완전히 삶이 망가진 형제자매가 두 명 있었거든요.”

● 누구든 옳은 일을 알아낼 수 있다

부모가 일찍 이혼을 했기 때문에 아만다는 아빠에 대한 기억이 없었다. 이혼사유는 아빠가 신체적, 정신적으로 학대를 했기 때문이었다. 그런 배경을 알고 나서, 아만다는 자신의 삶에서 보이는 학대의 징후에 특히 경계를 늦추지 않았다. “저는 저 자신도 학대를 할 수 있다는 사실을 깨달았어요. 폭력을 쓰는 신체적 학대가 아니라 말로하는 정신적 학대 말이죠. 저는 상대에게 요구하는 게 아주 많았어요. 조심해야 되는 선이 있어요. 뭔가 요구하기 시작하면 학대가 될 수 있거든요. 우리는 자신을 지켜봐야 돼요. 이런 성향이 나타나면―사람이면 누구나 이런 성향을 타고난다고 생각해요―그러면 그 성향을 즉시 인지해서 고칠 수 있어요. 인지하지 못하면 고칠 수도 없죠."

아만다가 학대하는 성향을 타고났는지, 아니면 학대를 받음으로써 그런 성향 쪽으로 기울었는지는 정신생리학자와 신경과학자들이 논쟁할 수 있는 의문이다. 부모에게 학대받은 아동에 대한 연구에 따르면, 학대받은 아이들은 그렇지 않은 아이들에 비해 안면인식의 양상이 다르게 발달한다고 한다. 이는 신경생물학자들이 오랫동안 관심을 보여 온 영역이다. 찰즈 넬슨Charles Nelson과 그의 동료들은 인지 발달에 대한 뇌 연구의 광범위한 검토에서 이렇게 적는다. "얼굴은 감정, 정체성, 시선의 방향 등 많은 정보를 전달하는데, 성인들은 보통 이 정보를 쉽고 빠르게 처리하여 인식한다. 이 정보는 안면인식 처리과정에 특화된 뇌 회로가 존재하리라는 가정에 근거를 제공한다." 학대받은 아이는 다른 아이들보다 분노의 신호를 훨씬 빠르게 감지하는 것으로 보인다. 넬슨과 동료들은 또한 다음과 같이 주장한다. "다른 얼굴 표정이 아니라 화난 얼굴 표정의 인식은 학대받는 아이들의 내면에서 변화한다."

이런 발견은 가정환경이 자신을 바꾸어놓았다고 생각하는 아만다의 의혹을 더욱 굳어지게 만든다. 하지만 동시에 친아들인 이반에 대해서 위로를 얻게 하기도 한다. 결국 학대에 대한 반응이 선천적이라기보다 학습되는 것이라면 학대 쪽으로 기우는 유전자의 경향도 없을 것이고, 학대를 받지 않고 자란 이반에게도 영향을 미칠 수 없을 것이었기 때문이다. 그럼에도 불구하고 아만다는 약간의 두려움이 있었다.

어떤 이유에서든 아만다는 자신이 매우 양심적이라고 느낀다. 만약 아만다가 살면서 잘못된 행동을 한다면 그것을 고쳐야 할 필요성을 느낄 것이다. 아만다는 한 번은 이런 일이 있었다고 회상한다. 이

내 아이에게 가르쳐주는 첫 정의 수업

혼을 한 직후에, 아만다는 만나던 남자가 이혼남이 아니라 유부남이었음을 알게 되었다. 그 남자는 별거 중이었던 것이다.

"전 당장 그 남자의 아내에게 찾아가서 말했어요. 전 그 여자를 알지도 못했는데 말이죠. 그 여자가 저에게 쏘아붙일 수도 있었어요. 그건 중요하지 않았어요. 옳은 일이니까요. 우린 항상 옳은 일을 알 수 있어요. 저는 그 남자를 차버렸고, 다시 그 여자에게 가서 말했어요. 그 여자와 저는 지금까지 친구로 지내요. 이건 17년 전 얘기죠."

'우린 항상 옳은 일을 알 수 있다.' 도덕적 명확성에 대한 이러한 확신은 아만다가 아주 어렸을 때부터 그녀의 인생에 등불처럼 확고하게 자리잡고 있었다. 그래서 열아홉 살이었던 이반이 자동차 대금 지불 문제로 골치 아픈 문제를 겪었을 때, 아만다는 더욱 고통스러웠다. 옳고 그름의 문제를 훨씬 넘어선 딜레마에 마주한 아만다는 '옳은 면'이 난제의 양쪽 면에 다 있다는 사실을 발견했다.

아만다는 웃으면서 이렇게 시인한다. "이반은 아마 만나본 아이들 중에 가장 고집이 센 아이일 거예요. 얘를 죽이지 않고 어떻게 키웠는지 모르겠다니까요." 또 그녀는 다소 절제된 표현을 써서 말했다. "학교에서 이반과 동생(의붓동생)은 성취욕이 강하지는 않았어요. 이 아이들은 말하자면 이런 식이었어요. '우리 이거나 하자. 학교는 적성에 안 맞아. 차 타고 어디 가버리자! 책 없는 곳으로!'"

● **아이들과의 약속 지키기**

눈 오던 12월의 어느 날 오후, 아만다와 내가 이야기를 나누었던 때 이반은 고등학교를 졸업한 지 몇 달밖에 되지 않은 상태였다. 아만다의 말에 따르면 이반은 앞서 6월에 졸업할 수 있었지만 한 학기를 더 다니며 두어 개의 수업을 듣기로 했다. 그해 가을에 이반은 이틀마다 한 번씩 학교에 갔고, 마지막 수업이 끝나면 바로 돌아 오기 위해 차를 몰고 갔다.

이반이 그해 초에 차를 샀을 때 아만다는 그에게 500달러를 빌려 주고 한 달에 100달러씩 갚으라고 통지한 뒤 동의를 받았다. 이반과 아만다는 애초부터 동의를 했다. 만약 지불을 하지 않으면, 계산을 확실히 할 때까지 차를 사용할 수 없었다. 첫 달에는 약속을 잘 지켰다. 하지만 여름이 지나자, 이반과 여자 친구는 아만다의 말을 빌리면 '더 친밀해졌다'고 했다. 아만다는 성적인 문제에 관해서 항상 강경노선을 취했다. "스물다섯 살쯤 되면 상관하지 않겠다만, 내 집에 살 거면 여자 친구랑 밤을 보낼 생각은 하지 마라. 만약 그러고 싶다면, 그건 네가 집을 나가서 직장을 잡고 아파트도 얻을 만큼 어른이 되었다는 의미겠지."

하지만 이반도 굴하지 않았다. 늦여름에 여자 친구의 엄마가 집을 비울 계획이 있다고 하자 이반은 일주일 동안 그 집에 가서 여자 친구와 같이 살기로 했고, 함께 더 오래 있기 위해 일도 그만두기로 했다. 그 일로 발생한 갈등은 폭발적이었고, 아만다는 "셀 수 없는 밤을 뜬눈으로" 지새며 견뎠다고 한다. 아만다는 솔직하게 인정했다. "전 이반을 나의 삶 그 자체보다도 더 사랑해요."

아만다와 이반은 결국 문제를 일단락 지었고, 이반은 다시 집으로 들어왔다. 하지만 경제적으로 궁핍한데다 새로운 일을 얻기도 어려웠다. 이반은 임시직을 겨우 얻음으로써 11월의 지불을 해결했다. 하지만 그때 12월이 왔다. "시간은 자동차 가격 지불 계약이 끝나는 1월 1일을 향해 똑딱거리며 흘러갔어요."

내 아이에게 가르쳐주는 첫 정의 수업

"그 애는 저에게 와서 말했어요. '제 차 가져가신 거 정말 스트레스 받아요.' 그래서 저는 이렇게 말했죠. '이제 계약기간 끝나 간다. 너 스트레스 받는 건 알아. 그래도 어떡하겠니.'"

"일자리 알아보게 2주만 더 주시면 안 돼요?"

"안 돼."

"왜요?"

"너한텐 두 달이라는 시간이 있었잖아. 그땐 차가 중요하지 않았지. 괴로움을 좀 느껴봐야 깨달을 거야. 만약 1월 1일까지 지불 못 하면 차는 없다. 1월 1일에서 2월 1일 사이에 일자리가 없으면 그 차는 중고차 시장으로 가게 될 거야. 그리고 중고차 시장으로 가면 엄마는 이런 거 다시 안 해줄 거야. 이반, 우리 확실히 했었지? 넌 기준선이 어디인지 알았고, 확실히 받아들였어. 그리고 엄마는 그 기준선에서 흔들리지 않을 거야."

아만다는 이반이 '저 졸업 못할지도 몰라요.'라고 말할 수도 있었다고 말했다. 이반이 스쿨버스는 안 타려고 했기 때문이었다. 졸업을 빌미로 버텼다고 해도, 아만다는 계속 자기 입장을 지키고, '그래라, 그건 네 일이지'라고 말했을 것이었다. "전 규칙을 만들었고, 그 규칙을 따라야 해요. 흔들리지 않을 거예요. 그 애가 그만두면 그만두는 거죠. 그건 걔에게 달려 있어요." 하지만 아만다는 시인하듯 이렇게 말했다. "부모로서 제일 어려운 일이 바로 이런 부분인 것 같아요." '그건 걔 일이고'라고 말하는 것 말예요. 이반은 이 차를 안 주면 학교를 그만둘지도 몰라요. 하지만 제가 그렇게 나오면 이반은 할 테면 해보라는 식으로 행동할지 모르죠."

아만다가 분명히 표현했던 것은 네 가지 딜레마 패러다임이 풍부하게 표현되어 있는 옳음 대 옳음의 딜레마다.

— **진실성 대 충실성:** 충실성의 근거는 강하다. 이반은 그녀의 아들이고, '자신의 삶 자체보다 더 사랑하는' 아이다. 아만다의 의무는 이반을 가능한 모든 상황에서 지지하는 것이다. 외부적 위협(어려운 경제사정)에서든 내부적 위협(지혜의 부족)에서든 말이다. 하지만 가감 없이 말해 코앞에 닥친 진실은, 이반은 그냥저냥 되는 대로 살아갈 것이고, 필요성보다 욕구를 더 우위에 둘 것이며, 그저 엄마를 괴롭히려고 학교를 포기할지도 몰랐다.

— **단기 대 장기:** 단기적 필요성을 존중한다면 아만다는 이반에게 일단 백기를 들고 일자리가 없는데도 차를 타게 할 것이다. 이런 식의 행동은 앞으로의 무책임한 행동을 반복하게 만들 것이다. 하지만 장기적 필요성을 존중한다면, 아만다는 자신의 입장을 계속 견지하고 이반에게 자신의 실수를 직면하도록 할 것이다. 당장은 이반이 학교를 안 가거나 어떤 식으로든 엄마의 입장을 곤란하게 할 일을 하겠지만 말이다.

— **개인 대 공동체:** 이 딜레마에서 이반을 개인으로 본다면 아만다는 아들이 차를 사용하지 못하도록 함으로써 인격 형성에 도움이 되는 교훈을 가르쳐야 한다고 느낄 것이다. 하지만 그런 선택의 결과가 그녀의 가족이라는 공동체에 미치는 영향은 가혹할 수 있다. 가족들이 학교와 일자리 사이를 태워다 줘야 하는 불편함을 감내하도록 강요할 수 있으며 학교에 불편하게 다니는 동안 감정적으로 폭발하거나 이반이 가족 공동체에서 빠질 위험도 있다.

— **정당성 대 자비:** 정당성의 요구는 명확하다. 이반은 엄격한 서약

을 했고 그것은 지켜져야 하며, 약속을 어겼을 경우 양측이 동의한 벌칙이 있다. 하지만 자비가 요구하는 것도 마찬가지로 뚜렷하다. 이 상황에서는 이반을 용서하고 자신이 한 약속을 면제해 줌으로써 이반에게 밝은 미래를 약속하며 지나친 벌칙을 덜어 줄 수 있다.

● 아이의 미래를 생각한다면

아만다는 어떤 결정을 내릴까? 다음은 그녀가 적용해볼 수 있는 한 가지 이상의 해결 원칙이다. 결과 기반 원칙을 주장한다면, 아만다는 결과를 검토해보고 다양한 결과의 위험성을 저울질해 볼 것이다. 아마도 이반이 차와 관련한 어려움 없이 학교를 졸업하는 것이 이반과 그의 가족, 그가 속한 공동체에 가장 좋은 일이리라. 하지만 이 원칙은 또한 아만다에게 반대로 생각해볼 수 있는 여지를 준다. 아만다는 공동체에 가장 좋은 일에 대해 생각해본다면, 이반이 책임감을 갖고 약속을 존중해 스쿨버스를 타면서 학교 교육을 마치도록 하는 편이 좋다고 생각할 수 있다. 이반의 세계에 가혹한 충격을 가하는 것만이 공동체에 진정 필요한 사람으로 거듭날 수 있다. 따라서 결과 기반의 추론은 어느 쪽으로든 선택할 수 있게 한다.

규칙 기반으로 생각한다면 아만다는 무엇보다도 중요한 원칙을 찾게 될 것이다. 칸트가 말한 "네 의지의 준칙이 보편적 입법의 원리가 될 수 있도록 행위하라"라는 말에 따라, 아만다가 찾고자 하는 것은 '보편적 법칙이 될 수 있도록'하는 '준칙'이다. 이 준칙이란 보통 '항상' 또는 '절대로'로 시작하는 명령이므로, 아만다는 이반뿐만 아니라 이반과 비슷한 경우의 모든 사람들을 이끌어주고 그들이 항상 어떤 행동을 하거나 금하게 하는 원칙이나 법칙을 찾아야 한다. 만약 준칙이 "항상 약속을 존중하라"라면, 아만다는 차를 이반에게서 압수해야 한다. 하지만 준칙이 "항상 용서하라"이거나 "항상 교육하라"라면 아만다는 태도를 누그러뜨려야 한다. 여기서 도덕적 용기가 중요해진다. 모든 사람들이 항상 약속을 지키는 세상에 사는 것과, 모든 사람들이 항상 실수를 용서하는 세상에 사는 것 중 하나를 선택해야 한다면 어느 쪽을 선택하겠는가? 어려운 선택이다. 규칙 기반 사고를 통해서도 아만다는 두 가지 방향의 행동을 다 취할 수 있다.

마지막으로 그녀는 황금률의 배려 기반 원칙에 의존해볼 수 있다. 아만다 자신이 이반이라면, 부모가 어떻게 해주기를 바라겠는가? 물론 즉각적인 대답은 이런 것이다. "엄마, 진정해요. 잠깐 시간을 줘요! 이거 어려운 문제라는 걸 모르겠어요? 나도 기회를 놓쳤다는 거 안다고요. 하지만 이 일을 해결하려면 엄마의 도움이 필요해요." 이런 논리에서라면 아만다는 이반이 차를 다시 사용할 수 있게 해줄 것이다. 하지만 황금률은 내가 대접받고 싶은 대로 다른 사람들을 대접하는 행동에 대해 이야기한다. 그리고 여기에는 이반과 아만다가 아닌 또 다른 '다른 사람들'이 있다. 하지만 이 이야기 속에서는 모든 관심사와 이익이 이반에게 맞춰져 있다. 교장 선생님, 이반의 선생님들, 반 친구들, 이들은 모두 이반이 학교에 나올 수 있기를 바란다. 아만다의 가족들도 아만다가 이반에게 차를 사용하지 못하게 함으로써 발생하는 갈등을 예상하고, 아만다에게 마음을 누그러뜨리도록 촉구할 수 있다. 그리고 아직 고려하지 않은 인물이 있다. 바로 미래의 이반이다. 이 명백히 허구적 인물은 몇 년 후 지금의 상황을 돌이켜보며 단호하게 행동해준 데 대해 감사하지 않을까?

아만다가 어떤 선택을 하든 윤리적일 것임에는 분명하나 한쪽은 도덕적 용기가 많이 필요하고 다른 쪽은 덜 필요할 것이다. 아만다가 태도를 누그러뜨리기는 쉽다. 이반은 학교 교육을 무사히 마칠 수 있고 가정은 다시 평화를 되찾는다. 강경한 태도를 유지하기는 어렵다. 누군가는 눈물 흘릴 일이 생기고, 마음이 상할 수도 있고, 부모와 자식 간의 관계가 위험에 처할 수도 있다.

그렇다면 아만다는 어떻게 해야 할까?

자신의 입장을 지키면서 경제 사정이 좋지 않았다는 점을 인지할 때 아만다는 이반이 취업 면접을 위해 노력할 것을 주장할 수 있다. 자동차 대금의 지불이 끝나는 주의 금요일에, 아만다는 이반에게 전화를 걸어서 주말에 면접이 있느냐고 물었다. 이반은 없다고 대답했다. 아만다는 차가 주말 동안 집에 주차되어 있을 거라고 단언했다.

"그럼 나 학교 그만둘 거예요! 어떻게 저한테 이럴 수가 있어요!" 이반이 말했다.

아만다의 대응도 마찬가지로 강경했으나 그녀는 이반에게 두 가지 선택을 제안했다. 아만다가 일을 마친 오후에 만나거나, 이반이 교장 선생님에게 직접 전화를 해서 학교를 그만둔다고 말하는 것이다. 만약 이반이 후자를 택한다면 아만다는 이렇게 지시를 내릴 것이다. "집에 가서 차는 두고 짐을 싸서 걸어가. 계속 이렇게 살거면 내 집에서 살지 마라!"

이 순간은 두 사람 모두에게 진실의 순간이었다. 이반은 엄마의 목소리로 무슨 일이 일어났으리라는 사실을 감지했다. "이반은 저를 한계까지 밀어붙였던 것 같아요. 화가 나는 단계를 넘어섰어요." 아만다는 이반에게 한번도 하지 않던 심한 욕설을 했다. "하지만 전 이 소모적인 싸움에 너무 지쳐버렸어요. 그걸 어떻게든 해야만 했죠."

결과는 어땠을까? 이반은 오후에 엄마를 만나러 갔다. 이반과 아만다는 문제에 대해 깊은 대화를 나누고 이반이 계속 학교를 다니는 데 동의했다. 아만다 이반이 학교에 갈 때와 면접에 갈 때만 차를 사용하게 했다. 아만다는 이 모든 것을 적어두자고 주장했다. "우리에겐 계약서가 있어요." 이 계약서에는 이반이 80점 이하의 점수를 받으면 차를 다시 주차해두겠다는 내용도 들어가 있었다.

이 이야기가 정말로 끝났다는 것을 아만다가 알게 된 것은 몇 년 전일지도 모른다. 우리가 마지막으로 만나서 이야기를 나누었을 때, 이반은 학교에서 평균 92점을 받았고 면접을 다섯 번 보게 되었다. 그는 우수한 성적으로 졸업을 앞두고 지역 커뮤니티 칼리지에 들어 갔다. 아만다는 이반에게 비밀 하나를 알려주었다. 그녀는 이반이 자동차 가격으로 지불해온 돈을 저축해온 것이었다. 아만다는 이반에게 졸업 선물로 이 돈과 차를 돌려주려고 한다고 말해 주었다.

아만다의 이야기는 도덕적 용기에 대한 이야기다. 이 '도덕적 용기'의 가장 간단한 정의는 '도덕을 위한 용기'다. 아만다는 핵심 가치인 책임감, 정직성, 공정성을 옹호하는 태도를 취해야 한다는 사실을 알고 있었다. 그녀는 위험을 명확하게 의식했다. "엄만 마녀처럼 행동하는 게 아니야." 하지만 아만다는 모두가 잠든 조용한 밤이면 문득 정말로 자기가 그런 악독한 사람인지 고민했다. 아만다는 이반이 비뚤어진 자신의 형제자매처럼 탈선하지 않을까 두려워했고 한편으로 자신의 강경한 태도가 학대로 변질될까 두려워하기도 했다. 아마도 그래서 그녀는 마녀처럼 행동하게 되었는지도 모른다. 하지만 아만다는 두려움을 억누르고 앞으로 나아갈 용기가 있었다.

도덕적 용기의 핵심은 이러하다. 이는 두려움이 없는 상태와 다르다. 아만다는 난제에 부딪치고 자기의 태도를 견지하는 강한 성격이었다. 그렇다고 해서 모든 부모가 이처럼 상황을 마주보아야 하고 똑같이 행동해야 하는가? 그렇지 않다. 이 상황은 결국 옳음 대 옳음의 상황으로, 갈등하는 두 입장에는 저마다 강력한 도덕적 근거가 있다. 좋은 부모들이라도 분명 다른 쪽을 선택할 수 있다. 하지만 용기가 더 많이 필요한 쪽을 선택하는 일이 항상 옳은 행동인가? 이것 역시 그렇지 않다. 자비가 정당성을 이기도록 하는 것이 옳을 때도 있고, 더 쉬운 방법이 더 옳은 방법일 때도 있다. 아만다가 어떻게 문제를 해결했는지 주목하라. 결국 아만다는 제3의 해결책을 택했다. 이반에게 학교 갈 때 버스보다 차를 이용하도록 해 준 것에서 알 수 있듯, 딜레마를 관통하는 그녀의 세 번째 해결책은 사소하지만 중요한 양보와 관련이 있었다. 마녀라면 그렇게 하지는 않았을 것이다. 하지만 아만다는 그렇게 했다.

"우리는 아주 성공했던 것 같아요." 아만다는 겪었던 일을 모두 돌이켜보며 이렇게 말한다. "전 그때가 이반의 인생에서 전환점이었다고 생각해요. 그 애는 깊은 잠에서 깨어났어요. 마치 거대한 알람이 울린 것처럼요."

용기와 고집의 차이

- 세 번째 렌즈를 통해 살펴볼 수 있는 양심 지키기는 가끔 가혹해 보이고 아이에게 학대하는 것처럼 보이기도 한다. 하지만 양심을 지키는 행동은 이기적이지 않은 반면, 가혹함과 학대는 지배에 관한 것이다.

- 청소년이 처음으로 독립을 경험할 때, 독립이 무책임한 허가쯤으로 보이기도 한다. 부모들은 그런 아이들에게 도덕적 의무를 상기시켜 줄 수 있다.

- 아이들은 물론이고, 성인이지만 아직 나이가 어린 이들은 한계를 시험하며 때로는 부모의 속을 태우기도 한다. 부모들은 한 발짝 물러서야 할 때도 있고 강경하게 버텨야 할 때도 있다. 어느 쪽이든 옳은 태도일 수 있다.

- 트릴레마는 곤경에서 벗어나게 해준다. 아만다는 계약서를 쓰고 몇 가지 규칙을 완화함으로써 아들을 학교에 남아 있게 했다. 그 결과는 성공적이었다. 이반은 좋은 점수를 받고 대학에 지원했다.

내 아이를 선하게 키우는 세 가지 렌즈

열여섯 살이었던 데밍은 변덕스러웠고, 늘 우울했으며, 사랑에 빠져 정신을 못 차렸다. 학교에서 가장 지독한 반에서도 특유의 낙천성으로 최상위권 성적도 받았던 아이였다. 그러던 데밍이 많이 변한 것이다. 아직 친구는 있어서, 오랫동안 수다를 떨거나 끊임없이 문자를 주고받았다. 하지만 그 통화에서마저 부모님이 곁에 있거나 하면 꿍얼거리면서 속삭이고 한숨을 내쉬어야 했고 문자 답장이 와도 시큰둥했다. 데밍의 부모인 짐과 일레인은 아들의 기분이 얼마나 우울한지를 보고 캔디와 사이가 어떤지를 짐작했다. 데밍의 우울함은 캔디와의 관계를 보여주는 지표였다.

데밍의 엄마인 일레인은 다정한 전업주부였고 아빠인 짐은 오클라호마의 광물 회사에서 고속 승진한 임원이었다. 이들이 데밍과 캔디를 데리고 저녁식사를 했을 때, 캔디는 자기 자신에게만 푹 빠져 있는 것 같았다. 이들 부부가 보기에 캔디는 데밍을 지나치게 강압적인 방식으로 통제하려 들었으며 자주 화를 내며 비하했다. 하지만 데밍은 넋이 빠질 듯한 캔디의 수려한 외모와 매혹적인 미소에 빠져 대화 뒤에 숨은 면을 알아채지 못했다.

얼마 동안 짐은 그냥 웃어넘기려고 했다. 그는 아들에게서 자신의 어렸을 적 모습을 보았다. 연인에게 열정적인 말과 행동을 바쳤고 그녀가 없을 때는 한없이 무력감을 느꼈으며, 대화를 하나하나 곱씹으면서 바보같이 굴었던 자신을 자책했던 일이 생각났다.

짐과 일레인은 데밍을 관찰하면 할수록 깊은 한숨과 함께 심각하고 지속적인 우울함을 느꼈다. 이들 부부는 데밍이 학교에서 돌아와 있는 오후, 저녁, 주말에 둘 중 한 명이 가까이에서 계속 지켜보기로 했다.

해가 갈수록 데밍의 우울함은 누그러들 기미가 보이지 않았다. 결국 2, 3학년 합동 댄스 파티를 준비하는 기간에 엄청난 일이 일어나고 말았다. 데밍과 캔디는 오래 전부터 댄스 파티에 참석할 계획이었고 친구들도 모두 그럴거라고 예상했다. 그런데 어느 날 갑자기 캔디가 버럭 짜증을 내더니 파티에는 다른 사람과 가야겠다고 선언했다. 그 상대는 학교 친구가 아닌 여름 캠프에서 만난 사람이었는데, 주말에 열리는 파티에 오기 위해 비행기를 타고 오는 중이라고 했다. 짐은 지금이야말로 뭔가 결정해야 할 시간이라고 생각했다.

짐은 회사에 휴가를 내고 새로 산 픽업트럭에 짐을 실어 데밍을 태우고 서부로 향했다. 계획은 없었다. 그냥 한 번 가보는 것이었다. 아빠와 아들이 그저 함께 가겠다는 목적 외에는 아무것도 없었다.

짐은 그 여행을 회상하면서 첫 날은 고통스러웠다고 했다. 데밍은 특별히 반항적이지 않았고, 아버지의 관심에 나름대로 감사하는 듯했다. 하지만 데밍은 말을 거의 하지 않았고 짐은 너무 캐물어보면 안 된다는 걸 알고 있었다. 짐은 대화가 그냥 흘러가는 대로 놔두었다. 하지만 그 다음 날, 대화는 댄스 파티와 캔디에게 데밍이 받았던 상처에 대한 이야기로 넘어갔다. 데밍을 위로하려는 마음에 짐은 다른 사람이랑 파티에 갈 수는 없겠느냐고 물었다. 데밍은 마치 짐이 화성에서 오기라도 한 것처럼 믿을 수 없다는 얼굴로 쳐다보았다. 하지만 짐은 끈질기게 계속 같이 가고 싶은 사람 없냐고 물었다. 킴벌은 어떨까?

이웃에서 오랫동안 알고 지낸 킴벌은 재미있는 것을 좋아하는 엉뚱한 매력의 아이였다. 무엇보다 마음이 착했다. 부모는 그녀를 거의 방관하다시피 길렀지만 킴벌은 똑똑하고 열심히 일하는 아이였다. 6월에 학교를 마치고 지금은 식당에서 아르바이트를 하면서 대학에 다녔다. 짐은 그 아이를 맘에 들어 하는 편이었다. 특히 몇 년 전 뒷문 현관에 앉아서, 아빠 책상에서 몰래 빼낸 담배를 피우고 있는 둘을 발견하고 웃음을 참으면서 단호하게 질책해야 했던 때는 특히 더 그랬다. 하지만 짐은 데밍에게 너무 압박을 주지 않도록 신중하게 행동하고 계속 운전에 집중해야 한다는 점을 알고 있었다. 그렇지 않으면 데밍은 신발 뒤축으로 땅만 파다가 다시 어둠 속으로 가라앉을지도 몰랐다.

하지만 별 말 없이 몇 마일 더 가다가 데밍은 휴대전화를 꺼내 들었다. 킴벌이 전화를 받자 데밍은 댄스 파티에 함께 가지 않겠느냐고 물었고 짐은 킴벌이 기쁨의 비명을 내지르는 소리를 들었다. 킴벌이 드레스가 없다고 말하는 소리도 들었다. "내가 하나 사줄게!" 짐은 소리를 내지 않고 입모양으로만 말했다. 그때 그는 말로 설명하기는 어렵지만 뚜렷한 선을 넘어섰다는 생각이 들었다. 하지만 다시 재빨리 킴벌이 옷을 빌릴 곳을 안다고 말하는 소리를 들었다. 몇 분 지난 후 전화를 끊은 데밍은 다른 사람이 되어 있었다. 그 후 일곱 시간 동안 둘은 빅벤드 국립공원을 향해 갔다. 짐이 생각하기에 데밍은 예전의 상태로 돌아온 것 같아 보였다. 여행이 효과가 있는 듯해서 짐은 기뻤다.

그리고 그때 데밍의 휴대전화가 울렸다. 데밍이 전화를 받고, 잠깐 멈추었다가 "안녕, 캔디."라고 말하자 짐의 가슴은 철렁 내려앉았다. 잠시 의미 없는 잡담이 이어졌다. 그러고 나서 캔디가 댄스 파티 때 뭘 할 거냐고 물었던 것이 틀림없었다.

"난 데이트 해야 돼." 데밍은 상대가 누구인지 언급하지 않고 대답했다.

캔디의 목소리는 짐이 들을 수 있을 만큼 커졌다. "네가 나한테 이럴 수가 있어?" 그러더니 자기는 캠프에서 만난 친구랑 데이트하기로 했던 약속을 취소했다면서 데밍에게 댄스 파티에 자기와 함께 가자고 했다.

짐은 곁눈질로 힐끔 보고 전화를 받는 데밍의 얼굴에 눈물이 흘러내리고 있다는 사실을 알았다. 그는 트럭을 세우고 회사 임원들이 그러듯이 상황을 떠맡고, 구체적으로 뭘 해야 하는지 데밍에게 말해줄 수도 있었다. 하지만 짐은 당시를 회상하며, 그때 그가 할 수 있는 일은 데밍에게 혼자만의 시간을 주는 것 뿐이라고 한다. 그대신 그는 핸들을 꽉 붙잡고 계속 운전을 할 뿐이었다.

그때 짐은 놀라움에 다시 한 번 곁눈질을 하게 하는 소리를 들었다. "싫어. 난 못해." 여전히 눈물을 흘리고 있었지만 데밍의 목소리는 이상하게 차분하고 또렷했다. 수화기 저쪽에서는 잠시 침묵이 이어지다가 알아듣기 힘든 소리가 났다. "약속했으니까. 그게 이유야. 그 애한테는 그렇게 할 수 없어." 수화기에서 다시 소리가 나고, 다시 말소리가 격해졌다가 눈물을 흘리는 과정이 반복됐다. "그냥 안 돼." 이게 마지막이었다.

데밍은 전화를 끊었고, 차 안에서는 빠르게 달릴 때 나는 굉음만이 들렸다. 겉으로 보기에 짐은 그저 운전을 하고 있는 것 같았지만 속으로는 "역시 내 아들이야!"라고 소리치고 있었다. 잠시 후에 데밍은 짐에게 몸을 돌리고 도움을 구했다.

"걘 정말 못됐어요." 데밍이 말했다.

짐은 속으로 소리를 지르며 맞장구를 쳤지만 겉으로는 차분하게 행동했다.

"나랑 했던 약속을 이미 어겨 놓고서 다른 남자랑 한 약속을 또 어기고 싶어 해요. 그리고 저보고도 약속을 취소하래요! 정말로 나쁜 애에요."

그날 밤 모텔에 들어서고야 비로소 짐은 데밍이 샤워를 하는 동안 일레인에게 전화를 할 기회가 생겼다. 짐은 감정을 주체하지 못하고, 지금까지 아들이 이렇게 자랑스러웠던 적은 없다고 말했고 이제 진짜 전환점에 도착한 것 같다고 말했다.

그리고 데밍과 킴벌은 함께 댄스 파티에 갔다. 둘은 여전히 좋은 친구였지만 사실 낭만적인 애착은 없었다.

몇 년이 지난 후, 데밍은 결혼해서 아이들을 낳았다. 그가 최근에 아버지에게 충격적인 이야기를 털어놓았다. 이혼한 상태인 캔디가 갑자기 전화를 해서 추근거린다고 했다. 데밍은 아무런 어려움 없이 그녀와의 관계를 통제했다. 이 상황을 생각해보던 짐은 나에게, 캔디가 아마도 과거로 돌아가고 싶어서 계속 연락을 시도하고 데밍의 삶을 방해하려는 것 같다고 말했다. 짐은 싱글벙글 웃으면서 말했다.
"그 여자 정말 사악하지요."

이런저런 일을 겪은 후에, 짐은 왜 웃을 수 있을까? 그날 픽업트럭 안에서 보낸 몇 시간 동안, 기억에 오래 남을 그 통쾌한 진실의 순간에 세 가지 렌즈가 합쳐지는 장면을 보았기 때문이다. 내내 데밍은 옳고 그름을 볼 수 있는 첫 번째 렌즈를 통해 세상을 보아왔던 것 같다. 감정에 여러번 상처를 입고 나서 데밍은 캔디와의 관계 안에서 희망과 절망 사이를 오갔다. 하지만 어려운 선택을 하게 되었을 때(렌즈 2) 그는 단호하게 핵심 가치를 지키고(렌즈 1), 자신이 양심을 옹호하고 있다는 사실을 알게 됐다(렌즈 3). 짐에게도 마찬가지로 이 렌즈들, 특히 세 번째 렌즈가 작용했다. 짐에게 가장 어려웠던 일은 데밍이 마음껏 이야기하도록 편안하게 만들어주기 위해 대화하고 싶은 마음을 억제했던 일, 킴벌에게 드레스를 사주면서 법석 떨고 싶은 마음을 억제했던 일, 데밍이 캔디의 무책임과 약속을 취소한 일에 대해 말하는 걸 듣기 위해서 인내심 있게 기다렸던 일, 풋볼 팬처럼 환호하고 싶었을 때 숨을 죽이고 있었던 일들이다. 이 모든 행동에는 도덕적 용기가 필요하다.

하지만 가장 용기가 필요했던 일은 직장 일을 쉬고 며칠간 아들과 함께 노을을 보기 위해 여행을 감행한 갑작스럽고 단호한 결정이었다. 그렇게 하지 않았다 해도 짐을 비난할 사람은 아무도 없었을 것이다. 하지만 그는 바로 지금이 아들에게 그가 가장 필요한 순간임을 느꼈다. 짐은 데밍이 우울하기는 했지만 본질적으로 어려운 결정에 당당하게 맞설 수 있는 착한 아이라는 사실을 알고 있었다. 또 그순간이 아빠와 아들만의 시간이 되었어야 했고, 그 시간에 기꺼이 자신

내 아이에게 가르쳐주는 첫 정의 수업

이 데밍에게 헌신할 수 있었다는 사실도 알고 있었다. 한편 지나친 관심으로 아들에게 부담을 주지 말아야 했고, 위협적인 대화를 시도해서는 안 되었고, 애정이 감정적으로 변하게 하지 말아야 했다는 사실도 알고 있었다.

감정과 도덕성의 상호작용

짐의 이야기는 도덕적 선택을 하는 동안 발생하는 감정에 직면했을 때 부모들이 어떻게 안정성을 유지하고 든든히 받쳐줄 수 있는지 보여준다. 내 친구 중 한 명은 이것을 '평온한 눈썹 접근법 level-eyebrow approach'이라고 부른다. 그는 이것을 통해 감동하지 않고 무관심해 보이는 양육 방식을 의미하려던 것이 아니라, 감정을 잘 드러내지 않는 묵묵한 유형의 양육 방식을 말하는 것이다. 대화가 좀 삐걱거리더라도 얼굴에 드러내지 않고 주의 깊게 들어 주는 일이 중요하다는 말이다. 물론 짐은 운전을 하고 있었고 눈썹이 앞을 향해야 했기 때문에 어려운 점을 쉽게 피할 수 있었다. 하지만 그렇다고 해서 짐이 아들의 딜레마를 보고 느끼는 감정에서 자유로웠다는 의미는 아니다.

하지만 어떤 딜레마는 다른 딜레마에 비해 더 강한 감정을 불러일으키기도 한다. 그림 6에서처럼 딜레마는 사실상 네 가지의 유형으로 나뉘는 듯하다. 이 분류는 두 가지 요인에 토대를 둔다. 첫 번째는 딜레마가 도덕적 쟁점을 발생하게 하느냐, 두 번째는 개인적이냐 비개인적이냐 하는 문제다. 초기 신경생물학적 연구 중에는 한 가지 유형, 즉 인간적이고 도덕적인 유형에서 강한 감정이 발생할 수 있다고 한 연구들이 있다. 먼저 다른 유형들을 살펴보자.

가장 간단한 딜레마는 왼쪽 아래에 있는 유형으로 비개인적이고 무도덕적이다. 국가는 초전도 초대형 입자 가속기처럼 비용이 많이 드는 과학 프로젝트를 지원해야 하는가, 아니면 돌파구의 가능성이 있는 수천 개의 작은 프로젝트를 지원해야 하는가? 화랑이 붙어 있는 어떤 레스토랑은 길 건너에 있는, 식당 공간이 크지만 화랑 공간이 작은 건물로 이사 가야 하는가? 시(市)에서는 계속해서 시 소속 직원과 차량으로 쓰레기를 주워야 하는가, 아니면 사기업에 넘겨야 하는가? 이와 같은 쟁점들은 양쪽 입장에서 면밀한 분석과 타당한 근거 조사를 해야 하는 문제다. 하지만 이런 딜레마는 본질적으로 도덕적 선택이 아니고, 많은 사람들에게 개인적인 문제도 아니다. 다른 많은

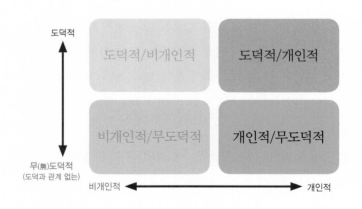

그림 6. **딜레마의 네 가지 유형**

내 아이에게 가르쳐주는 첫 정의 수업

정책과 사업 결정에서처럼 이런 선택에서는 두 가지 타당한 선택지 사이에서 논리적인 논쟁이 이루어진다.

그림 6의 오른쪽 아래에 있는 딜레마는 역시 무도덕적이기는 하지만 상당히 개인적인 문제들이다. 비 오는 오후에 개를 산책시킬까, 아니면 비는 그쳤겠지만 앞을 보기가 어려운 밤에 산책시킬까? 가족끼리 오후에 자전거를 탈까, 지역 박람회에 갈까? 이 질문들은 틀림없이 개인적인 문제지만 선택에서 강력한 도덕적 내용을 찾아보기 어렵다. 물론 극단적으로 생각하면 아래의 두 칸에 있는 딜레마도 도덕적인 쟁점을 야기할 수 있기는 하다. 만약 여러분의 개가 비를 아주 싫어한다든지, 사람들이 대형 과학 연구는 고액 뇌물 때문에 부패한다고 생각한다면 이런 딜레마에 부딪혔을 때 도덕적 선택을 직면하게 될지도 모른다. 하지만 본질적으로 이런 딜레마에는 눈에 띄는 도덕적 내용이 없다.

그림의 왼쪽 위에 있는 딜레마들은 아주 도덕적이지만 적어도 우리에게는 근본적으로 비개인적인 문제들이다. 해리 트루먼 Harry S. Truman 대통령은 제2차 세계대전의 종결을 위해 일본에 원자폭탄을 떨어뜨려야 했는가, 미군이 엄청나게 희생되더라도 해안으로 침투해야 했는가? 북부 지역공동체는 지하수가 오염될 위험이 있더라도 고속도로의 얼음을 녹이기 위해 소금을 사용해야 하는가, 모래를 사용하고 운전자들에게 표면이 미끄러우니 최선을 다해서 운전하라고 해야 하는가? 시(市)에서는 지진 피해 지역에 경찰병력을 보내 지원해야 하는가, 휴가철에 증가하는 범죄에서 시민들을 지켜야 하는가? 이런 딜레마는 강력한 도덕적 주장을 발동하게 한다. 여러분이 저 위에 나온 고속도로를 지나가는 트럭 운전수라거나 휴가철을 맞아 범죄에 시달리는 주민이 아니라도 마찬가지다. 그 영향은 필연적으로 비개인적이다.

마지막으로 매우 도덕적이고 지극히 개인적인, 데밍이 겪은 일 같은 딜레마가 있다. 이런 딜레마는 표에서 오른쪽 위에 있는 도덕적/개인적 딜레마로서, 감정이 강하게 관여하고 우리의 판단에 영향을 미칠 가능성이 가장 큰 유형이다.

2001년 「사이언스Science」에 발표된 한 연구는 프린스턴 대학교와 피츠버그 대학교의 신경생물학 연구자들은 조슈아 그린Joshua D. Greene의 지휘로 수행되었다. 여기에서는 도덕적/개인적 딜레마가 통상적으로 감정적 표현과 관련 있는 뇌의 부위를 활성화하는 '두드러지고', '자동적인' 반응을 보인다고 밝혔다. 이 자료에 따르면 도덕적/개인적 딜레마에서 발생한 감정적 반응이 증가하면 도덕적 판단에 영향을 미치며, 이것은 단순히 부수적인 효과가 아니라고 한다. 이들의 핵심 주장은 이러하다.

아주 개인적인 상황에서 심각하게 도덕적인 문제가 발생했을 때, 그 결과 느끼게 되는 감정은 의사결정 과정과 무관하지 않다. 마찬가지로 감정은 우리 선택의 부산물이 아니다. 그 대신 감정은 우리가 판단을 내리게 되는 방식에 직접적인 영향을 미친다. 이런 사실은 "감정으로 판단을 물들게 하지 말라!"라는 오래된 격언을 복잡하게 설명한 것인지도 모른다. 하지만 이 덕분에 우리는 도덕적이기도 하고 개인적이기도 한 문제에서 어려운 결정을 내릴 때 이 사실을 상기하고 특별히 주의할 수 있다.

이 연구는 또한 우리의 판단에 이르는 과정이 '도덕적인 딜레마'인지보다 '개인적인 딜레마'인지에 더욱 의존한다는 점을 상기하게 해준다. 그린과 그의 동료들은 이렇게 적는다. "'비개인적' 딜레마와 관련된 판단은 ('개인적'인 도덕적 딜레마와 관련된 판단보다) 무도덕적 딜레마와 관련된 판단과 더욱 비슷하다." 달리 말하면, 쟁점이 비개인적일 때 나의 반응방식(왼쪽에 있는 칸들)은 쟁점에 거의 도덕적 내용이 없을 때 나의 반응과 가깝다. 반면에 개인적 쟁점과 도덕적 쟁점을 섞인 딜레마는 우리가 다른 영역에서 행동하도록 한다.

왜 이런 구분이 이토록 중요할까? 특성상 양육에서 나타나는 도덕적 딜레마는 항상 개인적이며, 가족이나 우리가 잘 알고 깊이 마음 쓰는 사람들과 면밀한 관계가 있기 때문이다. 예를 들어 짐과 데밍의 관계에서 경험의 강도는 데밍이 짐의 아들이라는 사실에서 나왔다. 짐이 비교적 낯선 사람, 즉 텍사스까지 가는 농장 일꾼이나 회사 직원과 서부로 가고 있었다면, 이들의 대화는 더 도덕적인 내용이 많이 담긴 쟁점을 불러일으킬 수 있었다. 다정한 사람으로서 짐의 관심과 공감은 더 많이 관여되었을 수 있고, 전문적인 상담가로서 유용한 방법을 많이 찾아냈을 수도 있지만, 개인적이고 감정적인 연결은 그리 쉽게 일어나지 않았을지도 모른다. 하지만 정의상 양육은 개인적인 일이다. 이 사실을 인지하면 도덕적 문제가 일어났을 때 우리 자신과 자녀의 마음속에 어떤 감정이 일어날지 더 잘 내다볼 수 있고, 우리가 나눈 대화를 세 가지 렌즈 앞에 가져가는 데 특별한 노력을 기울일 수 있다. 이는 우리가 이 렌즈들에 대해 구체적으로 말해야 한다는 의미는 아니다. 윤리적 삶을 형성하는 힘을 통해 그 렌즈들이 있다는 사실을 의식하기만 하면 된다.

도덕적 양육 실천하기

그 의식하는 상태를 어떻게 함양하는가? 꾸준한 연습을 통해서다. 세 가지 렌즈를 사용할 때, 도덕적 양육 체계가 확실히 준비되어 있다면 윤리적 문제를 더 잘 다룰 수 있게 된다. 이런 윤리적 문제가 가장 감정적인 문제를 야기하는 것이라 해도 그러하다. 여기 있는 체계는 특히 부모에게 유용하다. 도덕적 문제에 대한 향상된 의식, 아이들과 논의할 때의 시작점, 결과에 대한 헌신을 제공해주기 때문이다. 다음은 체계의 사용법이다.

1. **도덕적 의식**: 이것이 있으면 새벽에 막 일출을 보듯이 윤리적 문제가 솟아오르는 것을 세 가지 렌즈를 사용해서 포착할 수 있다. 어려운 상황에 직면한 부모들은 종종, 가장 중요한 첫 번째 질문을 지나쳐 갈 때가 많다. 왜 이 문제가 중요한가? 여기에 복잡한 요소가 있는가? 왜 내가 이런 갈등을 느끼는가? 충분한 도덕적 의식이 없다면 우리는 아이가 직면한 상황이 그저 수면이 약간 부족하기 때문이라거나, TV을 지나치게 봐서 나타나는 문제라고 생각할지도 모른다. 이것들은 각각 우리가 다루어야 하는 난제를 만들어낼지 모른다. 하지만 질문 뒤에 숨은 질문이 정직성, 존중, 책임감, 공정성, 동정심에 대한 질문이었음이 드러나는 경우는 놀라울 정도로 잦다. 달리 말해 이것은 의사 결정에 가치를 적용해야 한다는 말이다. 자녀의 삶에서 발생하는 기반 쟁점을 민감하게 의식할 때에만 문제를 다룰 수 있는 해결책이나 윤리적 분석의 역할을 알 수 있다.

2. 논의의 출발점: 이 체계는 우리가 세 가지 렌즈를 사용함으로써 문제에 접근하는 여러 가지 방법을 얻을 수 있도록 도와 준다. 아이들과 함께 어려운 상황에 맞닥뜨렸을 때 절실하게 이 상황에 관여하고 싶을 수 있다. 하지만 우리는 묻는다. 어떻게 대화를 시작하지? 답은 바로 '기본으로 돌아가라'이다. 공정성, 정직성, 존중에 대한 문제가 있는가? 무책임에 대한 문제가 있는가? 동정심 결여에 대한 문제가 있는가? 이 상황은 옳음 대 옳음의 패러다임에 대한 대화가 필요한가? 진실 대 충실성에 대한 문제가 있는가? 솔직함 대 충성의 문제인가? 투명성 대 신의의 문제인가? 우리는 개인의 요구와 집단의 최고 이익에 대해 이야기할 수 있는가? 지금 당장 최선인 것과 나중에 최선인 것 사이에서 갈등하는가? 정당성에 대한 기대와 자비로운 예외 사이의 갈등인가? 윤리적 딜레마를 푸는 데 다양한 관점에 대해 논의해야 하는가? 즉, 모두를 위해 최선인 일을 해야 하는가, 보편적으로 지켜야 하는 기준을 붙잡고 있어야 하는가, 다른 사람의 입장에 들어가 보아야 하는가? 어느 한 쪽이 더 나아 보이도록 다른 쪽을 비방함으로써 '옳음' 대 '옳음'의 선택을 '옳음' 대 '그름'으로 바꾸지 말아야 하는 문제인가? 두 가지의 불쾌한 선택지 중에서 그 중간 지대로 가는 길을 찾도록 이야기해보아야 하는가? 그 주제는 우리의 가치가 시험대에 올랐을 때 용기를 표현하고, 위험을 무릅쓰고, 행동으로 옮겨야 하는 문제인가? 전체 공동체가 장기적인 진실성의 문화를 형성해나가도록 도와주어야 하는 책임감에 중심을 둔 대화여야 하는가? 이 중에 어떤 것이라도 우리의 마음을 울린다면 윤리적 문제를 다루고 있다고 꽤 확신할 수 있다. 이런 생각들로 무장하면 적어도 이야기를 어떻게 시작할지 정도는 알게 될 것이다.

3. 결과에 대한 헌신: 이 체계는 셋 중 가장 가치 있는 체계일지도 모른다. 문제에서 결론을 내도록 도와주기 때문이다. 오늘날 세상에서는 윤리가 하나의 선택지나 부록 등, 주된 목적에 대해 부차적인 것으로 보일 때가 너무 많다. 정원에 있는 장식용 오렌지 나무처럼, 근사하지만 절대로 먹을 수 없는 말라 비틀어진 결과물을 생산할 수 있다. 하지만 윤리는 단순히 장식이 아니다. 윤리는 현실이다. 장식용 딸기나무처럼 보이지만 생산적이기도 하다. 단순히 듣기 좋은 진부한 이야기가 아니다. 윤리는 냉장고 문짝에 붙여놓은 가치 목록도 아니고, 어린아이의 방에 걸려 있는 액자 속의 서약도 아니다. 단순한 장식이 아니라, 윤리는 일이 일어나게 만든다. 열망을 드러내기도 하고, 인생을 바꾸며, 결과를 생산한다. 우리는 실제로 그 결실을 수확할 수 있다. 하지만 그렇게 하려면 헌신이 필요하다. 실행하려는 의지와 아이들이 옳은 일을 하도록 도와주려는 욕망, 과일나무를 심고 그것이 자라도록 도와주는 장기적인 투자가 필요하다.

데밍이 마주친 문제에 대해 짐이 이것들을 어떻게 적용했는지 주목하라. 짐을 사무실 자리에서 들어내서 픽업트럭에 앉히고 그의 아들에게 "자, 가자!"라고 말하게 한 것은 바로 그의 도덕적 의식이었다. 그는 코앞에 중요한 도덕적 문제가 있다는 것을 알았고 그 문제를 무시하지 않았다. 대신 그는 문제를 정면으로 다루며 노력했다.

짐은 문제를 어떻게 다룰 것인지 생각해보았는가? 그는 뭐라고 말해야 할지 알고 있었는가? 아마 아닐 것이다. 하지만 그는 대화를 시작하는 방법은 여러 가지가 있다는 사실을 알만큼 도덕적 상식이 있었다. 가치에 대해 이야기할 수많은 기회, 딜레마를 헤쳐 나갈 가능성, 도덕적 용기를 논의할 방법이 있었다. 다시 말하면 그는 대화를 시작하는 지점이 필요할 때마다 그곳에 있으리라는 점을 신뢰했다. 또 때가 되지 않았을 때 대화의 문을 열지 않는 지혜도 있었다.

가장 중요한 점으로, 그는 자신과 데밍이 문제를 해결을 위해 필요한 서로에 대한 헌신이 있다는 점을 알았다. 아니, 그들은 세 가지 렌즈에 대해 이야기하기 위해 마주앉지 않았다. 하지만 그들은 예전에 이미 윤리와 가치에 대해 이야기했었고, 윤리가 얼마나 중요한지 서로 알고 있다고 믿었다. 그들은 윤리와 가치가 장식용이 아니라 필수적이라는 점을 알고 있었다. 그들은 서로 이야기를 들어 주고, 서로의 관점을 존중하고, 상대가 어떻게 추론할지 알고 싶어 한다고 믿을 수 있었다.

어떤 생각을 실행할 수 있다는 자신감과 확신, 즉 헌신은 이 책의 모든 내용을 담고 있다. 몇 년 전, 우리가 다룬 딜레마 중 하나에 대해 읽고 답장을 보낸 어떤 부모가 있었다. 중심이 되는 딜레마를 여러 면으로 쪼개고 분석한 후, 그는 자신의 글을 간결하고 함축적인 언급으로 결론지었다. "겁쟁이는 부모 노릇을 못하겠네요!"

그 말은 사실이다. 윤리적 양육에는 도덕적 용기, 끈기, 헌신이 필요하다. 하지만 윤리적 양육은 오래 지속되는 성취감을 가져다 준다. 무엇이 옳은지 판별할 수 있는 도덕적으로 길러진 아이는 어려운 선택을 내리고 양심을 옹호한다. 다음 세대가 이러한 특질을 배우도록 도와준다면, 어렵고 자신감을 위축시키는 문제는 이 세상에 단 하나도 없을 것이다.

윤리적 양육을 위한 핵심 기술 10가지

이 10가지 기술은, 나의 동료 폴라 머크Paula Mirk와 세계윤리연구소의 스태프들이 부모, 자녀, 교사들과 이야기를 나누면서 몇 년에 걸쳐 걸러 낸 것이다. 이 기술들은 부모들이 가장 자주 던지는 2가지 질문을 다루고 있다.

"윤리적 양육이 왜 중요한가요?"

"어떻게 해야 아이를 윤리적으로 가르칠 수 있나요?"

왜 윤리적 양육이 중요한가	어떻게 해야 하는가
아이의 불량한 태도는 결국 우리를 보고 배운 것이다.	여러분이 독립적으로 사고한다고 아이들이 생각할 수 있도록 기회를 많이 제공하라. 특히 아무도 주변에 없을 때 옳은 행동을 하면 신뢰를 높일 수 있다.
윤리적 용어는 사고와 행동을 형성한다.	여러분의 어휘에 핵심 가치를 통합하라. 아이들에게 "착하지"라고 하기보다는 구체적으로 말하라. 아이들에게 '동정심을 갖도록', '존경심을 키우도록' 권고하라.
생각나는 대로 말하면 아이들은 여러분의 윤리를 배운다.	아이들에게 여러분의 생각을 독백처럼 들려주라. 이것은 윤리의 영역에서 우리 마음이 어떻게 작용하는지 보여 주는 증거가 된다.
여러분의 윤리적 추론 능력이 향상되면 아이들의 비판적 사고 능력이 높아진다.	생각을 행동과 연결하라. 여러분의 행동에 깔려 있는 윤리적 이유를 분명하게 표현하라. 여러분의 선택과 행동이 타당한 윤리적 추론에서 나옴을 확실히 하라.
옳은 일을 하기 위해 능력을 최대한 발휘할 때 아이들은 윤리적으로 더욱 건강하게 자란다.	"나는 옳고, 쟤는 틀려."라고 말하기보다는 여러분과 다른 사람이 왜 의견이 일치하지 않는지 설명하는 습관을 기르라. "나는 이렇게 생각하고, 쟤는 이렇게 생각해." 그런 후 각각의 입장에서 주장을 뒷받침해보라.
여러분 자신의 불완전성을 인정하면 아이들에게서 압박을 걷어내줄 수 있다.	완벽해 보이려고 하지 말고 누구나 실수를 한다는 점을 알게 해주라. 그리고 자신의 행동에 책임을 지라.

내 아이에게 가르쳐주는 첫 정의 수업

여러분이 윤리적 포부를 높게 잡으면 아이들도 똑같이 행동하기 쉽다.

여러분은 아이들의 가장 우선적인 롤 모델이다.

도덕적 용기를 몸소 보여주는 것이야 말로 최고의 양육 방법이다.

여러분은 아이들이 미래를 믿게 한다.

성실하고 일관성 있게 양심을 실천하고 다루면 아이들은 금방 따라서 한다.

여러분의 행동은 중요하다. 아이들이 보고 있다는 사실을 명심하라. 사소한 것도 엄청난 차이를 만들어낼 수 있다.

여러분이 쉬운 해결책보다 어려운 입장을 선택하는 모습을 보게 하라. 도전이나 난제를 함께 풀어가면서 도전에 대해 이야기하라.

낙관적이고 열정적인 자세로 윤리를 일상과 미래에 적용해보라. 아이들은 우리가 '성인기'를 색칠해나가는 모습을 기대한다. 여러분은 아이들이 어떤 모습을 보길 바라는가?

　　이번 코너에서는 중요한 개념이나 자주 쓰이는 용어를 선별하여 의미와 중요성을 간단히 설명했다. 이 책은 몇 가지 단어를 원래의 뜻과 다른 의미로 사용하기도 했고 의미를 다시 정의하기도 했으므로, 순서대로 읽지 않는 독자를 위해서 용어 해설을 넣었다. 용어의 순서는 책에 자주 나오는 빈도에 따라서이다.

● **가치:** 세계 어느 곳에서든 다섯 가지 도덕적 핵심 가치를 공유한다. 다섯 가지 핵심 가치란 정직성 honesty, 책임감 responsibility, 존중 respect, 공정성 fairness, 동정심 compassion이다. 이 가치들은 윤리를 정의하는 데 도움이 된다. 정직함(진실, 투명), 책임감(책무, 의무), 존중(존경, 경의, 경외), 공정(공평, 평등), 동정심(연민, 자비, 애정) 이외에도 동의어, 유의어로 대체할 수 있다. 이 가치는 인종, 성, 민족, 국가, 정치적 신념, 경제적 지위, 종교 등의 차이를 넘어 공유된다. 오늘날까지의 연구에 따르면 이 가치를 공유하지 않는 하위집단은 없다고 한다.

나이에 따른 차이도 없다. 어른들뿐만 아니라 10대 청소년과 어린아이들도 윤리적으로 생각한다. 가치의 목록은 우선순위에 따른 것이 아니며 각 집단에서 우선적으로 강조하는 가치에는 차이가 있다. 여러분은 혹시 딸이 어른들에 비해 책임감이 없다고 생각할지 모르지만 딸아이는 친구를 특히 존중한다고 생각할 수도 있다. 하지만 여러분과 딸 둘 다 이 가치를 믿는다. 우리가 믿는 가치는 어느 누구와도 이야기할 수 있는 공통되는 기반에서 나온 핵심이다.

● **비윤리적:** 이 단어가 다섯 개의 공유 가치의 반대를 의미한다는 설명이 없다면 이 단어는 다소 비판적으로 들릴 수 있다. 어떤 행동이 비윤리적이라고 함은 정직하지 않거나, 책임감이 없거나, 존중하지 않거나, 공정하지 않거나, 또는 동정심이 없는 상태에서 나오는 행위를 의미한다. '또는'과 '~거나'에 주목하라. 이 다섯 가지의 범주에서 모두 어긋나야만 비윤리적이라고 하는 것이 아니다. 예를 들어 어떤 사람이 굉장히 책임감 있고, 존중할 줄 알고, 공정하고, 동정심이 있지만 정직하지 못하다면 누구든지 이 사람을 비윤리적이라고 말할 수 있다.

● **옳고 그름:** 윤리는 종종 옳고 그름에 관한 연구에서 정의되기도 한다. 만약 핵심 가치가(예를 들어 정직과 책임감) 옳음을 정의한다면, 그 반대(부정직, 무책임)는 그름을 정의한다. 우리가 마주치는 가장 어려운 선택의 상황은 '옳음 대 옳음', 핵심 가치가 대립하는 가운데 두 가지를 동시에 실현할 수 없는 이런 경우다. 특히 어린 아이들의 경우에는 '옳고 그름'의 문제와 관련이 있다.

● **잘못, 잘못된 행동:** 우리 아이들이 마주친 문제가 옳고 그름의 문제(도덕적 유혹)인지 옳음 대 옳음의 문제(윤리적 딜레마)인지 어떻게 알 수 있는가? 그 문제가 진정한 딜레마라면 양쪽 편이 모두 옳다. 만약 유혹을 받는 상황이라면 한쪽이 잘못되었다. 다음은 잘못을 간편하게 검사할 수 있는 문항이다.

1. 법: 어느 한쪽이 법을 어겼는가?
2. 규정: 어느 한쪽이 학교, 클럽, 팀 등의 규정을 어겼는가?
3. 악취: 어느 한쪽에서 본능적으로 나쁜 냄새가 나는가?
4. 1면: 내일 신문에 여러분의 결정이 1면에 난다면 당황하겠는가?
5. 엄마: 여러분의 어머니나 윤리적으로 높이 존경받는 인물(가장 좋아하는 친척, 코치, 멘토 등)이 여러분이 이런 일을 하는 장면을 상상할 수 있는가?

양쪽 편이 이 검사를 다 통과했다면 여러분은 옳음 대 옳음의 영역에 있는 것이다.

● **옳음 대 옳음:** 이 용어는 가장 어려운 선택, 우리가 진정한 딜레마를 만나는 영역을 말한다. 이 경우에는 양쪽에 모두 주장을 뒷받침하는 강력한 도덕적 근거가 있다. 하지만 두 가지 행동을 동시에 할 수는 없다. 딜레마를 해결하고 아이들이 이런 문제를 해결하도록 도와주려면 어느 쪽이 '더' 옳은지 알아보아야 한다는 점을 기억하는 것이 중요하다. 어느 한 쪽이 잘못되었는지, 어디서 잘못되었는지를 찾아내려는 것이 아니다. 이런 문제를 옳고 그름의 문제로 바꾸려고 하면

내 아이에게 가르쳐주는 첫 정의 수업

문제를 해결할 수 없다. 두 쪽 다 옳기 때문이다. 다음은 윤리적 딜레마를 해결하기에 유용한 9단계다.

1. 도덕적 쟁점이 있음을 인지하라. 이것이 정말 도덕적 문제인가, 아니면 단순히 얽혀 있는 두 가지 방식이거나 사회적 관습에 불과한가? 이 문제는 우리를 도덕적 가치가 아니라 미학적, 정치학적, 경제학적 가치에 관여하게 하는가? 만약 그렇다면 윤리적 의사결정 모형이 필요하다. 경로를 바꿔서 치워 놓으면 많은 사람들, 아마도 여러분의 자녀를 위선적으로 보이게 할 수 있다.

2. 행위자를 밝혀라. 만약 이것이 도덕적 문제라면, 누구의 문제인가? 여러분이나 아이들이 핵심 의사결정자인가, 아니면 다른 사람이 의사결정자인가? 여러분은 행위자가 아니더라도 여전히 이 윤리적 논의에 관여할 수 있다. 사실 그렇게 해야만 할 때도 있다. 문제는 여러분이 책임이 있는가, 아니면 단순히 관련만 있는가이다.

3. 관련 있는 사실을 모으라. 의사결정을 잘 하려면 사실들을 잘 찾아내야 한다. 여기서 정확히 무슨 일이 일어났는가? 확실한가? 소문이라면 확언에서 증거까지 샅샅이 조사하고 추측해 볼 수 있는가? 여러분, 특히 여러분의 자녀는 그 사례가 어떻게 전개됐는지, 누가 무엇을 누구에게 언제 말했는지, 다른 관점에서 볼 수는 없는지, 누가 원인 제공자인지 아는가? '정확해야 하고', '완전해야 하고', '타당해야 한다'라는 것이 증거의 법칙이며, 법정에서 쓰이는 용어로 하면 '진실을, 모든 진실을, 오직 진실만을 말할 것을 the truth, the whole truth, and nothing but the truth'

4. 옳고 그름 문제인지 검사해 보라. (➜ '잘못' 항목을 보라)

5. 네 가지 패러다임을 적용해 보라. (➜ '딜레마 패러다임' 항목을 보라)

6. 해결 원칙을 적용해 보라. (➜ '해결 원칙'을 보라)

7. 트릴레마 선택지, 제3의 해결책을 보라. (➜ '트릴레마' 항목을 보라)

8. 결정을 내려라. 여러분이나 여러분의 자녀는 최종 결론을 내리기보다 자세히 분석하고 싶은 마음에 끌리는가? 이런 실패는 딜레마가 중간지대에 남아 있게 하는 가장 흔한 이유다. 여기에는 도덕적 용기가 필요하고, 도덕적 용기는 추론과 함께 사람의 행동과 동물의 행동을 구분하게 한다. 이 단계를 적용하면 진정한 인간성을 표현하게 된다.

9. 과정을 반추하라. 여러분은 결정을 내리고 바로 가버리는가? 그렇다면 중요한 학습 기회로 짧은 회로만 돈 것이다. 앞으로 며칠, 몇 주 동안 용기를 모으고 자녀와 함께 그 결정을 다시 생각해 보라. 아이들에게 배운 교훈을 상기하게 하고, 그 과정에서 무엇을 얻었는지 아이들과 공유하라.

● **딜레마 패러다임:** 윤리적 딜레마에 마주쳤을 때 혼란스러워지기 쉽다. 사례 하나하나가 낯설고 그런 사례가 수천 개 있다고 상상하기 때문이다. 사실상 딜레마에는 다음의 네 가지 패턴, 혹은 패러다임이 있다.

1. 진실 대 충실성: 이 패러다임에서는 정직하고 투명한 의사소통의 필요성이 충성, 약속 준수, 타인에 대한 책임감과 맞선다.

2. 개인 대 공동체: 이 패러다임에서는 자신(작은 집단)이 존중받고자

하는 강력한 근거가 있고 똑같이 강력한 상대편(큰 집단)이 있다.

3. 단기 대 장기: 당장, 즉시에 대한 요구는 미래에 대한 요구와 맞선다.

4. 정당성 대 자비: 규칙, 패턴, 기대를 따라야 할 타당한 이유가 있고, 동정심과 애정에서 예외를 허락해야 할 필요도 있다.

이런 딜레마를 해결하기 위해 눈앞에 근거가 쌓여 있는 탁자가 있다고 상상해 보라. 이 패러다임은 여러분에게 근거를 계발하도록 해준다. 어린 아이들도 당장의 만족과 장기적 만족의 근거를 나누는 법을 쉽게 배운다. 비록 아이들에게 '장기'는 내일이라 해도 말이다.

● **해결 원칙:** 딜레마를 해결하는 방법은 소리지르기부터 행동하지 않기(무대책), 동전 던지기, 신탁 받기까지 다양하다. 하지만 도덕적 철학의 오랜 전통을 통해 세 가지 방식이 전해져 왔다.

1. 결과 기반 원칙: 공리주의자들의 원칙으로, "최대 다수의 최대 행복"이라는 말이 널리 알려져 있다. 영국 철학자 제레미 벤담과 존 스튜어트 밀의 저작에 뿌리를 두는 이 원칙은 철학자들이 결과주의, 결과론이라고 묘사하는 것과 같다. 다른 말로 하면 윤리가 여러분의 선택의 결과, 성과 등에 달려 있다는 말이다. 만약 상황이 잘 돌아가면 옳은 일을 한 것이고 결과가 나쁘면 잘못을 한 것이다. 이 결과 기반 원칙을 따르려면 가능한 모든 미래를 최대한 신중히 평가해 보아야 한다. 이 과정을 능숙하게 해결할 수 있는 사람은 없지만 그럼에도 불구하고 이 원칙에서는 필요하다.

숭고한 원칙으로, 어떤 법률도 모든 사람에게 완벽하게 좋을 수는 없다는 사실을 깨달은 입법자가 최대한 많은 사람에게 최대한 많은 혜택을 주고자 하여 도출된 원칙이다.

2. 규칙 기반 원칙: '정언 명령'이라고 이해하면 쉽다. 이 용어는 독일어를 하는 철학자 임마누엘 칸트가 만든 말로서, 비슷한 환경에서 우리가 모든 사람에게 적용하고자 하는 보편적인 법칙을 말한다. 이 원칙에서는 준칙, 규칙, 원칙에 대해 생각하게 하며, 이것들을 모든 사람이 준수하게 되면 가장 높은 수준의 도덕적 의무가 된다. 이 역시 숭고한 원칙으로서, 사법부에 내재해 있다고 볼 수 있다. 사법부에서는 영향력이 크고 대단히 중요한 전례가 만들어지고, 그곳에서 나온 보편적인 기준은 사례나 개인의 구체적인 묘사와 상관없이 적용 가능하다. 하지만 그런 이유 때문에 냉혹하고 애정이 없는 원칙으로 보이며 실생활의 고통을 처리하기보다 보편적 원칙의 보호에 더 치중하는 것처럼 보이기도 한다.

3. 배려 기반 원칙: 황금률의 원칙이다. 이 원칙은 남들이 우리에게 해 주기 바라는 일을 남에게 해 주라고 말하며, 다른 두 원칙보다 훨씬 오래되었다. 독실한 기독교인의 원칙이라고 생각하기 쉽지만 사실은 세계 주요 종교의 핵심에 있는 원칙이다. '호혜적 원칙'이라고도 하며, 다른 사람의 입장을 생각하게 해 준다. 딜레마에서는 두 사람 이상에게 영향을 주기 때문에 적용하기 더 어려울 수도 있다. 실생활에서 이 원칙을 사용하는 개인은 '다른 사람'을 보통 의사결정자나 가장 즉각적인 고통을 받는 자로 정의하는 것이 보통이다.

내 아이에게 가르쳐주는 첫 정의 수업

● **트릴레마**(제3의 해결책): 이 개념은 두 극단 사이의 중간 지대를 말하며, 딜레마에서 제3의 해결책을 의미하기도 한다. 딜레마라는 말은 2를 의미하는 그리스어 '디 di'와 근본적인 입장을 의미하는 '레마 lemma'라는 말에서 나왔다고 한다. 딜레마는 이쪽 아니면 저쪽을 선택하도록 강요하지만 가끔은 두 입장에서 가장 좋은 면을 뽑아서 하나의 절충안을 만드는 것이 가장 좋은 해결책이 되기도 하다. 딜레마의 양쪽 편에서 좋은 점만 뽑고 나쁜 점을 버림으로써 제3의 해결책을 만든다. 트릴레마 옵션은 보통 우리의 가장 최선의 선택일 때가 많다. 하지만 모든 딜레마에 트릴레마 옵션이 있지는 않다. 모든 문제에 협상이 가능한 중간 지대가 있다고 믿는 부모들은 비양심적인 타협을 하게 되거나 입장을 굳건히 지켜야 할 때 남의 의견에 휩쓸리는 경향이 있기도 하다.

● **도덕적 용기**: 간단히 말해서 도덕적이기 위한 용기다. 이 '도덕적'이라는 말이 다섯 가지의 핵심 가치를 담고 있다면 도덕적 용기라는 말은 정직하고, 책임감 있고, 존중하며, 공정하고, 동정심 있게 행동하려는 용기라 할 수 있다. 하지만 실생활에서 도덕적 용기는 '원칙을 위해 위험을 기꺼이 감내하려는 의지'로 통한다. 이 '감내', '위험', '원칙'은 옳은 일을 하기 위한 우리의 헌신, 가치가 시험대에 올랐을 때 기꺼이 행동을 취하려는 의지, 위험이 없을 때는 감내할 것이 없기 때문에 도덕적 용기가 필요하지 않다는 인지에 의존한다. 도덕적 용기는 가치와 결정이 행동으로 옮겨지게 하는 촉매제, 자극제다. 부모들은 도덕적 용기가 없고 대신 훌륭한 가치와 신중하게 계산된 추론이 있더라도 그것만으로는 아무런 영향이나 변화를 줄 수 없다고 본다.

토론하기

이 책에서 다루었던 문제들에 대해 생각해보고 삶에 적용해보고 싶다면 장별로 정리되어 있는 다음의 질문을 참고해주기 바란다. 이 질문들이 여러분 자신과 교육적 환경에서 유용한 자극제로 쓰이기를 희망한다.

이 질문에는 정답이 없다. 여러분이 이 질문을 통해 스스로의 선택에 대해 생각하고 다른 사람들과 토론하는 기회로 삼았으면 한다.

| 프롤로그 |

● **미디어를 경계하라**

조사에서는 8~18세의 청소년들이 매일 일곱 시간 이상 매체 내용을 흡수한다는 사실을 발견했다. 아이들은 이 시간의 대부분에 멀티태스킹을 한다. 멀티태스킹은 연구자인 린다 스톤이 '지속적인 주의

력 분산'이라고 부르는 현상을 초래한다.

1. 자녀들에게서 지속적인 주의력 분산이 의심되는 행동을 본 적이 있
   는가? 만약 그랬다면 여러 가지를 한꺼번에 할 수 있는 능력에 감탄
   했는가, 아니면 집중력 결핍에 대해 걱정했는가?
2. 지속적인 주의력 분산은 어린 아이들이 복잡한 세상의 요구에 새롭
   게 적응하기 위한 중요한 기술인가? 아니면 이겨내도록 도와주어
   야 하는 중독적인 경향인가?

● **짝퉁 선글라스와 짝퉁 자아**

이 이야기는 실험하는 동안 가짜라고 생각한 선글라스를 썼던 대학
생이 진짜 선글라스를 쓴 학생보다 두 배 이상 부정행위를 했다고 전
한다. 연구자들은 가짜를 쓴다는 것이 '내가 아닌 무언가가 되고 싶은
열망'이라는 신호이며, 가짜 선글라스를 썼던 학생들에게 '가짜 자아
의 느낌'을 발생시킴으로써 비윤리적으로 행동하게 만든다고 한다.

1. 짝퉁을 사 본 적이 있는가? 다른 사람들이 짝퉁 명품을 가지고 다니
   는 것을 보거나, 직접 경험해 보았거나, 그것 때문에 '가짜 자아'라
   는 느낌을 받은 적이 있는가? 그런 경험에 대한 여러분의 느낌은 어
   땠는가?
2. 명품구입에 대한 흥미는 순수한 행동인가, 이 시대 문화의 심각한
   문제인가? 이런 행위는 경제적으로 넉넉하지 못한 사람이 최신유
   행을 따르고 유지하며, 자신의 외모에 만족감을 느끼려는 개인적인
   시도로 받아들여야 하는가? 가짜 자아를 조장하는 해로운 행위로

지양되어야 하는가?

3. 여러분의 자녀가 짝퉁에 대한 주제로 이야기를 꺼낸다면 어떤 이야기를 해줄 수 있을까?

| 제1장 |

● 남의 물건을 가져오는 아이

가게에서 초콜릿 금화를 그냥 집어 온 세 살짜리 아이의 엄마가 겪은 이야기다. 아이가 무슨 짓을 했는지 알게 되었을 때 아이의 엄마는 행동을 바로잡기 위해 어떻게 할지, 혹은 바로잡을지 말지 결정해야 했다.

1. 아이와 함께 옳고 그름이 분명한 상황에 직면했을 때, "내가 별 것 아닌 걸 크게 만들고 있나?"라고 생각해 본 적이 있는가? 그 상황을 묘사하고 어떤 기분이었는지 이야기해 보자.
2. 너무 중요해서 걱정이 머릿속을 떠나지 않게 되는 윤리적 문제가 있는가? 여러분의 삶에서 대수롭지 않은 것과 중요한 것의 선을 어떻게 긋는가?

● 기차를 부수는 로렌

이 이야기는 기차를 사랑하는 두 살짜리 아이의 이야기다. 이 아기는 블록을 쌓았다가 밀어 쓰러뜨리며 부서지는 모양을 보고 기뻐한다. 어쩔 수 없을 때 잠깐 동안 아이에게 TV를 보여 주는 아기 엄마는 아이의 폭력적인 성향과 사고가 TV프로그램에서 야기된 것이 아닌지에 대해 걱정한다.

1. 동화에서 아동용 TV프로그램까지, 많은 이야기에서 극적인 효과를 위해 폭력을 사용한다. 여러분은 아이가 TV와 다른 매체들에서 폭력이 재미있고 신난다는 점을 자연스럽게 배울수 있다고 생각하는가?

2. 영화와 비디오의 특수효과 발달로 인해, 시각 매체에서 화려하고 자극적인 장면을 피하기 어렵게 되었다. 여러분은 이런 실제적이고 감각적인 폭력성이 아이에게 영향을 줄까봐 걱정하는가? 아니면 이런 시각적 자극을 보는 경험이 실생활에서의 아이의 행동과는 연관성이 없으리라고 생각하는가?

3. 만약 여러분이 유치원생에게 사고나 파괴 장면을 흉내 내면서 노는 것이 왜 나쁜지 설명해 줘야 한다면 어떻게 이야기할 것인가? 그런 놀이는 스트레스를 발산하는 좋은 배출구인가?

| 제2장 |

● **풍요의 시대에 절약 가르치기**

이것은 여덟 살 난 딸이 절약이라는 가치를 배우기 바라는 크리시에 대한 이야기다.

1. 다이애나 바움라인드는 '요구사항'과 '대응성'에 기반해서 양육 유

형을 분류하고, 지나치게 방임적인 부모들이 있고 반대로 너무 권위주의적인 부모들이 있다고 언급했다. 여러분이 아는 다른 부모들을 생각해 보자. 전체적으로 그들이 방임적이라고 생각하는가? 권위주의적이라고 생각하는가? 아니면 적당한 균형을 유지한다고 생각하는가?

2. 여러분이 어렸을 때 경험했던 양육방식은 어느 것에 가까웠는가? 방임적이었는가? 권위주의적이었는가? 균형잡힌 방식이었는가? 일반적으로 오늘날의 부모들이 여러분이 자랄 때보다 더 방임적이거나 권위주의적이라고 생각하는가? 그렇다면 어떤 영향이 이러한 변화를 만들었을까? 아니라면 어떤 영향이 꾸준히 유지되었다고 생각하는가?

3. "월(크리시의 남편)의 양보는 현명한 행동이었을까? 아니면 소심하게 물러난 것이었을까?"라는 질문에 대해 생각해 보자. 이 이야기에서 월은 균형을 잘 맞추었는가, 아니면 한쪽으로 너무 많이 밀려왔는가?

4. 자신의 양육 방식을 고려해 볼 때, 잘못하면 어느 한쪽으로 치우칠 것 같다고 걱정이 되는가? 그 쪽으로 가지 않기 위해 어떤 노력을 하고 있는가?

● **원칙을 통해 윤리 가르치기**

파티에서 다프네는 반 친구에 대한 민망한 비밀을 놀이하는 동안 폭로해 버린다. 다프네는 자기의 다섯 가지 핵심 가치인 정직성, 존중, 책임감, 공정성, 동정심에 기반해서, 행동하기뿐만 아니라 말하기의 중요성도 배운다.

1. 그랜트와 홀리는 딸에게 올바르게 반응했는가? 좀 더 강하게 요구해야 했는가? 아니면 지나치게 반응했는가? 왜 그렇게 생각하는가?

2. 부모로서 여러분의 경험을 돌아볼 때, 다섯 개의 가치 중에 여러분과 자녀가 가장 쉽고 자연스럽게 느꼈던 가치는 무엇인가? 어떤 가치가 이해하고 실행하기에 가장 어렵다고 생각하는가? 왜 그렇다고 생각하는가?

3. 여러분의 자녀에 대해 생각할 때, 다섯 개의 가치 중에서 어떤 가치가 그 아이의 또래 집단에서 위험이 될 수 있다고 생각하며, 끊임없이 관심을 가져 주어야 할 가치는 무엇인가? 그 가치를 길러 주기 위해 어떻게 도와줄 수 있을까?

| 제3장 |

● 윤리적 딜레마 해결하기

라라는 아들이 다니게 된 새로운 학교 선생님에게, 더 이상 아이에게 약이 필요하지 않은데도 아들이 예전에 주의력 집중 장애가 있었다고 말해야 될지 말아야 될지의 딜레마에 마주친다.

1. 라라는 학교에 말하지 않기로 결정했다. 그녀는 옳은 결정을 내렸을까? 그 이유는 무엇인가?

2. 여러분이 어려운 옳음 대 옳음의 선택에 부딪혔다고 생각해 보라. 그룹 사람들과 함께 네 가지 딜레마 패러다임을 적용해 보라. 어떻게 것이 가장 잘 맞는 것 같은가? 이 과정은 여러분이 더 나은 선택을

하도록 어떻게 도와주는가?

3. 그룹 사람들과 함께, 세 가지 해결 원칙을 적용해 보라. 어떤 것이 가장 잘 맞는 것 같은가?

4. 그룹 안에서, 여러분은 무엇이 옳은지에 대해 모두 똑같은 결론에 도달했는가? 모든 사람이 똑같은 방식을 선호했거나, 제각각 다른 방식을 마음에 들어 했는가? 만약 어떤 사람이 다른 방식들을 사용해서 다른 도덕적 결론에 도달했다면, 도덕적으로 타당한 판단을 구성하는 것은 무엇일까?

● 사소한 위반도 엄격하게 다스리는 무관용 원칙

열네 살인 체이스는 금주 규정이 엄격한 학교에서 술을 마시고 붙잡혔다. 교감 선생님인 존은 부모에게 전화를 걸어 설명하다가 복잡한 상황에 처한다.

1. 여러분이 체이스의 엄마 탤리라면 여러분은 존의 전화에 어떻게 반응하겠는가? 아들이 예전에 술을 마셨던 이야기를 하겠는가? 그 이유는 무엇인가?

2. 존은 옳음 대 옳음의 딜레마에 마주쳤는가? 아니면 그저 옳고 그름의 문제인가?

3. 체이스가 쫓겨나야 한다고 생각하는가? 그 이유는 무엇인가?

4. 이 논의에 기반을 두고 생각해 볼 때, 여러분은 자녀에게 학교의 금주 규정에 대해 이야기해 줘야 한다고 생각하는가? 그렇다면 가장 효과적인 근거는 무엇인가?

제4장

● 훈육에도 스토리텔링이 필수다

여기서는 아버지가 허구의 이야기를 이용해서 대학에 갈 나이의 아이에게 윤리적인 질문을 불러일으킨다.

1. 자기의 주장을 확고히 밝히기 위해 찰리는 사실인 것처럼 허구의 이야기를 지어냈다. 윤리적인 이야기를 하기 위해 거짓말을 하는 것은 괜찮은가? 아니면 찰리가 그저 거짓말을 한 것뿐일까?

2. 여러분이 10대 자녀와 윤리적 문제에 대해 심각한 대화를 나누었던 때를 회상해 보라. 여러분은 이야기를 지어낼 수 있겠는가, 아니면 예전에 실제로 일어났던 일을 이용하겠는가? 지어낸 이야기가 예전에 실제로 있었던 이야기보다 더 효과적이었는가?

3. 트릴레마 옵션, 즉 제3의 해결책은 불편한 대안 두 개의 중간 지대에서 만들어진다. 어려운 결정을 내리는 것과 제3의 해결책을 발견하는 일의 차이는 무엇인가?

● 생각보다 빠른 아이들의 성 고민

콜트는 정말로 불편한 대화라서 절대로 누군가와 하고 싶지 않았던 대화, 즉 딸과 딸의 남자친구 사이의 성 문제에 대해 대화하는 방법을 찾아낸다.

1. 콜트는 도덕적 용기를 발휘했는가, 아니면 그러지 말아야 할 때에 괜히 거들먹거렸던 것일까? 그 이유는 무엇인가? 여러분은 그 두

조건을 어떻게 구별하는가?

2. 불편한 윤리적 문제에 대해 아이와 이야기를 나누어야 하는 상황이
   왔다고 생각해보라. 그런 용기를 주었던 것은 무엇인가? 그 대화에
   서 무엇을 배웠는가? 또 아이는 무엇을 배웠는가?

| 제5장 |

● **그악스러운 엄마에서 우아한 엄마로**

대학생을 대상으로 한 댄 애리얼리의 연구의 결론은 "윤리적 사고
의 기준점이 없어졌을 때 우리는 정직하지 못한 쪽으로 기울기 쉽
다."라는 것이었다. 하지만 도덕성에 대해 잠깐 동안이라도 생각하면
훨씬 정직해질 수 있다.

1. 윤리적 사고의 기준점을 상기하는 것이 왜 정직성을 고취한다고 생
   각하는가?

2. 오늘날의 문화에서 비도덕성을 상기하게 하는 비윤리적인 기준점
   의 증거를 본 적이 있는가? 이런 부정적인 기준점이 정직하지 못함
   을 초래한다고 생각하는가? 그 이유는 무엇인가?

3. '진부한 이야기'라는 단어는 여러분에게 어떤 의미인가? 여러분은
   진부한 이야기와 윤리적 사고의 기준점을 어떻게 구분하는가?

4. 신시아는 데이비드에게 기준점을 상기시켜 주고서도 진부한 이야
   기라고 생각할까봐 걱정했다. 유용한 기준점과 진부한 설교의 차이
   를 이해할 수 있도록 도와주려면 어떻게 말해야 할까?

● 딸을 구할 것인가 손녀를 구할 것인가

이 사례에서 프랜과 그녀의 남편은 그들의 집에 얹혀사는 약물중독자인 딸과 두 손녀딸 사이에서 냉혹한 선택을 하게 된다. 그들은 손녀딸을 엄마의 영향에서 보호하기 위해 앨리스를 유일한 집에서 쫓아내야 했는가? 아니면 계속해서 노력해야 했는가?

1. 앨리스를 집에서 쫓아내야하는 근거를 가능한 많이 생각해 보라. 그런 후 그녀를 집에 두어야 하는 모든 근거를 생각해 보라.
2. 어떤 근거가 가장 설득력이 있다고 생각하는가? 여러분이 프랜이었다면 어떻게 했겠는가?
3. 쫓아내느냐 계속 기르느냐, 어떤 선택이 더 도덕적 용기를 많이 요구하는가? 그 이유는 무엇인가? 여러분은 가장 많은 도덕적 용기를 필요로 하는 선택이 가장 옳은 선택이라고 생각하는가?

| 에필로그 |

● 짐과 더밍의 이야기

1. 이 이야기에는 행위자가 많이 나온다. 어떤 인물이 도덕적 용기를 가장 많이 발휘했으며 반대로 누가 가장 적게 발휘했는가?
2. 딜레마의 네 가지 유형을 여러분의 경험으로 채워 보자. 양육에 대한 딜레마 중에서 개인적이고 무도덕적인 경우를 생각해 보자. 이제 도덕적이고 비개인적인 경우를 생각해 보자.
3. 네 개의 예 중에서 어떤 것이 가장 해결하기 어렵다는 생각이 드는

가? 어떤 것이 가장 도덕적 용기를 많이 요구하는가? 어떤 것이 가장 감정을 많이 유발하는가? 감정적인 딜레마는 언제나 도덕적 용기를 가장 많이 요구하고 결정하기 힘든 선택인가? 아니면 감정은 필요한 용기를 결정하는 데 하나의 요인일 뿐인가?

4. 우리는 딜레마의 감정적인 내용을 어떻게 다루어야 하는가? 아이들에게 비개인적인 합리성의 중요함을 강조해야 하는가? 아니면 기꺼이 우리의 감정을 드러내고 얼마나 신경 쓰는지 신호를 보내야 할까? 이 이야기에서 짐은 균형을 맞추기 위해 무엇을 했는가? 여러분은 균형을 맞추기 위해 어떻게 할 수 있을까?

착한 아이로 키워야
위대한 어른으로 자란다

옮긴이 김아영

경희대학교 호텔경영학과 재학 중 인간의 심리와 정신세계에 대한 흥미를 주체하지 못해 연세대학교 심리학과에 다시 입학했다. 졸업 후 뒤늦게 진로를 고민하며 방황하다가 어린 시절 막연히 꿈꾸던 번역의 길에 들어섰다. 바른 번역 소속으로 기획 및 번역 활동을 하고 있으며, 직접 기획, 번역한 『문학 속에서 고양이를 만나다』가 있고 옮긴 책으로는 『우리 아이의 머릿속』이 있다.

내 아이에게 가르쳐주는
첫 정의 수업

1판 1쇄 인쇄 2011년 9월 2일
1판 1쇄 발행 2011년 9월 9일

지은이 러시워스 키더
옮긴이 김아영

발행인 양원석
총편집인 이헌상
편집장 김은영
책임편집 장정운
전산편집 김미선
제작 문태일, 김수진
영업마케팅 김경만, 임충진, 최준수, 주상우, 김혜연, 정상미, 최종문, 권민혁

펴낸 곳 랜덤하우스코리아(주)
주소 서울시 금천구 가산동 345-90 한라시그마밸리 20층
편집문의 02-6443-8845 **구입문의** 02-6443-8838
홈페이지 www.randombooks.co.kr
등록 2004년 1월 15일 제2-3726호

ISBN 978-89-255-4449-6 (03590)